信息技术场景化实训教程
（下册）

侯广旭 董捷迎 何琳 主编◎

电子工业出版社·
Publishing House of Electronics Industry
北京·BEIJING

内 容 简 介

本教材依据教育部颁布的《中等职业学校信息技术课程标准（2020年版）》中基础模块进行编写，全面落实课程目标，基于信息技术核心素养的培养选择和组织教学内容，努力呈现经济、政治、文化、科技、社会、生态等发展的新成就、新成果，充实学生社会责任感、创新精神、实践能力培养的相关内容，开阔学生眼界，激发学生求知欲，适合作为中等职业学校学生公共基础课教材。

本教材融入真实工作内容，突出职业教育的特点，促进信息技术学科核心素养的落实，以典型工作任务作为学习项目，创设未来职业情境，帮助学生了解信息技术的应用场景，引导学生"做中学、学中做、做中思"，积累知识技能，提升综合应用能力。

本教材为《信息技术》下册，包括数据处理、程序设计入门、数字媒体技术应用、信息安全基础、人工智能初步五个学习单元。本教材编写遵循职业教育规律、中职学生的心理特征和认知发展规律，充分体现"教学做"一体化的职业教育特色，以促进学生良好发展。

未经许可，不得以任何方式复制或抄袭本书之部分或全部内容。
版权所有，侵权必究。

图书在版编目（CIP）数据

信息技术场景化实训教程．下册／侯广旭，董捷迎，何琳主编．—北京：电子工业出版社，2022.10

ISBN 978-7-121-44492-0

Ⅰ．①信… Ⅱ．①侯… ②董… ③何… Ⅲ．①计算机课－中等专业学校－教材 Ⅳ．①G634.671

中国版本图书馆 CIP 数据核字（2022）第 208371 号

责任编辑：柴　灿　　文字编辑：徐云鹏
印　　刷：北京盛通商印快线网络科技有限公司
装　　订：北京盛通商印快线网络科技有限公司
出版发行：电子工业出版社
　　　　　北京市海淀区万寿路 173 信箱　邮编　100036
开　　本：880×1 230　1/16　印张：16.5　字数：369.60 千字
版　　次：2022 年 10 月第 1 版
印　　次：2022 年 10 月第 1 次印刷
定　　价：58.00 元

凡所购买电子工业出版社图书有缺损问题，请向购买书店调换。若书店售缺，请与本社发行部联系，联系及邮购电话：（010）88254888，88258888。

质量投诉请发邮件至 zlts@phei.com.cn，盗版侵权举报请发邮件至 dbqq@phei.com.cn。

本书咨询联系方式：（010）8824550，zhengxy@phei.com.cn。

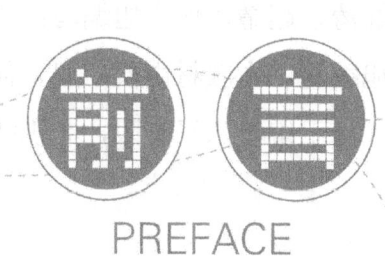

信息技术，是主要用于管理和处理信息所采用的各种技术的总称。信息化已经成为各国经济社会发展的强大动力，推动了人类社会以前所未有的速度走向新的历史高度，以信息技术为中心的新技术革命将成为世界科技和经济发展史上的新亮点。《中等职业学校信息技术课程标准（2020年版）》就是在这种背景下由教育部组织制定、实施的。

本套教材严格按照《中等职业学校信息技术课程标准（2020年版）》中基础模块的要求编写，分为上、下两册。上册包括信息技术应用基础、网络应用、图文编辑三个学习单元，下册包括数据处理、程序设计入门、数字媒体技术应用、信息安全基础和人工智能初步五个学习单元。本教材全面落实课程目标，基于信息技术核心素养的培养选择和组织教学内容，努力呈现经济、政治、文化、科技、社会、生态等发展的新成就、新成果，充实学生社会责任感、创新精神、实践能力培养的相关内容，力求呈现以下特点：

1. 落实立德树人根本任务。注重将立德树人贯穿于教学全过程，在将信息技术发展趋势和新成果融入教材，帮助学生了解信息技术发展过程的同时，引导学生树立正确的世界观、人生观和价值观。

2. 注重学科核心素养的培养。以培养信息技术学科核心素养为目标，注重实践教学和解决工作、生活中的实际问题，激发学生兴趣，增强学生的信息意识、社会责任，提升数字化学习和创新能力。

3. 突出职业教育特色。突出教学内容的实用性和实践性，坚持以全面素质为基础，以能力为本位，以应用为目的。通过创设未来职业情境，帮助学生了解信息技术的应用场景，引导学生"做中学、学中做、做中思"，积累知识技能，提升综合应用能力。

4. 配备丰富的教学资源。配备了电子教案、学习指南、教学素材、习题答案、教学视频和课程思政素材库等内容的资源包，为教师备课、学生学习提供完善的数字化教学资源。

本教材由侯广旭、董捷迎、何琳任主编，邓凯、刘佳、沈天珞、赵辉、刘冬梅、徐正文、赵岩、曹剑英、闫昊伸、谢红涛、赵婧、刘品生、梁爽等参与了编写工作。其中学习单元1由邓凯、刘佳编写；学习单元2由沈天璐、赵辉、何琳编写；学习单元3由刘冬梅、徐正文编写；学习单元4由赵岩、曹剑英编写；学习单元5由闫昊伸编写；学习单元6由谢红涛、赵婧、侯广旭编写；学习单元7由刘品生、侯广旭编写；学习单元8由梁爽、侯广旭编写。本教材由侯广旭、何琳完成统稿工作。

由于编者水平有限，本教材中难免有疏漏和不足之处，恳请各位专家和读者批评指正。

学习单元4 数据处理 ·· 001
   主题项目 处理运营数据 ··· 001
   任务4.1 采集数据 ··· 002
      4.1.1 使用网络平台采集数据 ··· 003
      4.1.2 生成数据表 ··· 008
      4.1.3 数据表格式化 ·· 010
   任务4.2 加工数据 ··· 021
      4.2.1 数据处理 ·· 022
      4.2.2 数据计算 ·· 023
      4.2.3 排序和筛选 ··· 029
      4.2.4 分类汇总 ·· 033
   任务4.3 分析数据 ··· 037
      4.3.1 数据分析 ·· 038
      4.3.2 数据清洗 ·· 039
      4.3.3 透视图表 ·· 041
      4.3.4 数据可视化 ··· 044
   任务4.1 初识大数据 ·· 052
      4.4.1 大数据的概念 ·· 053
      4.4.2 大数据的特征 ·· 056
      4.4.3 大数据的采集与存储 ·· 058
      4.4.4 大数据分析 ··· 059
      4.4.5 大数据应用体验 ··· 060

学习单元 5　程序设计入门 ··· 064

主题项目　开发导览系统 ··· 064

任务 5.1　了解程序设计理念 ··· 065
- 5.1.1　初识程序设计 ··· 066
- 5.1.2　理解程序设计目的 ··· 072
- 5.1.3　提出解决方案 ··· 076
- 5.1.4　编写程序设计方案 ··· 079

任务 5.2　设计简单程序 ··· 084
- 5.2.1　Python 语言基础知识 ·· 086
- 5.2.2　理解算法思想 ··· 094
- 5.2.3　实现逻辑控制 ··· 097
- 5.2.4　完善我们的程序 ··· 102

学习单元 6　数字媒体技术应用 ··· 110

主题项目　制作宣传短视频 ··· 110

任务 6.1　规划宣传短视频作品 ··· 111
- 6.1.1　认识数字媒体 ··· 112
- 6.1.2　了解数字媒体作品 ··· 112
- 6.1.3　短视频制作的流程 ··· 113
- 6.1.4　制定项目拍摄方案 ··· 114
- 6.1.5　编写项目分镜头脚本 ··· 117
- 6.1.6　制定项目执行方案 ··· 120

任务 6.2　素材采集 ··· 124
- 6.2.1　数字图像采集 ··· 125
- 6.2.2　数字音频采集 ··· 137
- 6.2.3　数字视频采集 ··· 142

任务 6.3　素材加工与合成制作 ··· 149
- 6.3.1　素材管理 ··· 150
- 6.3.2　素材导入 ··· 152
- 6.3.3　素材剪切 ··· 155
- 6.3.4　画面组接 ··· 157
- 6.3.5　加入转场 ··· 157
- 6.3.6　添加字幕 ··· 158
- 6.3.7　处理声音 ··· 160

		6.3.8 生成视频	161
任务 6.4	虚拟现实技术在媒体中的应用		166
	6.4.1	认识虚拟现实技术	167
	6.4.2	在媒体中应用虚拟现实技术	170
	6.4.3	制作虚拟现实媒体作品	172
	6.4.4	虚拟现实应用体验	175

学习单元 7 信息安全基础 … 180

主题项目 创建安全的网络信息环境 … 180

任务 7.1 了解信息安全常识 … 181
  7.1.1 生活中的信息安全 … 182
  7.1.2 信息安全的概念 … 187
  7.1.3 信息安全现状及其重要性 … 188
  7.1.4 信息安全相关法律法规 … 191
  7.1.5 信息安全面临的威胁 … 193

任务 7.2 防范信息系统恶意攻击 … 197
  7.2.1 信息安全事件分类 … 199
  7.2.2 信息安全事件分级 … 199
  7.2.3 网络信息安全防护技术 … 201
  7.2.4 网络信息安全防护措施 … 202
  7.2.5 实用的信息系统安全技术 … 203

学习单元 8 人工智能初步 … 211

主题项目 制定智慧办公方案 … 211

任务 8.1 认识人工智能 … 212
  8.1.1 走进人工智能时代 … 213
  8.1.2 人工智能的发展 … 216
  8.1.3 人工智能的应用 … 222
  8.1.4 人工智能对人类社会发展的影响 … 226

任务 8.2 探究人工智能的基本原理 … 229
  8.2.1 了解机器学习 … 230
  8.2.2 了解深度学习 … 233

任务 8.3 制定智慧办公方案 … 239
  8.3.1 智慧办公概述 … 240
  8.3.2 办公现状分析 … 240

	8.3.3	智慧办公设计的理念	241
	8.3.4	智慧办公方案的制定	242
	8.3.5	智慧办公的体验	245
任务 8.4	了解机器人		247
	8.4.1	认识机器人	248
	8.4.2	机器人技术的发展	249
	8.4.3	机器人应用领域	251
	8.4.4	引进新型迎宾机器人	252

数据处理

▶ 主题项目 处理运营数据

📋 项目说明

亲爱的读者，在信息社会中，无论你将来从事什么职业，都会接触大量的数据，它是你认识世界的一个重要手段，同时也在考验你的驾驭能力。

在当今信息社会中，数据发挥着日益重要的作用。数据不仅是信息的载体，也是人们提取信息、用来决策的重要依据。随着社会信息量的快速增长，有效地处理数据，发现并利用其中的价值，已成为信息社会生存的一项基本能力。

希望你通过本项目的学习，能了解过去发生了什么事，了解当前正在发生什么事，并预测未来可能发生什么事。

📖 项目情境

小新科技公司经过一段时间的发展逐渐走上正轨。随着公司业务的不断发展，大量运营数据也随之产生了，这些数据大部分来自用户和产品。那么我们该如何处理这些看起来毫无头绪的数据呢？这些数据又能给我们带来怎样的信息呢？

下面我们将和学习者小明一起，体验经过处理的数据是如何帮助企业运营和决策的。

任务 4.1 采集数据

通过"采集数据"的学习，能列举常用数据处理软件的功能和特点，会在信息平台或文件中输入数据，会导入和引用外部数据，会利用工具软件收集和生成数据，会进行数据类型的转换及格式化处理。在采集数据的过程中，能养成严谨的工作作风，能建立数据安全意识。

任务情境

公司产品刚刚上线，这几天，小明要跟着产品经理宋农收集用户体验数据，大量数据将从各个渠道汇集而来，面对这些数据的收集工作小明有点茫然……

下午宋经理带着小明在会议室里讨论这个项目，小明为宋经理接了一杯咖啡，宋经理一边喝着咖啡一边问小明："怎么样，有怎么干的想法吗？"小明皱着眉头摇摇头。两个人聊了大概一个小时后，小明终于满怀信心地走出会议室，来到自己的工位，开始制订收集这些数据的计划。

学习目标

1. 知识目标

能列举常用数据处理软件的功能和特点，会在信息平台或文件中输入数据，会导入和引用外部数据，会利用工具软件收集和生成数据，会进行数据类型的转换及格式化处理。

2. 能力目标

能依据任务要求，选择合适的信息平台完成数据采集。

3. 素养目标

在采集数据的过程中，培养学生严谨的工作作风。

活动要求

借助学习资料开展自主学习，完成对采集数据的学习。

任务分析

小明整理了一下思路，使用工作任务分析法拟订工作计划。

（1）逐一列出工作内容。

（2）列出每项内容涉及的环节。

（3）按流程进行排序。

（4）依照流程设定学习内容和实施方案。

需要学习的相关资料很多，既有使用网络平台采集数据方面的信息，又有生成数据表的内容，还有数据表格式化的相关知识。

小明通过思维导图对任务进行分析，如图4-1所示。

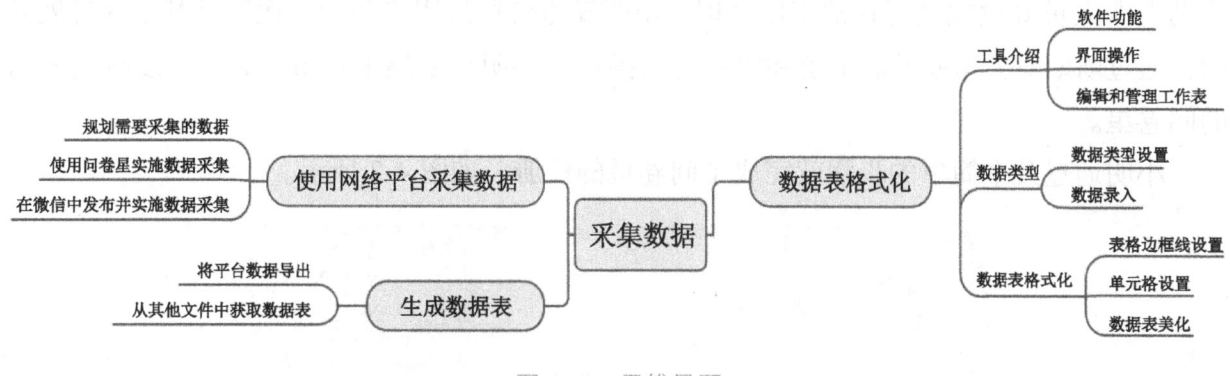

图4-1 思维导图

小明厘清了思路，按思维导图搜集资料、准备工具，开始"采集数据"的学习。

任务实施

4.1.1 使用网络平台采集数据

随着互联网技术特别是移动互联网技术的飞速发展，大数据技术逐步为一体化和全球化注入新的活力。数据在企业运营中的作用越来越重要。数据能够直接、客观、有效地反映产品与用户的情况，是一种科学的衡量依据，可以有效帮助企业优化运营策略，实现高效管理。

现代企业采集数据的方式不再单纯依靠手工采集，收集纸质问卷，或者借助传统的电话或邮寄渠道。移动互联网为采集数据打开了一扇新的大门，我们完全可以采用在线方式替代传统手段。

学到这里，小明似乎隐约意识到什么，喝了一口咖啡继续看了下去……

1. 规划需要采集的数据

收集优质的数据才能保证后期数据分析的科学精准。在具体运营过程中，要通过网络采集用户的一些基本数据，这样我们就能构建出用户的全貌。同样我们也需要采集产品运营数据，及时找出产品在营销方面或功能上的问题。因此，行业性质和公司运营决定了需要收集哪些数据。

小明根据小新科技公司的产品特点列出了需要采集的数据，用户数据需要采集"省市""姓名""手机号""身份证号"；产品数据需要采集"获取渠道""购买产品""购买时间""数量""满意度"，如图4-2所示。

用户调研									
序号	省市	姓名	手机号	身份证号	获取渠道	购买产品	购买时间	数量	满意度

图 4-2 规划需要采集的数据

2. 使用问卷星实施数据采集

数据收集离不开优质的数据收集平台，互联网上大批优秀的第三方数据采集平台可以帮助企业人员高效地进行日常工作处理。小明知道公司的用户和产品运营是基于社群展开的，通过前期对公司业务的了解和宋经理的推荐，小明把采集平台聚焦到了百度排名靠前的问卷星。

小明通过几个简单的步骤就完成了问卷星的注册，如图 4-3 所示。

图 4-3 问卷星注册

> **小知识**：哪些数据是我们在运营中经常需要采集的？
>
> 在需要采集的数据中，用户部分经常会使用的社会信息数据是：姓名、性别、出生年月、籍贯、婚姻、学历、手机、邮箱、社交软件账号等，主要依靠用户填写产生。产品部分需要收集的数据比较多样，常用的有：产品名称、产品类别、数量、价格等。然而，对于一些提供虚拟产品或服务的互联网行业来说，用户的访问路径、使用时长、停留时间、点赞数、评论数、阅读数等数据就成为运营者关心和采集的重点。

完成登录后，系统会进入管理后台，选择"创建问卷"，开始创建调研问卷，如图 4-4 所示。

图 4-4 管理后台

随后系统进入"通用应用"页面，在这里小明依次找到了"调查""考试""投票""表单""360度评估""测评"，最终选择"调查"来创建采集入口，如图4-5所示。

图4-5 "通用应用"页面

小明在随后出现的弹窗里输入了问卷标题，单击"立即创建"按钮，如图4-6所示。

图4-6 问卷创建弹窗

进入问卷编辑页面以后，左侧是"题型选择区"，右侧是"编辑区"。小明很快就观察到大部分问题可以使用"单项填空"来创建，如图4-7所示。

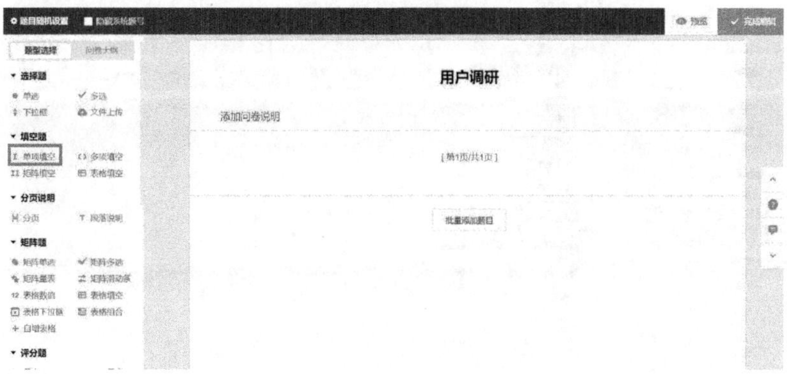

图4-7 问卷编辑页面

小明选择"单项填空",在"编辑区"里创建了第一个要采集的数据项"姓名",首先在"文本栏"里输入"姓名",将填空设置为"必答",然后在"属性验证"下拉列表里选择"中文名字"来对用户输入的文本进行限制,设置完毕后单击"完成编辑"按钮进行保存。小明用同样的处理方法创建了"省市""手机号""身份证号""购买时间""数量",如图 4-8 所示。

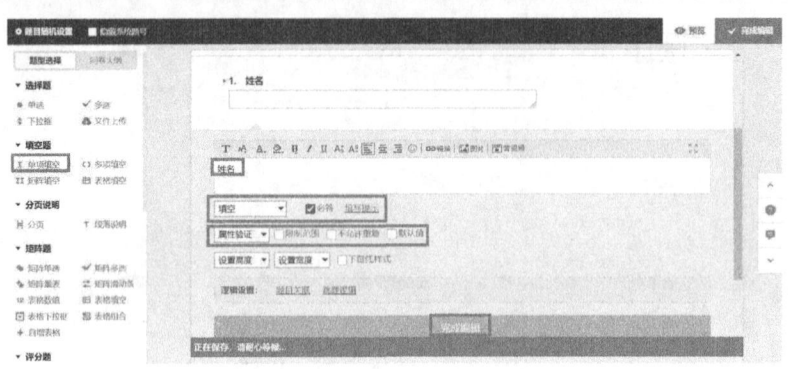

图 4-8 采集"姓名"

> **小知识:问卷星属性验证可以帮我们规范数据**
>
> 在采集数据时,我们可能会遇到用户没有按照要求输入数据的情况,有的没有正确输入手机号、身份证号;有的没有输入正确的邮箱地址;有的没有输入完整的区域地址;有的该输入文字却输入了数字。这些情况都有可能影响我们收集数据的有效性和真实性,问卷星工具里的属性验证功能可以规范用户输入数据的行为,能够提高我们采集数据效率。

小明在处理"购买产品"时,使用"下拉框单选"进行处理,从"下拉框"中选择"下拉框单选",选择"添加选项"将公司产品依次输入选择文本框中,设置完毕后单击"完成编辑"按钮进行保存。采用相同的办法,小明设置了"获取渠道"和"满意度",最后单击"完成编辑"按钮,如图 4-9 所示。

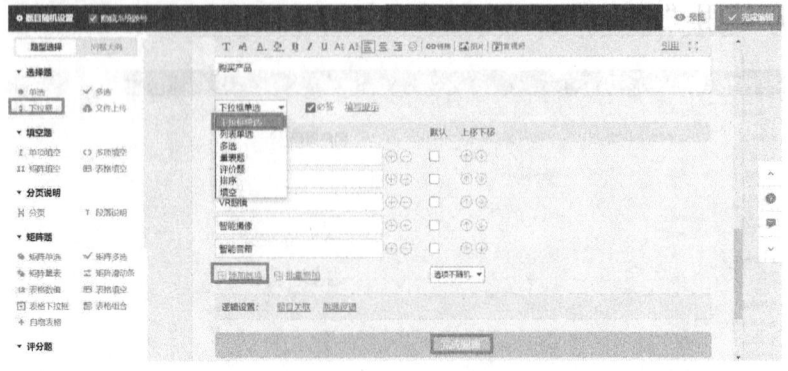

图 4-9 采集"购买产品"的设置

至此,小明就完成了采集数据的调研问卷。通过单击"预览"按钮可以查看调研问卷在手机端或电脑端的显示效果，也可以进行测试作答，如图4-10所示。

图4-10 预览用户调研问卷

3. 在微信中发布并实施数据采集

小明分别在手机端和电脑端预览了问卷，确认无误后关闭预览进入草稿状态，单击"发布此问卷"按钮，如图4-11所示。

图4-11 问卷草稿状态

问卷星系统进入发送问卷状态，如图4-12所示。小明在这里的选择有很多，他可以选择"制作二维码海报"，也可以选择"下载二维码"，还可以直接复制"问卷链接"，就可以发布到社交平台上。小明选择了"制作二维码海报"，如图4-13所示，将海报通过微信发送给宋经理，等待审核。

图4-12 发送问卷状态

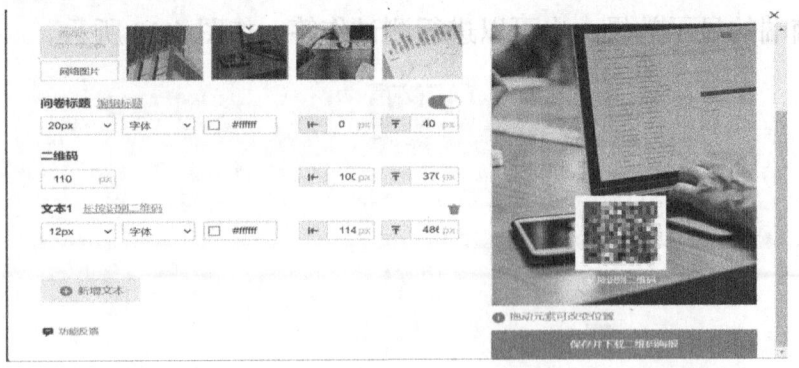

图 4-13 生成的二维码海报

经过审核的问卷很快就推送给了广大用户。

4.1.2 生成数据表

1. 将平台数据导出

随着问卷在各个渠道的推送，用户调研结果陆续返回网络平台。小明开始进入问卷星后台准备接收和导出数据。登录管理后台后，小明在"问卷列表"里找到了自己的用户调研问卷，如图 4-14 所示；选择"查看下载答卷"系统将显示已经接收数据详情列表，如图 4-15 所示；通过选择"下载答卷数据"列表里的"按选项文本下载"，即可完成将平台数据转化为 Excel 文件，并下载到本地。如图 4-16 所示为数据导出结果。

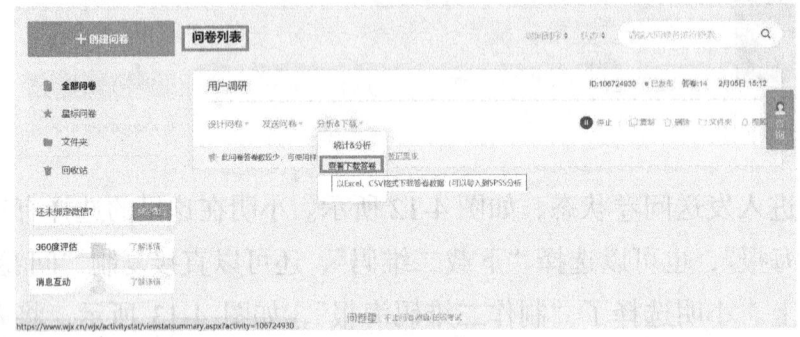

图 4-14 用户问卷列表

图 4-15 接收数据详情列表

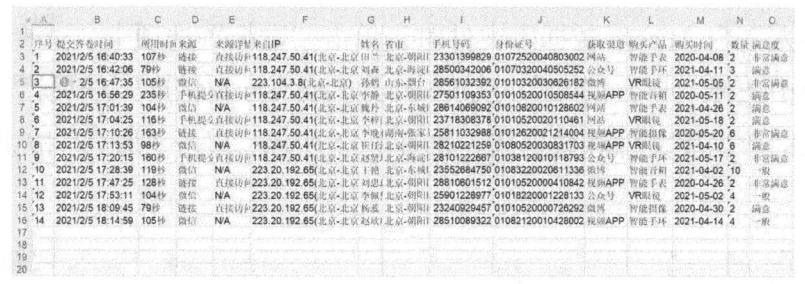

图 4-16　数据导出结果

2. 从其他文件中获取数据表

小明完成数据的接收后，生成了数据文件。可是很快他就发现又遇到了一个新问题，这些数据需要和其他文件中的数据进行合并，小明查阅一些资料后找到了解决办法。

（1）当要导入一个 Excel 文件数据时，单击"数据"选项卡，选择"获取数据"选项，在下拉菜单中选择"自文件""从工作簿"选项，如图 4-17 所示，依次选择要导入的工作簿文件和工作表，如图 4-18 所示，单击"加载"按钮完成数据导入，如图 4-19 所示。

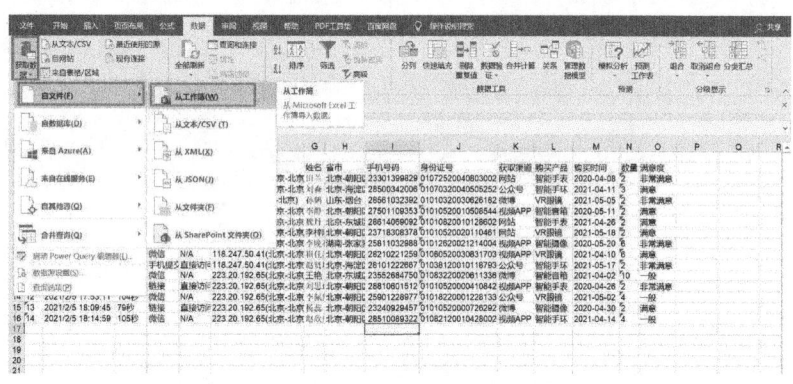

图 4-17　导入 Excel 数据

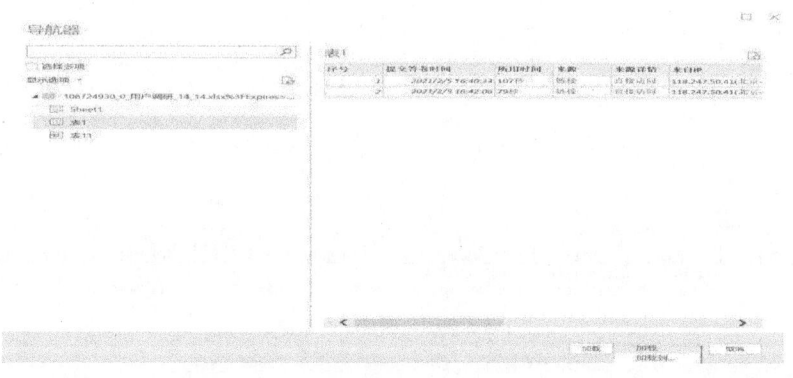

图 4-18　选择导入的工作簿和工作表

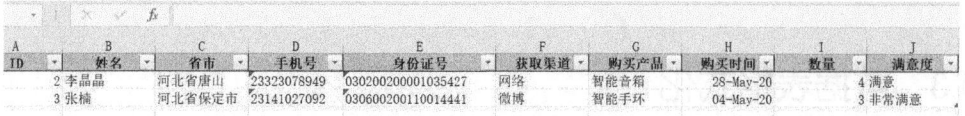

图 4-19　完成 Excel 数据导入

（2）当要导入一个 Access 数据库文件时，单击"数据"选项卡，选择"获取数据"选项，在下拉菜单中选择"自数据库""从 Microsoft Access 数据库"选项，如图 4-20 所示，依次选择要导入的数据库文件和数据表，如图 4-21 所示，单击"加载"按钮完成数据导入，如图 4-22 所示。

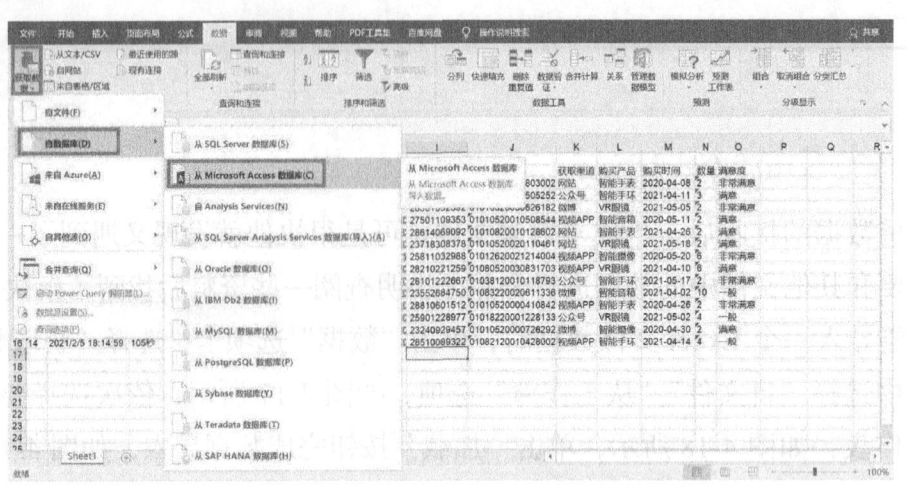

图 4-20 导入 Access 数据

图 4-21 选择导入的数据库和数据表

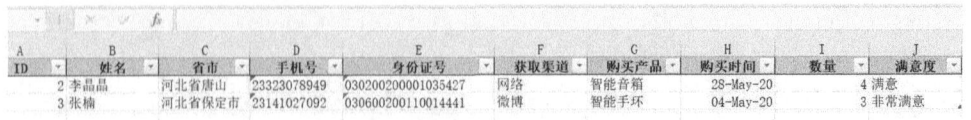

图 4-22 完成 Access 数据导入

这些导入的数据将根据具体情况与生成的数据表进行整理和合并。

4.1.3 数据表格式化

小明完成了数据表的生成，现在摆在他面前的工作是对导出的数据表格进行格式化处理。这个倒是不陌生，他曾经接触过 Excel 和 WPS 表格，于是他一边查阅资料学习一边摸索着开始工作。

1. 工具介绍

在我们生活和工作中会遇到大量的数据表格，如医院的收费单据、学校的成绩单、企业的数据报表等。各类表格的共同点是都由行和列组成，包括字符、数字等数据，我们可以利用 Excel 或 WPS 表格来处理表格。它们能使用软件自带的多种工具快速完成数据计算、分类、统计，还可以将表格的处理结果以多样的可视化效果呈现给用户。

（1）软件功能

Excel 是当今较为流行的个人计算机数据处理软件。当前主流使用的版本是 Excel 2016，它具有制作表格、处理数据、分析数据、创建图表等功能，在数据自动处理方面使用广泛。要使用 Excel 处理数据，首先需要认识 Excel 的工作界面，掌握其操作对象的一般方法。

WPS 表格是由金山软件股份有限公司自主研发的 WPS Office 套装中的一个组件。WPS Office 可以实现办公软件最常用的文字、表格、演示，PDF 阅读等多种功能，具有内存占用低、运行速度快、云功能多、强大插件平台支持、免费提供海量在线存储空间及文档模板的优点。WPS 表格与微软 Office 中的 Excel 对应，应用 XML 数据交换技术，无障碍兼容.xlsx 文件格式，可以方便地实现相互编辑。

由于二者的兼容性和相似性很高，小明在后面的学习中将以 Excel 为主，同时兼顾 WPS 表格的操作学习。

（2）界面操作

①创建工作簿文件

通过单击"开始"按钮，在所有程序中选择"Excel 2016"即可完成启动。进入系统后，选择"空白工作簿"会自动创建工作簿，并命名为"工作簿1"。

②认识 Excel 界面对象

Excel 启动后窗口界面如图 4-23 所示，可以看出这个界面中很多对象与 Word 是类似的。其中有些对象是 Excel 特有的，需要我们了解，如图 4-24 所示。

图 4-23　Excel 工作簿界面和界面中各对象名称

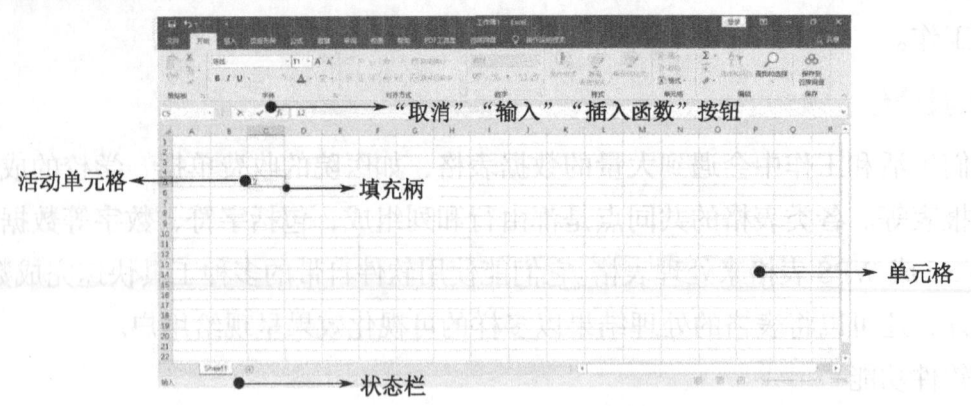

图 4-24　Excel 界面中各对象名称

对于 Excel，除认识这几个对象，其他几个对象也需要深入了解一下。

工作簿是处理存储数据的文件工作簿的名称，也就是文件名，软件允许打开多个工作簿，其中默认操作的工作簿是当前工作簿。

工作表是显示在工作簿窗口中的表格。Excel 2016 默认一个工作簿打开 1 个工作表，可以根据需要增加多个工作表，当前操作的工作表称为活动工作表。

单元格是工作表中每一个矩形小格子，工作表中的数据就保存在这些单元格内。

活动单元格就是 Excel 当前被操作的单元格。工作表里可以有很多单元格，但在某一时刻活动单元格只能有一个。

每个单元格有一个地址，单元格地址由单元格所在的列标和行号组成（列标，行号）。例如，E 列第 5 行的单元格地址就是 E5。对于一个矩形单元格区域地址则用"左上角单元格地址：右下角单元格地址"来表示。

例如，B4:E8。

③单元格的选择

要在单元格里输入数据，首先要选择单元格。如图 4-25 所示就是单元格及单元格区域的几种选择方法，操作方法见表 4-1。

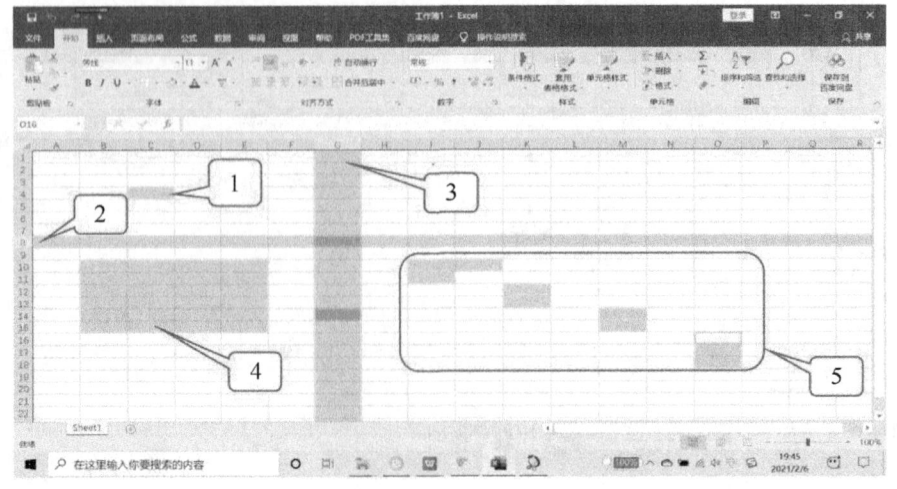

图 4-25　单元格选择方法

表 4-1　单元格操作方法

序号	操作方法
1	单击被选定的单元格
2	单击单元格左边的行号，选中一行
3	单击单元格上边的列标，选中一列
4	单击单元格然后按住鼠标左键拖曳到合适位置，选中连续区域
5	选中第一个区域后，按住 Ctrl 键，再拖曳选中其他单元格

> **练一练：复制、粘贴和移动单元格**
>
> 结合前面学习的文本处理知识，跟小明一起练一练复制、粘贴和移动单元格的操作方法。

④输入数据

选中 C4 单元格，输入文字"用户调研数据"并按 Enter 键。此时在名称框会显示当前单元格地址，编辑栏会显示当前输入的文字内容，操作结果如图 4-26 所示。一个单元格数据输入完后，按 Tab 键活动单元格会右移，按 Enter 键活动单元格会下移，按光标键活动单元格按光标指示方向移动，进入输入准备状态。

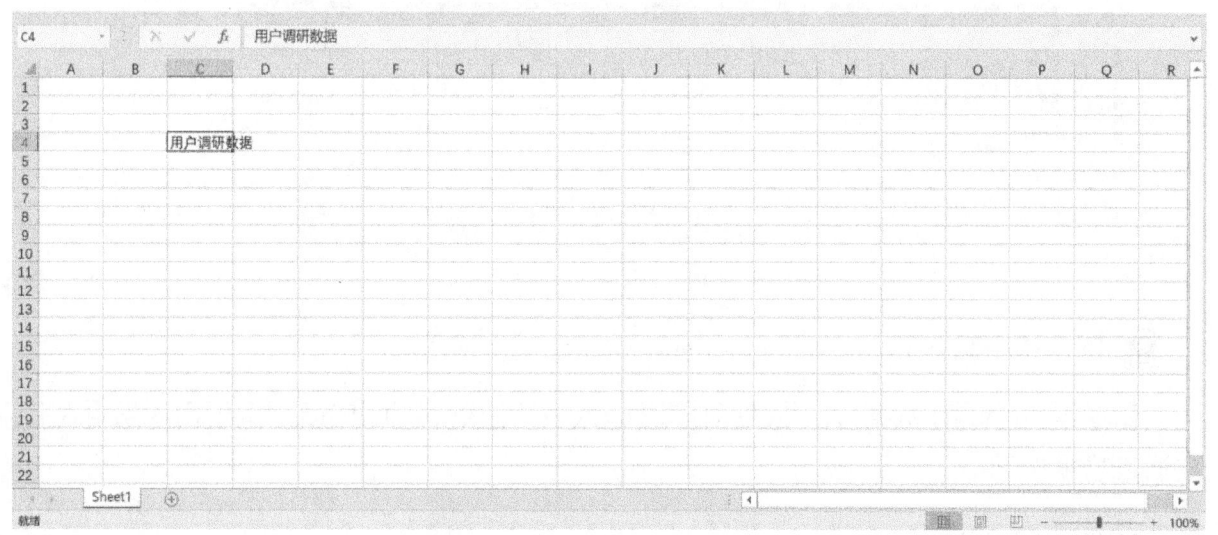

图 4-26　输入数据

当单元格内数据输入错误时，可以按 Delete 键删除数据，或者直接在单元格内输入正确数据来代替。

> **练一练：利用自动填充功能**
>
> 学习到这里，小明发现在输入一些具有规律的数据（日期、序号等）时，利用"自动填充"功能可以做到快速输入，只需要找到填充柄就可以实现，你跟随小明也试一试。

⑤保存工作簿并退出 Excel

数据输入完成后，可以单击"保存"按钮，或单击"文件"选择"保存"命令，也可使用"Ctrl+S"快捷键，在"另存为"对话框中输入文件名，选择路径，单击"确定"按钮即可完成保存。

单击 Excel 主窗口中的"关闭"按钮，可以退出 Excel。

（3）编辑和管理工作表

①插入行或者列

小明希望给采集的数据表格添加一个表头，通过插入一个空行就可以解决。把活动单元格移至第一行任意一格，右击，在弹出的快捷菜单中选择"插入"命令，在"插入"对话框里选择"整行"单选按钮，单击"确定"按钮即可，如图 4-27 所示。

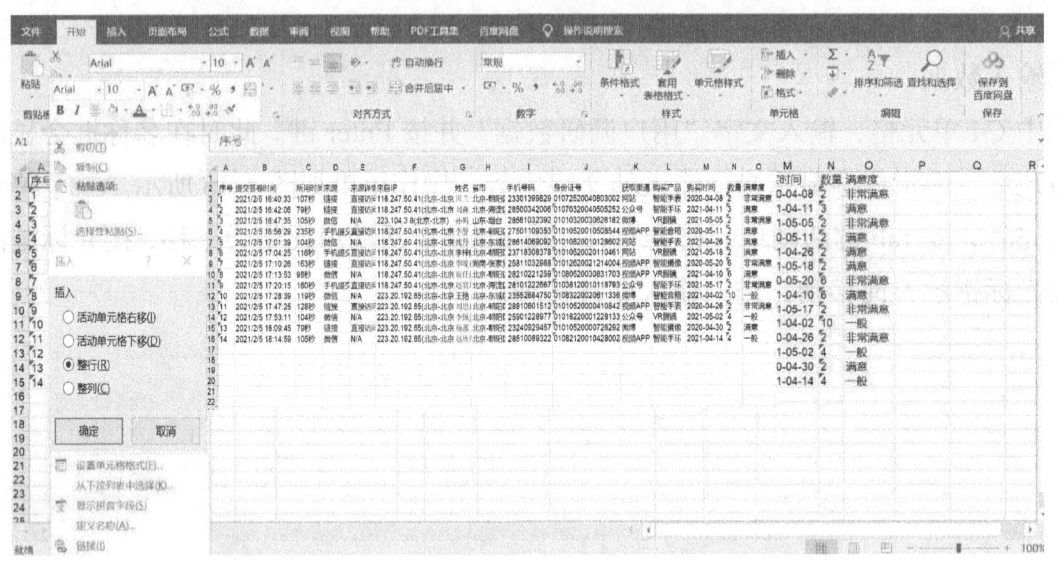

图 4-27　插入行

> **练一练：插入列**
>
> 试着帮助小明在数据表 F 和 G 列中间插入一个空列，把用户填写问卷行为数据和用户调查数据分开。

②删除列或者行

为了方便查看数据，小明在用户填写问卷行为数据和用户调查数据中间插入了一个空列。现在小明要把它删除，应该怎么操作呢？首先选择要删除列的单元格，右击，在弹出的快捷菜单中选择"删除"命令，在"删除"对话框里选择"整列"单选按钮，单击"确定"按钮即可，如图 4-28 所示。

> **练一练：删除行**
>
> 试着帮助小明把数据表计划输入表头的空行删除。

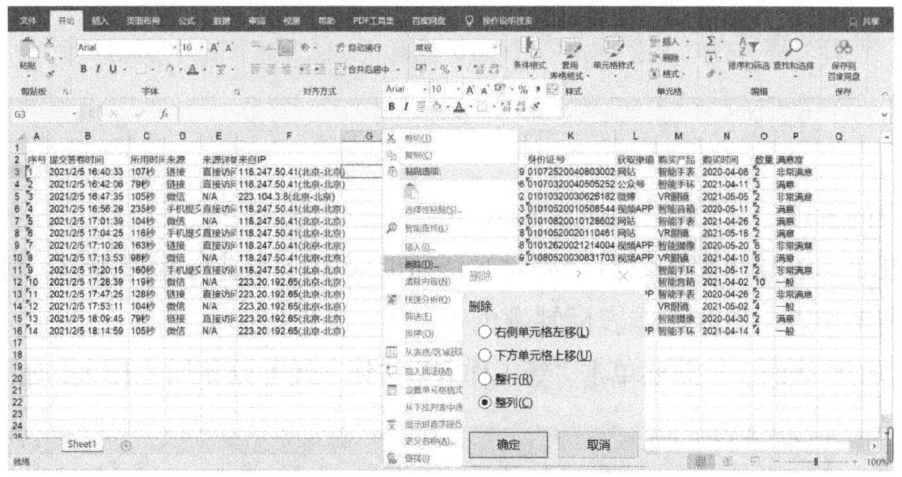

图 4-28　删除列

③调整列宽或者行高

小明发现生成的数据表里有一部分数据没有完全显示，需要调整列宽。通过尝试他发现用两种方法可以实现：一种方法是手动调整列宽，把鼠标指针移动到两列的边界处，出现"□"时按住左键左右拖动即可简单调整列宽，如图 4-29 所示；另一种方法是精确调整，单击列标选中整列，右击，在弹出的快捷菜单中选中"列宽"命令，在打开的"列宽"对话框里直接输入列宽数值，单击"确定"按钮即可，如图 4-30 所示。

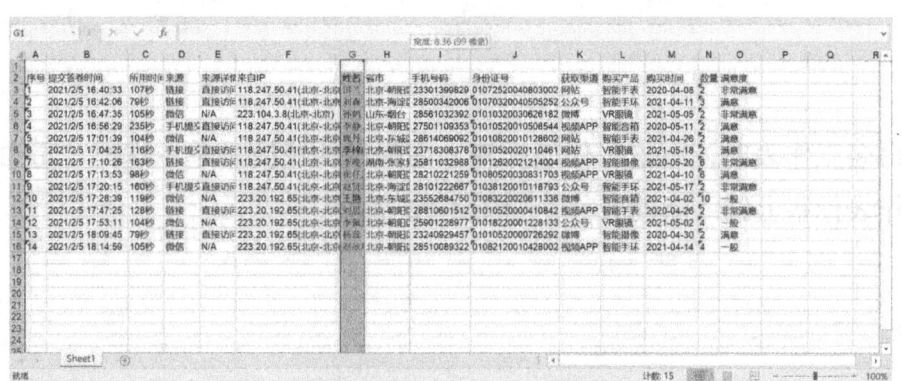

图 4-29　手动调整列宽

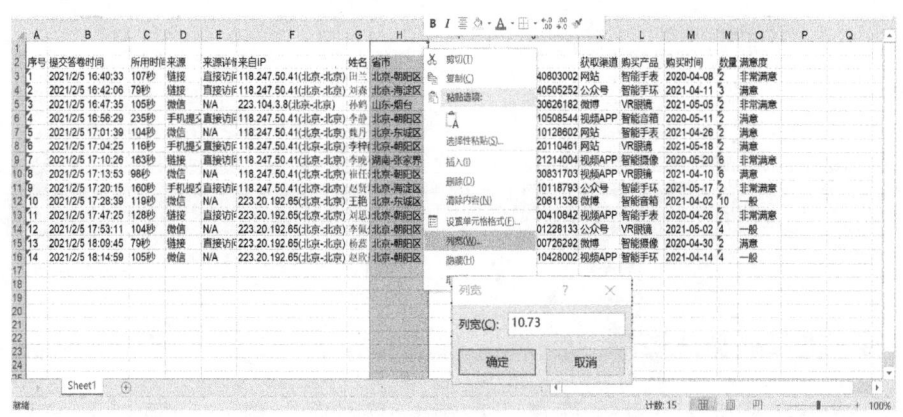

图 4-30　精确调整列宽

> **练一练：调整行高**
>
> 跟小明一起完成调整行高的操作。

④工作表的管理

小明发现工作表导出完成以后，有时候还需要对工作表进行管理操作。例如，新增工作表，重命名工作表，更改工作表标签颜色等。

当要新增工作表时，只需要单击"新工作表"按钮，就可以新增工作表，如图 4-31 所示。

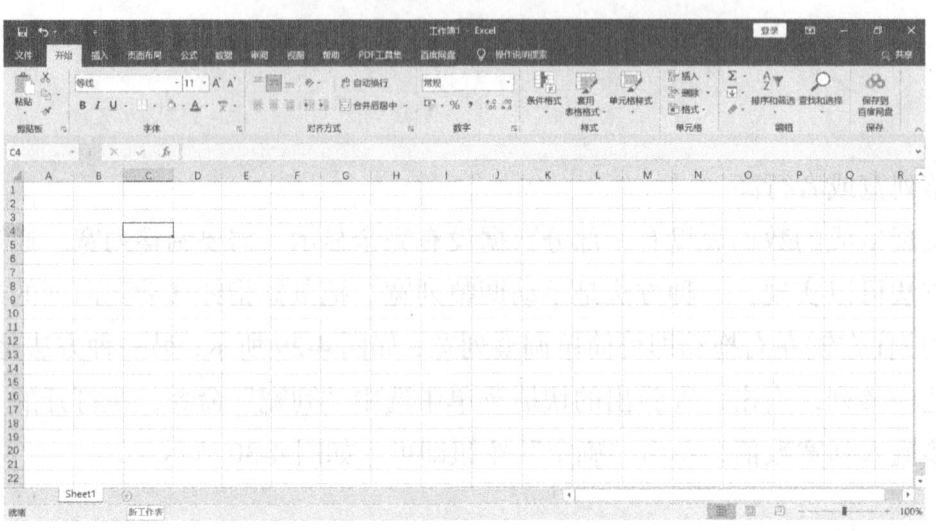

图 4-31　新增工作表

当要重命名工作表时，右击工作表标签，在弹出的快捷菜单中选择"重命名"命令，就可以在工作表标签上输入新的名称，如图 4-32 所示。

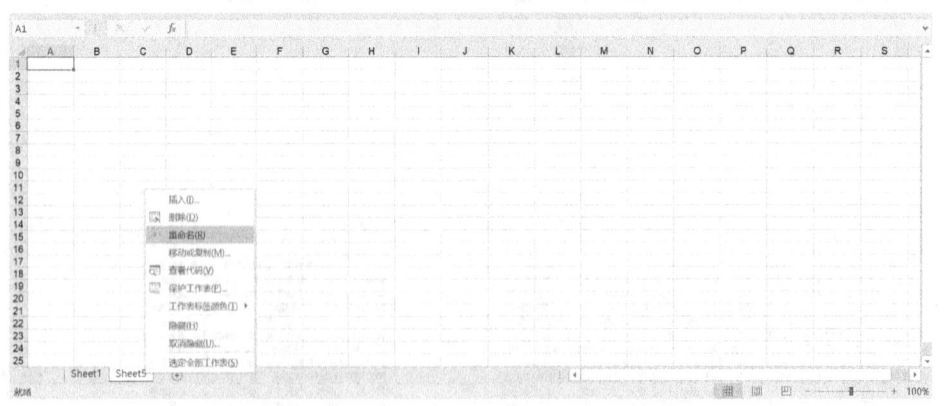

图 4-32　重命名工作表

> **练一练：工作表管理练习**
>
> 跟小明一起研究删除工作表、更改工作表标签颜色、移动和复制工作表，以及隐藏工作表等操作方法。

2. 数据类型

（1）数据类型设置

小明发现 Excel 中关于数据类型和数据录入的相关知识比较零碎，于是就做了相关笔记并进行整理。

在 Excel 的单元格中可以输入多种类型的数据，例如，文本、数值、日期、时间等。

①字符型数据。在 Excel 中字符型数据包括汉字、英文字母、空格等，在默认情况下，字符数据自动沿单元格左边对齐。当输入的字符串超出了当前单元格宽度时，如果右边单元格没有数据，那么字符串会向右延伸；如果右边单元格有数据，超出部分的数据就会隐藏起来，只有把单元格宽度变大后才能显示出来。如果要输入的字符串全部由数字组成，例如，邮政编码、手机号、身份证号等，为了避免 Excel 把它按数值型数据处理，可以在输入时先输入一个英文"单引号"，再接着输入具体数字。例如，要在单元格中输入一个手机号"13301021070"，那么可以连续输入"'13301021070"，然后按 Enter 键，出现在单元格里的就是"13301021070"，并自动左对齐。

②数值型数据。在 Excel 里数值型数据包括 0~9 中的数字以及含有正号、负号、货币符号、百分号等任意一种符号的数据。默认状态下，数值自动沿单元格右边对齐。输入过程中，负数和分数的输入较为特殊，需要特别注意。

负数：在数值前加一个"-"号或者把数值放在括号里，都可以输入一个负数。例如，要在单元格里输入"-78"，我们可以在单元格里连续输入"-78"或者（78），然后按 Enter 键都可以在单元格中出现"-78"。

分数：若要在单元格里输入分数形式的数据，应先输入"0"和一个空格，然后输入分数，否则 Excel 会把输入的数据按日期来处理。例如，如果要在单元格里输入"4/5"，那么需要在单元格里连续输入"0""空格""4/5"，按 Enter 键，单元格里就会出现分数"4/5"。

③日期型数据和时间型数据。在数据表格中如果出现一些日期型数据，在输入过程中要注意：

输入日期时，年、月、日之间要用"/"号或"-"号隔开，例如，"2020/8/8"或"2020-8-8"。

输入时间时，时、分、秒之间要用冒号隔开，例如"11:23:59"。

若要在单元格中同时输入日期和时间，则日期和时间之间应该用空格隔开。

此外，小明也注意到如果某列（行）单元格需要设置成特殊数字格式，可以选中某列（行）单元格，右击，在弹出的快捷菜单中选择"设置单元格格式"，在"设置单元格格式"对话框的"数字"选项卡中设置数据格式，如图 4-33 所示。

（2）数据录入

通过学习，小明对数据录入的一般过程进行了总结：

①新建工作簿，按顺序录入或整理表格标题行。

②设置表格各列的数据格式。根据标题行，分析并确定每个字段的数据类型。

③依次录入表格内容。对于内容不变的数据和数据成序列的信息，可以使用填充柄实现快速录入。

④校对保存。

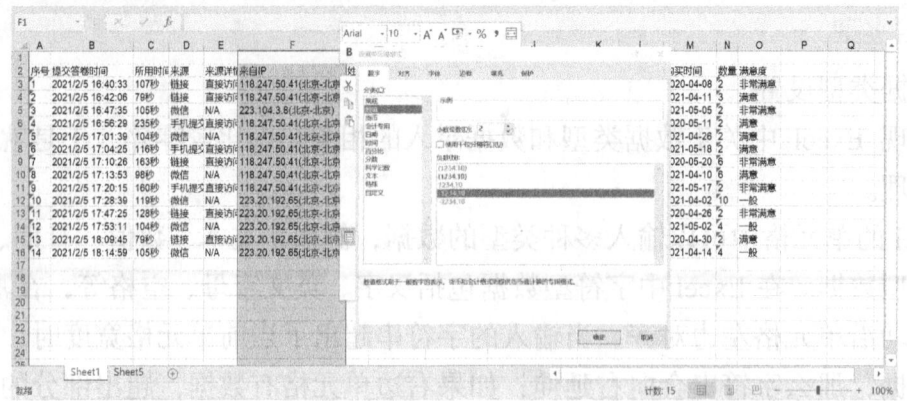

图 4-33 设置数字格式

3. 数据表格式化

小明已经学习了编辑工具的相关知识,下一步将对表格进行格式化处理,使得数据表格整齐美观,为下一步数据运算做准备。

(1) 表格边框线设置

小明先要为表格添加边框线。他的做法是:选中整张表格,右击,在弹出的快捷菜单中选择"设置单元格格式"命令,在打开的"设置单元格格式"对话框的"边框"选项卡中,依次选择边框线样式、边框线颜色,选择要设置的边框线(外边框或内部),单击"确定"按钮完成设置,如图 4-34 所示。

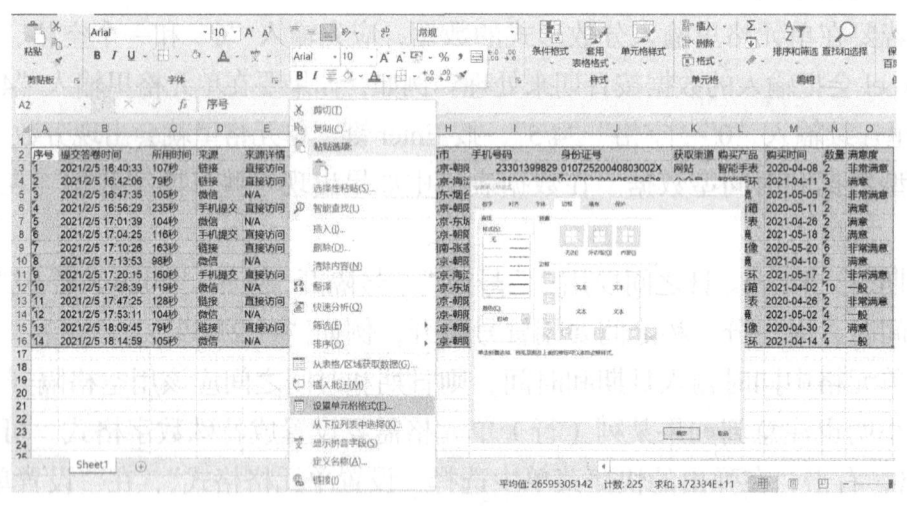

图 4-34 设置表格边框线

(2) 单元格设置

小明在单元格的设置里主要调整了字体和对齐方式。他是这样做的:选中整张表格,右击,在弹出的快捷菜单中选择"设置单元格格式"命令,在打开的"设置单元格格式"对话框的"字体"选项卡中,依次选择字体、字形和字号,单击"确定"按钮完成字体设置;在"对齐"选项卡中,依次选择水平靠左对齐、垂直居中对齐,单击"确定"按钮完成对齐方式的设置,如图 4-35 所示。

学习单元 4 数据处理

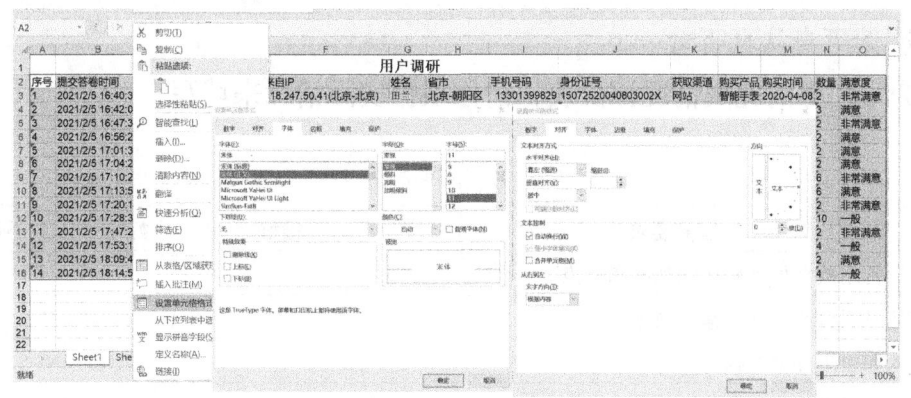

图 4-35　设置字体和对齐方式

> **练一练：单元格的其他设置**
>
> 请跟小明一起研究合并单元格、单元格填充背景色、调整文字方向等操作方法。

（3）数据表美化

小明通过学习数据表知道除了可以修饰单元格，还可以给整张数据表使用样式，也就是套用表格格式。Excel 中提供了几十种预设的表格样式，用户可以直接套用，使用的方法是：选中表格，单击"套用表格格式"，在下拉列表里选择使用的样式即可完成套用表格格式，如图 4-36 所示。此外，如果需要自定义样式也可以按照提示完成设置，生成新样式。

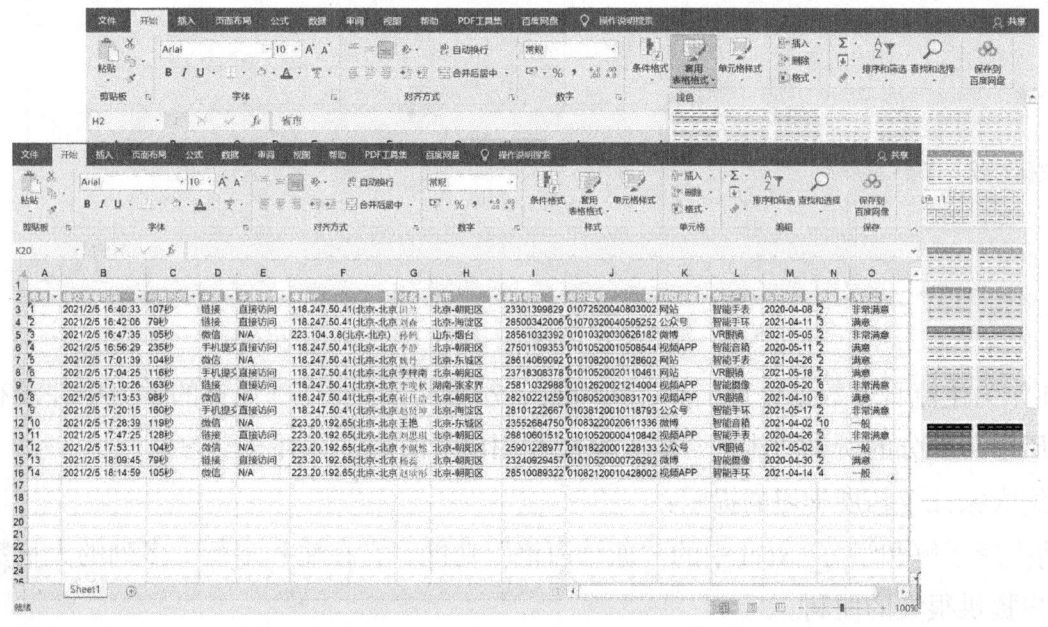

图 4-36　套用表格格式

学习检验

小明站在办公桌前，把收集处理的数据样表拿给宋经理过目，宋经理仔细看了几分钟，抬头说："嗯，不错，很有执行力！有两个小细节还需要推敲推敲……"，宋经理用铅笔勾

019

了两处，小明俯下身认真听着……

表 4-2 为本任务的完成情况评价表，请你根据实际情况来填写。

表 4-2 完成情况评价表

任务要求	很好	好	不够好
能列举常用数据处理软件的功能和特点			
会在信息平台或文件中输入数据			
会导入和引用外部数据			
会利用工具软件收集、生成数据			
会进行数据类型的转换及格式化处理			

学习小结

学习任务已经完成，表 4-3 是小明设计的学习总结表，请你根据自己的实际情况来填写。

表 4-3 学习总结表

主要学习内容	学习方法	学习心得	待解决的问题
整体总结：			

拓展学习

Excel 作为主流日常数据处理工具，其功能十分强大。小明在本任务的学习中并没有带领大家遍历学习部分的所有功能，希望大家能利用碎片时间进行补充学习。

这里给大家几个拓展学习的提示：

1. 请大家了解和学习 Excel 中的"冻结窗格"功能，它在输入多行、多列的大量数据时会给用户提供很大的便利。

2. 请大家了解 Excel 中工作表、行和列的"隐藏"功能，它在数据录入和格式化中也有着重要作用。

3. 如果大家有兴趣还可以深入了解"自动填充"功能，相信也会有很大收获。

学习检测

1. 在 Excel 中，行列交叉的位置称为（   ）。

    A．列标　　　　　B．行号　　　　　C．单元格　　　　D．编辑栏

2. 要在 Excel 工作簿中同时选择多个不连续区域的单元格，可以按住（   ）键的同时进行选择。

    A．Tab　　　　　B．Shift　　　　　C．Delete　　　　D．Ctrl

3. 在 Excel 中，第 4 行第 2 列的单元格位置可以表示为（   ）。

    A．42　　　　　　B．24　　　　　　C．B4　　　　　　D．4B

4. 如果我们在单元格里输入-99，那么我们应该在键盘上输入（   ）。

    A．（99）　　　　B．*99　　　　　 C．&99　　　　　 D．=99

5. 单元格中（   ）。

    A．只能输入数字　　　　　　　　　B．可以输入数字、字符、公式等
    C．只能输入文字　　　　　　　　　D．以上都不对

6. 试着举出三个可以用来采集数据的在线平台。

任务 4.2 加工数据

通过"加工数据"的学习，能了解数据处理的基础知识，会使用函数、运算表达式等进行数据运算，会对数据进行排序、筛选和分类汇总。

任务情境

小明昨天把收集的数据发给了宋经理，早上来到办公室，正准备舒舒服服地喝一杯咖啡……

"小明，昨天整理的数据不错，咱们继续下面的工作吧。"宋经理冲他晃了晃手机，指向会议室。小明急忙端着杯子跟着宋经理进了会议室，"今天咱俩得把收集上来的数据整理一下，成为更有效的数据。"说完，宋经理随手关上了门……

学习目标

1. 知识目标

了解数据处理的基础知识，会使用函数、运算表达式等进行数据运算，会对数据进行排序、筛选和分类汇总。

2. 能力目标

能根据工作情境对数据进行加工处理。

3. 素养目标

在加工数据的过程中，培养学生有效使用信息的能力。

活动要求

借助学习资料开展自主学习，完成对"加工数据"的学习。

任务分析

小明梳理了一下思路，开始拟订工作计划。

（1）逐一列出工作内容。

（2）列出每项内容涉及的环节。

（3）按流程进行排序。

（4）依照流程设定学习内容和实施方案。

需要学习的相关内容很多，既有数据处理的基础知识，又有数据运算，还有数据加工的知识。

小明通过思维导图对任务进行分析，如图4-37所示。

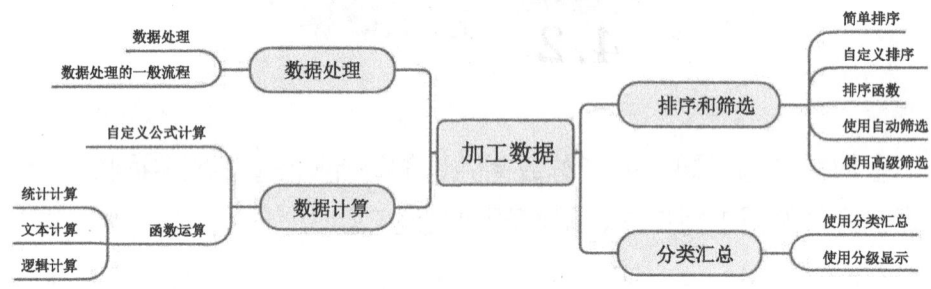

图4-37　思维导图

小明厘清了思路，按思维导图搜集资料、准备工具，开始学习"加工数据"。

任务实施

4.2.1　数据处理

前期小明已经完成了数据采集和初步整理工作，那么数据处理工作是不是到这里就结束了呢？答案无疑是否定的。那么接下来的工作该如何开展呢？请跟小明一起来继续学习吧。

1. 数据处理

数据处理是指对数据的采集、存储、检索、加工、变换和传输。数据处理的基本目的是从大量的、可能是杂乱无章的、难以理解的数据中抽取并推导出能够指导人们决策的有价值、有意义的数据。数据处理是系统工程和自动控制的基本环节，数据处理贯穿于社会生产和生活的各个方面。数据处理技术的发展及其应用的广度和深度，极大地影响了人类社会发展的进程。

小明发现，数据处理的发展经历了三个时代：第一个时代是 20 世纪五六十年代，引导模型时代；第二个时代是 20 世纪 60 年代末 70 年代初的关系模型时代；第三个时代是 21 世纪直到现在的大数据时代。随着互联网技术的兴起，PC 和各种信息终端的普及，每个人都成为数据的主动生产者，尤其是移动互联网迅猛崛起，个人与移动设备紧密结合，成为数据的被动生产者，每时每刻都会产生大量的数据，并且数据的形式多样，大数据时代到来了。

今天，对于数据处理领域来说既是最好的时代也是最坏的时代，因为创新每天都在发生，颠覆也时时都在上演。

2. 数据处理的一般流程

通过学习小明已经知道，数据处理的过程就是使用信息设备收集、记录数据，经加工产生新的信息形式的过程。数据处理的过程大致分为数据的采集、处理和输出 3 个阶段。

在数据采集阶段，人工采集数据并输入到信息设备中，或由信息设备自动采集数据，这个阶段也可以称为数据录入阶段。数据录入以后，就要由信息设备对数据进行处理，为此预先要由用户编制程序并把程序输入设备中，设备按程序的指示和要求对数据进行处理。处理可能包括：采集信息、数据转换、数据分组、数据组织、数据计算、数据存储、数据检索和数据排序这几方面工作中的一个或若干个的组合。最后输出的是各种文字和数字的表格和报表。

学习到这里，小明已经知道后面工作的重点是计算与排序。

■ 4.2.2 数据计算

不管是 Excel 还是 WPS 表格都提供了对数据的统计、计算和管理功能。用户可以使用系统提供的运算符和函数建立公式，系统将按公式自动进行计算。如果参与计算的相关数据发生了变化，软件工具会自动更新结果。通过排序、筛选和汇总等能够帮助用户初步分析数据，为科学决策提供依据。

小明知道在 Excel 中数据计算有两种方式：一种是自定义公式计算，另一种是使用函数计算。

1. 自定义公式计算

小明注意到 Excel 或 WPS 表格中的公式都是对单元格中数据进行计算的基本工具。公式总是以"="开头，后面是表达式，在表达式中可以包含各种运算符、常量、函数和单元

表 4-4 算术运算符

名称	符号
加法运算符	+
减法运算符	-
乘法运算符	*
除法运算符	/
乘方运算符	^
百分号运算符	%

格地址等。

算术运算符相对比较简单，见表 4-4，其中加法、减法、乘法、除法、乘方运算符的意义和使用方法与数学中的对应运算相同，百分号运算符表示一个数除以 100 的值。

算术运算符的优先等级依次为：百分号、乘方、乘法和除法、加法和减法。同级运算从左到右顺序进行，如果有括号，则先进行括号内的运算，后进行括号外的运算。小明注意到这些运算规则和曾经学习的四则运算规则是一致的。

小明分别在 Excel 和 WPS 表格里利用算术运算规则试算了一下用户完成问卷的总时长，在单元格或编辑栏中直接输入公式，首先输入"="，然后输入计算公式，按 Enter 键即可获得计算结果，如图 4-38 和图 4-39 所示。

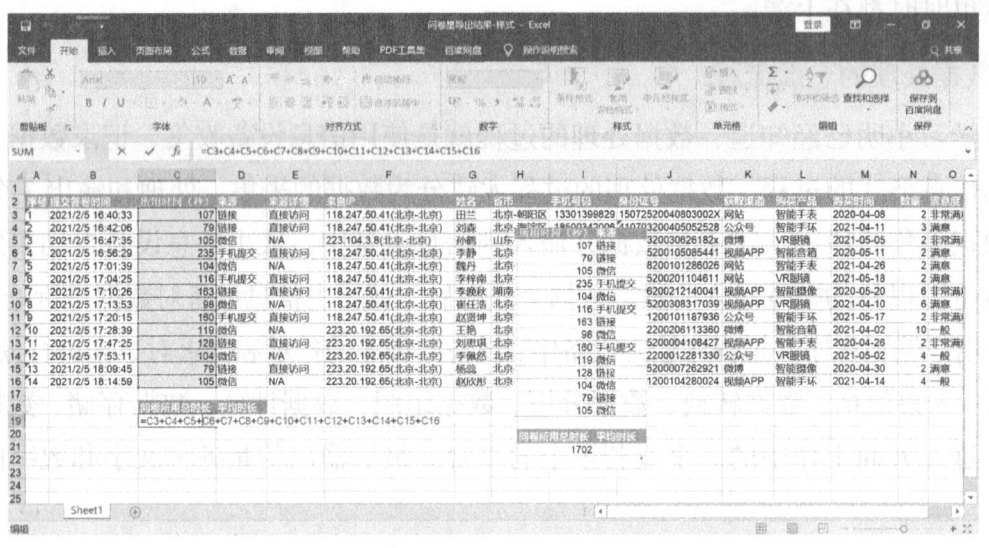

图 4-38 Excel 中计算完成问卷总时长

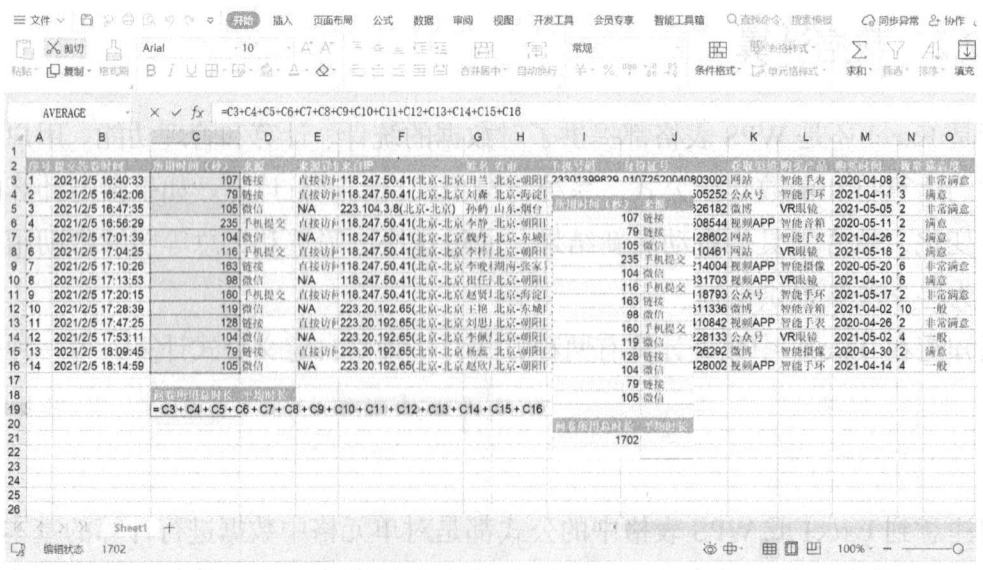

图 4-39 WPS 中计算完成问卷总时长

> **练一练：尝试利用算术运算计算用户完成问卷的平均时长**
>
> 完成问卷的平均时长能反映用户填写问卷的时间，帮助我们为未来问卷设计提供数据支持。请帮助小明来完成平均时长的计算。

> **小知识：比较运算符和文本运算符**
>
> 我们在利用自定义公式运算时，还可能使用到比较运算符和文本运算符。
>
> 比较运算符包括"="">""<"">=""<=""<>"。
>
> 文本运算符则是"&"，用于连接文本。例如，我们在单元格内输入"="cook"&"ie""，返回的结果是"cookie"。

2. 函数计算

小明通过学习知道，在 Excel 或 WPS 表格中都为用户提供了大量的工作表函数，可以根据不同需要进行使用，使用时有一定的格式要求。

函数是 Excel 中最为常用也是最为重要的功能，Excel 中函数按类别分为 12 种，约 400 多个内部函数，还可以使用外部的自定义函数。函数是软件已经定义好的公式，由一个或多个执行运算的数据进行指定计算并且返回结果。执行运算的数据（包括文字、数字和逻辑值）称为参数。

函数的结构以函数名称开始，后面是左圆括号，以逗号分隔的参数并以右圆括号结束。如果函数以公式形式出现，则需要在函数名称前输入"="。例如，我们使用求和函数在 A5 单元格返回 A1 和 A4 单元格相加的和，那么可以在 A5 单元格内输入"=SUM(A1,A4)"，按 Enter 键即可返回函数运算结果。如图 4-40 所示为求和函数的格式示例。

函数计算时，应该确认参数使用的正确性，否则会出现错误信息和相关提示，需要我们重新设置参数，出现错误时我们可以根据提示打开系统帮助进行修改。

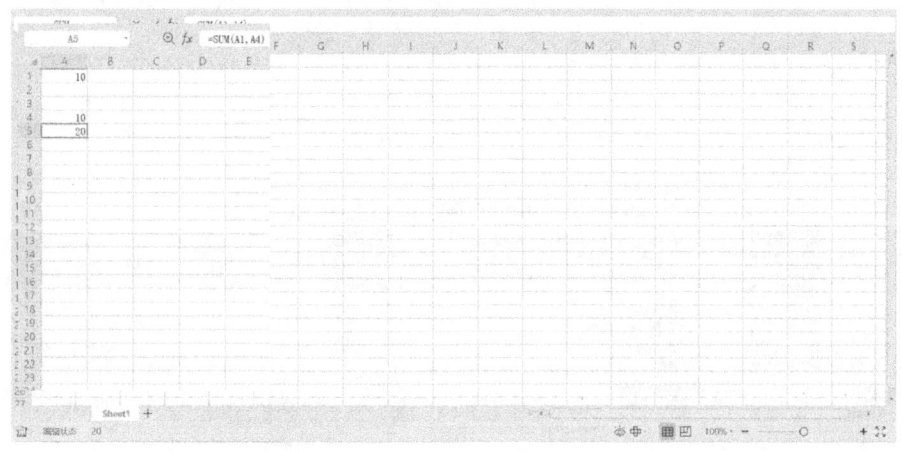

图 4-40 WPS 中求和函数格式示例

（1）统计计算

小明通过学习把经常用到的统计函数列在了一个表格里，见表4-5。

表4-5 常用统计函数

函数名	参数	功能说明
SUM( )	SUM(Number1,[Number2],…)	计算单元格区域中所有数值的和
AVERAGE( )	AVERAGE(number1,[number2],…)	返回其参数的算数平均值
COUNT( )	COUNT (value1,[value2],…)	计算区域中包含数字的单元格个数
MAX( )	MAX(number1,[number2], …)	返回一组数值中的最大值，忽略逻辑值及文本
MIN( )	MIN(number1,[number2],…)	返回一组数值中的最小值，忽略逻辑值及文本
ROUND( )	ROUND(number,num_digits)	按指定的位数对数值进行四舍五入
INT( )	INT(number)	将数值向下取整为最接近的整数

小明使用求平均值函数完成了"平均时长"的计算。首先将活动单元格定位到平均时长位置，然后选择菜单栏里的"公式"，在常用菜单栏里选择"插入函数"；在打开的"插入函数"对话框里选择"AVERAGE"函数，单击"确定"按钮，在弹出的"函数参数"对话框里对参数进行设置（用鼠标选定运算单元格的范围），最后单击"确定"按钮，即可完成平均时长的计算，如图4-41所示。WPS中的相关操作如图4-42所示。

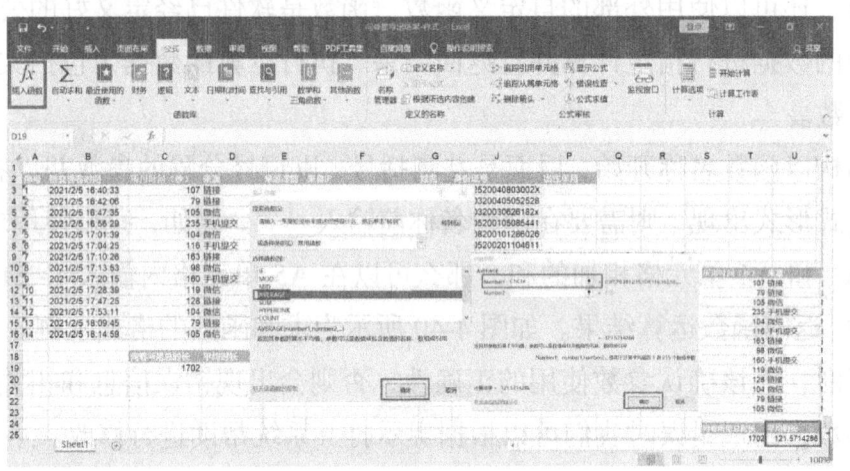

图4-41 Excel计算平均时长

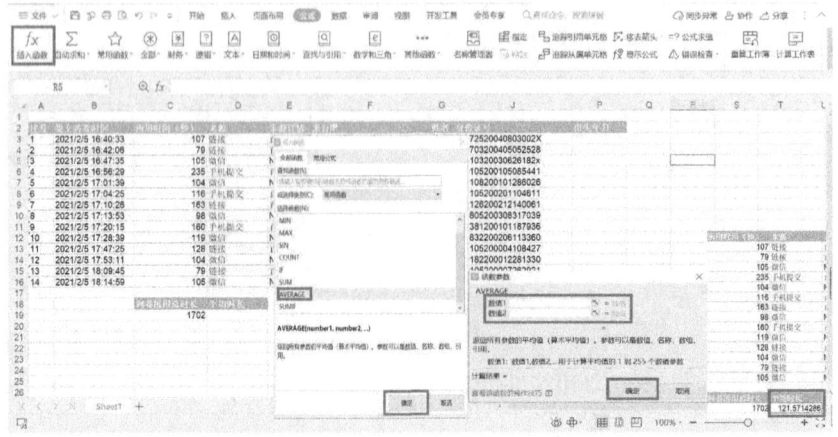

图4-42 WPS计算平均时长

练一练：尝试利用其他统计函数进行计算

请跟小明一起尝试使用其他统计函数。

（2）文本计算

用户的年龄信息能帮助我们了解用户选购商品的年龄偏好。那么，如何在用户调研数据里获得用户出生日期呢？小明在学习中注意到 Excel 中还有一类函数叫文本函数，当需要将文本数据中的有效信息进行提取时，这些文本函数就派上大用场了。用户提供了身份证号，我们想通过处理身份证号来提取用户的出生日期，这时候文本函数就可以帮助我们来解决这个问题。

小明知道身份证号的第 7 位到第 14 位是出生日期，我们只要想办法把它提取出来就可以了。这里我们要用到一个文本函数即 MID() 函数，将出生信息的文本提取出来，选择菜单栏里的"公式"，在常用菜单栏里选择"插入函数"；在打开的"插入函数"对话框里选择文本函数"MID"，单击"确定"按钮，在弹出的"函数参数"对话框里对参数进行设置（依次选定提取文本单元格"J3"，开始的字符串位数选择"7"，依次提取多少个字符选择"8"），最后单击"确定"按钮，这时相关出生日期的文本就显示在单元格里了。接下来我们可以使用填充柄，将其他用户的信息一并填充，完成对用户出生日期的提取，如图 4-43 所示。

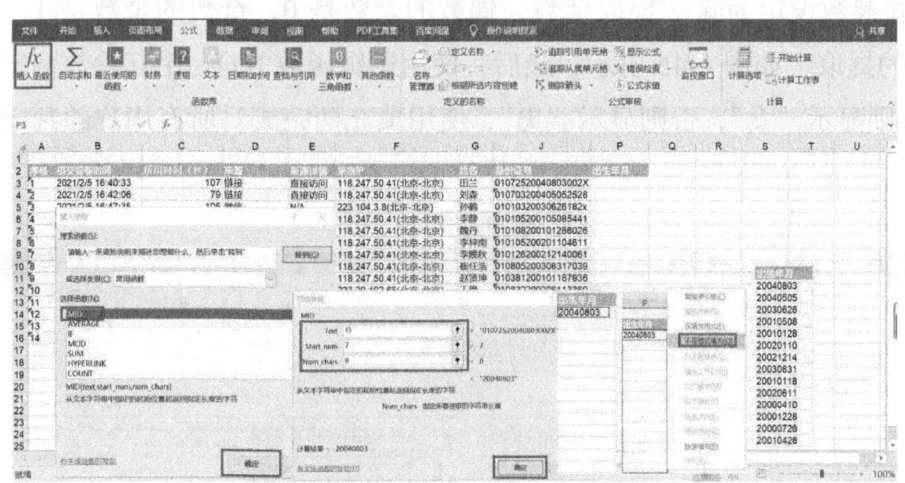

图 4-43　使用 MID() 函数提取文本信息

小明对经常使用的一些文本函数进行了总结，见表 4-6。

表 4-6　常用文本函数

函数名	参数	功能说明
EXACT()	EXACT(text1,text2)	对比两个文本字符串是否相同
LEFT(text,num_chars)	LEFT(text,num_chars)	从左边提取字符的文本串
RIGHT(text,num_chars)	RIGHT(text,num_chars)	从右边提取字符的文本串
MID()	MID(text,start_num,num_chars)	从左边指定位置开始截取指定位数的文本串
TEXT()	TEXT(value,format_text)	将一数值转换为按指定数字格式表示的文本

> **练一练：尝试其他文本函数的使用**
>
> 请和小明一起尝试利用文本函数完成对其他一些信息的处理。

（3）逻辑计算

小明知道，在函数运算中还有一类称为逻辑运算，它主要包括逻辑与、逻辑非和逻辑或，在 Excel 或 WPS 中逻辑函数是进行条件匹配、真假值判断后返回不同的数值，或者进行多重复合检验的函数。常见的逻辑函数有：逻辑与 AND()、逻辑非 NOT()、逻辑或 OR() 和条件函数 IF() 等。

在产品运营中，不同性别的用户有不同的消费偏好。因此，获得用户的性别信息也是收集信息中的一个重要内容。虽然信息采集中没有直接要求用户输入性别，但小明觉得结合身份证号，逻辑运算应该能帮助他解决判断用户性别的问题，身份证号一共有 18 位，第 17 位代表性别，奇数代表男性，偶数代表女性。因此，Excel 只要识别出身份证号第 17 位是奇数还是偶数，就能判断出性别。

小明很快就想出了如何通过函数来实现，分三步：首先用 MID() 函数提取身份证号的第 17 位性别信息码，使用填充柄完成对所有用户信息的提取，如图 4-44 所示；然后用 MOD() 函数将参数设定为除 2 提取余数，偶数的余数是 0，奇数的余数是 1，使用填充柄完成对余数的提取，如图 4-45 所示；最后，使用逻辑函数 IF()，用其参数判定余数是否为 0，判定为真则显示"女"，否则显示"男"，使用填充柄完成对所有用户的判定，如图 4-46 所示。

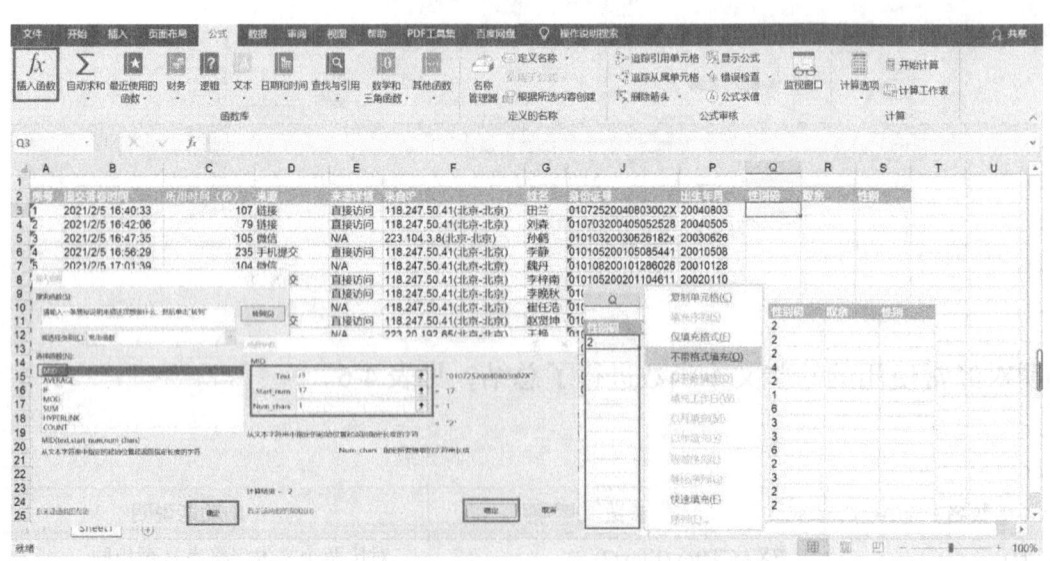

图 4-44 提取性别信息码

至此，小明完成了用户男女性别的判断，同样用 WPS 表格也可以完成任务。

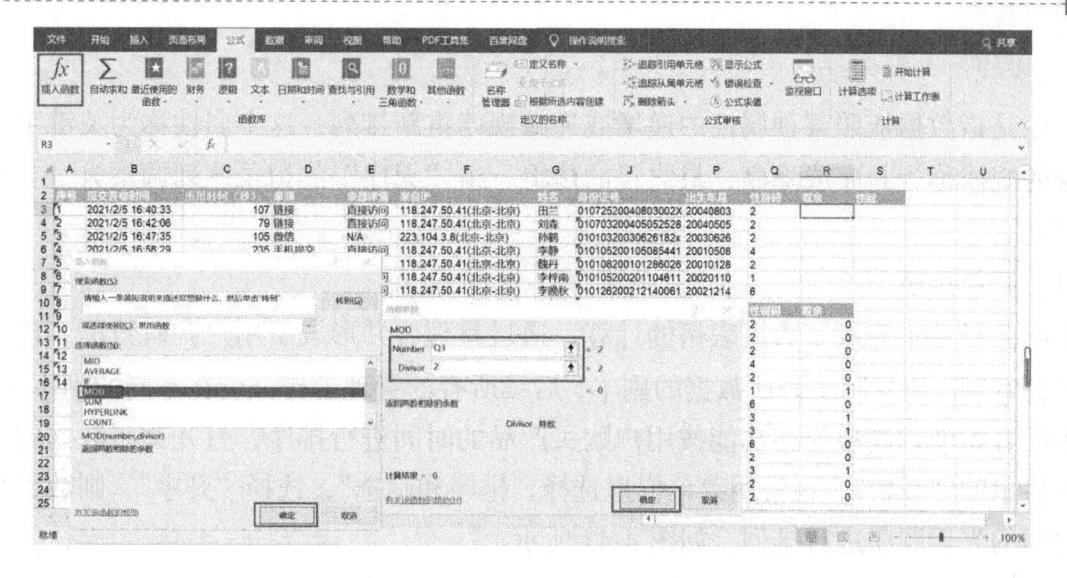

图 4-45 使用 MOD()函数提取余数

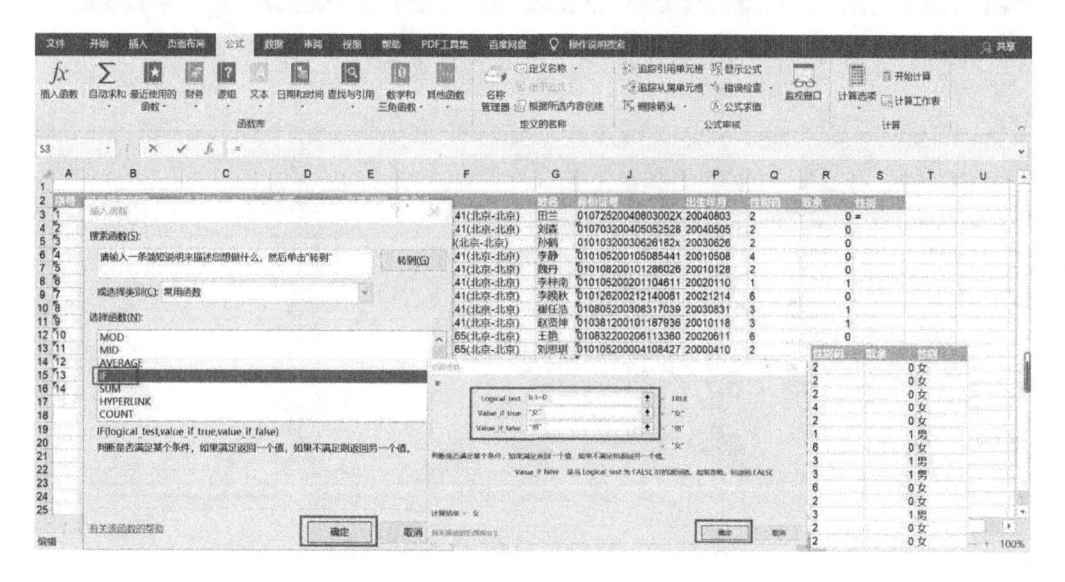

图 4-46 使用 IF()函数判断性别

> **练一练：函数的嵌套使用**
>
> 小明在判定用户性别信息时，用三个步骤来完成任务，后来他经过研究发现可以通过函数嵌套一步完成判定。
>
> 请你根据函数提示"=IF(MOD(MID(A2，17，1)，2)=0，"女"，"男")"，与小明一起完成研究探索，也试一试其他逻辑函数的使用方法。

4.2.3 排序和筛选

无论是 Excel 还是 WPS 表格都提供了排序、筛选和汇总等数据处理方法，能够让用户管理复杂的数据，从而提高工作效率。

1. 排序

排序是指数据依照某种属性的递增或递减规律重新排列，这个属性称为关键字，递增或递减的规律称为升序或降序，最终目的是将一组"无序"的记录序列调整为"有序"的记录序列。

（1）简单排序

小明已经基本完成了数据表格的计算，通过整理合并形成了用户调研数据，现在要对数据进行管理。他复制了调研数据的副本，后续所有的管理工作都会在不同的副本中完成。

小明开始使用简单排序功能按用户购买产品的时间进行排序，打开调研数据副本，选择菜单栏里的"开始"，在常用菜单栏里选择"排序和筛选"，选择"升序"，则数据会按照购买时间的先后顺序进行排列，如图 4-47 所示。

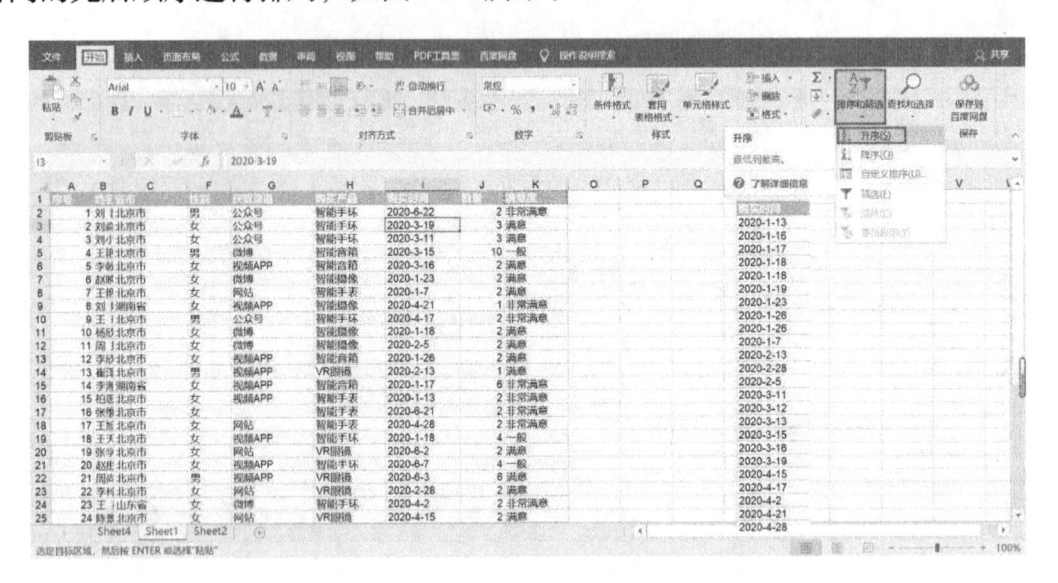

图 4-47　按用户购买时间进行排序

（2）自定义排序

小明在使用简单排序时注意到软件还提供了自定义排序。自定义排序是根据用户的一些特殊需要而进行的多关键字排序或者自定义序列排序。我们可以针对表格以购买时间为主关键字，购买产品数量为次要关键字对数据进行排序，打开调研数据副本，选择菜单栏里的"开始"，在常用菜单栏里选择"排序和筛选"，选择"自定义排序"选项，在弹出的"自定义排序"对话框里，将主要关键字选择为"购买时间"，选择"添加条件"选项，将次要关键字选择为"数量"，则数据会按照购买时间的先后顺序进行排列，排序依据选择为"单元格值"，次序选择为"升序"，最后单击"确定"按钮，数据会按照要求完成自定义排序，如图 4-48 所示。

> **练一练：尝试自定义序列排序**
>
> 小明遇到了一个难题，如果我们要根据用户满意度来对用户数据进行排序的话，应该如何来完成呢？请你和小明一起研究吧。

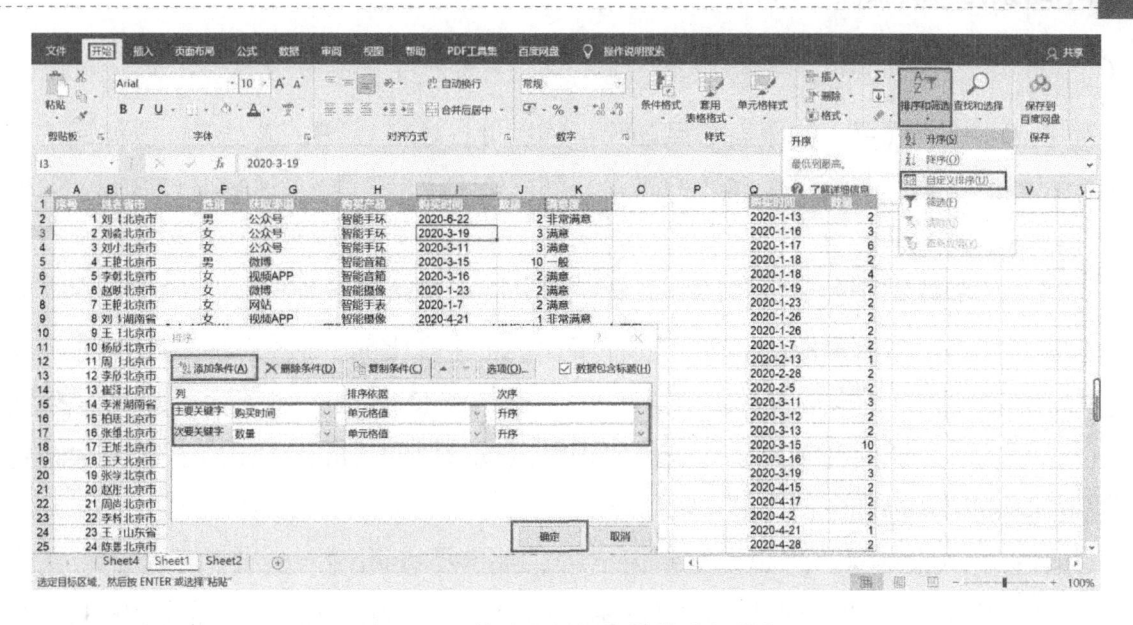

图 4-48 按购买时间和数量进行排序

（3）排序函数

小明在完成了数据排序时，还发现了一个能够完成排序工作的 RANK()函数。经过研究他发现这个函数还是很有特点的。RANK()函数最常用的是求某一个数值在某一区域内的排名。RANK()函数的语法形式：RANK(number,ref,[order])。函数名后面的参数中 number 为需要排名的那个数值或者单元格名称（单元格内必须为数字），ref 为排名的参照数值区域，order 的值为 0 和 1，默认不用输入，得到的就是从大到小的排名，若显示倒数排名，则 order 的值采用 1。打开调研数据副本，选择"公式"中的"插入函数"，选择"RANK"函数，设定参数，注意引用区域使用单元格绝对地址，防止后续填充时单元格地址发生变化，最后使用填充柄来完成，如图 4-49 所示。

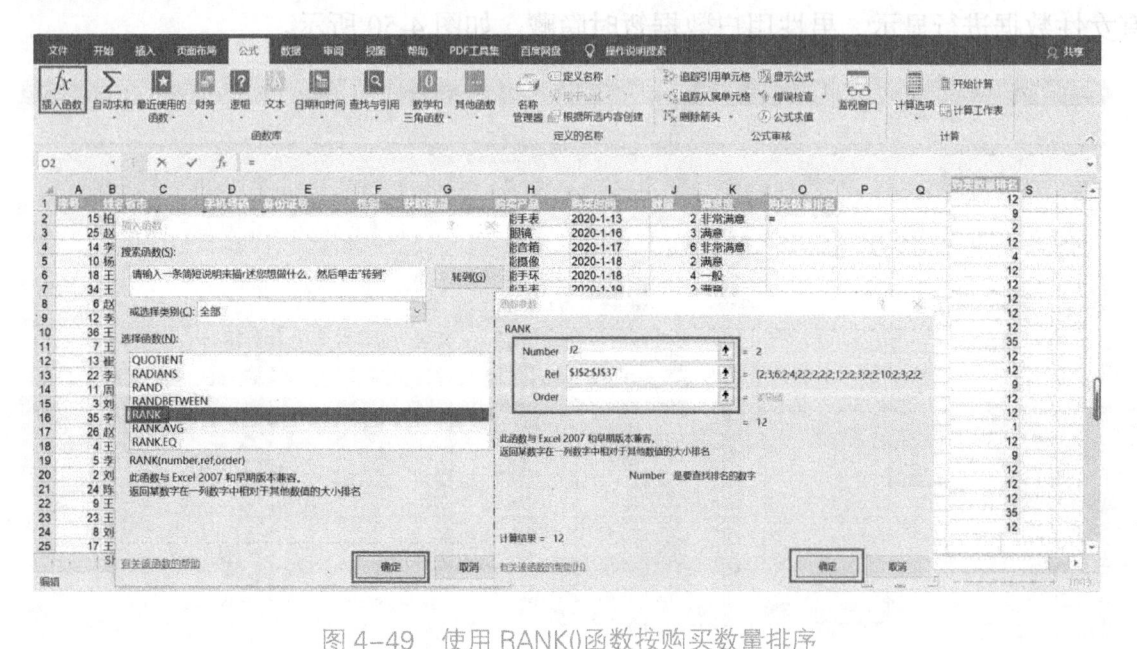

图 4-49 使用 RANK()函数按购买数量排序

> 🍎 **小知识：绝对地址和相对地址**
>
> 在 Excel 的公式里，如果直接写单元格的地址，如 A1，B2 之类的，这种写法我们称为相对地址；如果在单元格地址的行号与列号前加上$符号，如$A$1，$B$2，这种写法我们称为绝对地址。
>
> 公式中如果使用相对地址，Excel 会记录公式所在的单元格与引用的单元格之间的相对位置。当进行公式复制时，公式所在单元格发生变化时，被引用的单元格会按原本的相对位置规则发生变化。如果公式中使用的是绝对地址，Excel 就会记录引用单元格本身的位置，与公式所在单元格无关，当进行公式复制时，即便公式所在单元格发生变化，被引用的单元格也保持不变。
>
> 使用的基本原则是：当需要复制公式时，那些不能随输入公式的单元格位置的变化而变化的数据就用绝对地址，需要随输入公式的单元格位置的变化而变化的数据就用相对地址。
>
> 上例中 RANK()函数引用的地址不需要随公式单元格的变化而变化，所以使用了绝对地址。

2. 筛选

筛选是指让某些符合条件的数据记录显示出来，而暂时隐藏不符合条件的数据记录，筛选使得工作表整齐有条理。在 Excel 和 WPS 表格里，筛选分为自动筛选和高级筛选。

（1）使用自动筛选

小明打开调研数据副本，对女性用户的数据进行了筛选。选择"数据"选项卡下的"排序和筛选"选项，在"性别"列的下拉筛选菜单中勾选"女"，单击"确定"按钮，软件将所有女性数据进行显示，男性用户数据暂时隐藏，如图 4-50 所示。

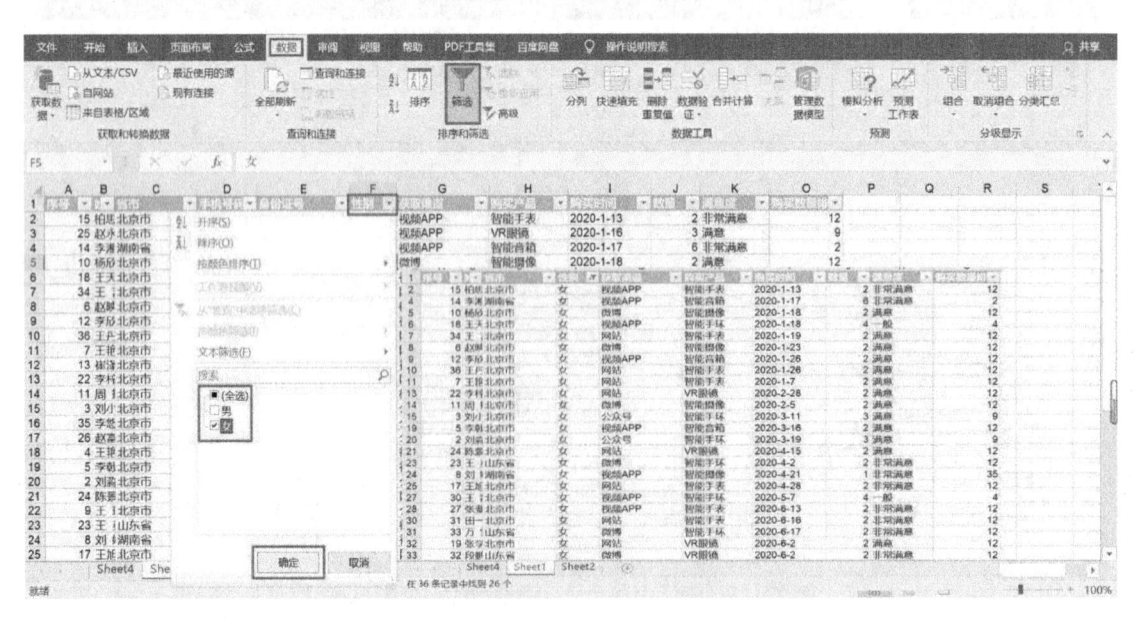

图 4-50 使用自动筛选显示女性用户数据

> **练一练：多个条件的自动筛选**
>
> 跟小明一起筛选某个特定日期购买过产品的女性用户数据。

在 Excel 或 WPS 表格中使用自动筛选来筛选数据，可以快速又方便地查找和使用单元格区域或表列中数据的子集。对于简单条件的筛选操作，自动筛选基本可以应付，但是最后符合条件的结果只能显示在原有的数据表格中，不符合条件的将自动隐藏。若要同时满足多个条件且筛选结果显示在特定区域或两个表中进行数据比对或其他情况，则"自动筛选"功能就显得有些捉襟见肘了，于是另一个工具"高级筛选"进入了人们的视线。

（2）使用高级筛选

小明一直觉得"高级筛选"很神秘，这次正好利用这个机会试用一下。小明要把所有北京女性用户中购买商品超过 2 件的资料复制到新的位置。首先在工作表中输入高级筛选条件：省市"北京市"；性别"女"；数量">=2"（与数据区域隔开至少一行或一列）。在"数据"中选择"排序和筛选"中的"高级"，在弹出的"高级筛选"对话框中，选择"将筛选结果复制到其他位置"单选按钮，依次调整列"表区域""条件区域""复制到"区域，单击"确定"按钮，筛选结果将会显示在指定区域中，如图 4-51 所示。

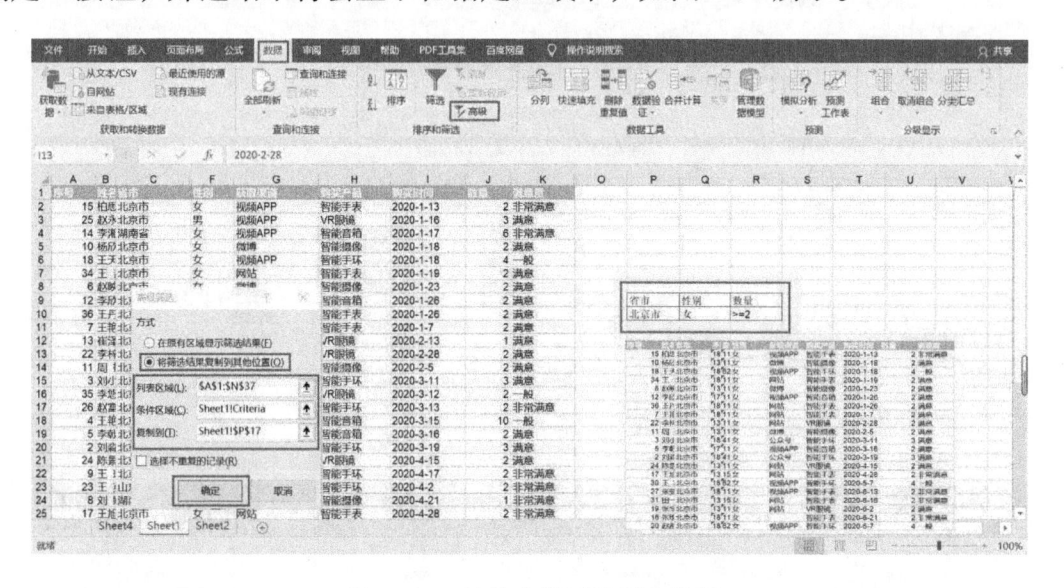

图 4-51 使用高级筛选显示数据

> **练一练：高级筛选**
>
> 请和小明一起练习在 WPS 表格中设定筛选条件，完成高级筛选。

4.2.4 分类汇总

分类汇总，顾名思义就是先分类，同类数据汇总。在 Excel 或 WPS 表格中，分类是通过排序命令完成的，分类汇总命令是在此基础上进行的。对于数据量比较大的表格按照一定条件对数据进行汇总，能够增加表格的可读性，提供结果进行分析。分类汇总还应该确保每列第一行都具有标题，每列数据含义相同，并且数据区域内不包含任何空白行或空白列。

1. 使用分类汇总

小明希望通过分类汇总了解男性用户和女性用户购买各类产品的情况。具体地说，小明希望了解参与调研的男性用户购买各类产品有多少人，女性用户购买各类产品有多少人。

第一步，对"性别"和"购买产品"进行排序；第二步，选择分类汇总，在"分类汇总"对话框中将"分类字段"设置为"性别"，"汇总方式"设置为"计数"，"选定汇总项"设置为"性别"，单击"确定"按钮完成对男女用户数量的汇总，如图 4-52 所示；第三步，在对男女用户数量汇总的基础上对"购买产品"进行二次汇总，在该对话框中将"分类字段"设置为"购买产品"，"汇总方式"设置为"计数"，"选定汇总项"设置为"购买产品"，单击"确定"按钮完成对购买产品数量的二次汇总，如图 4-53 所示。

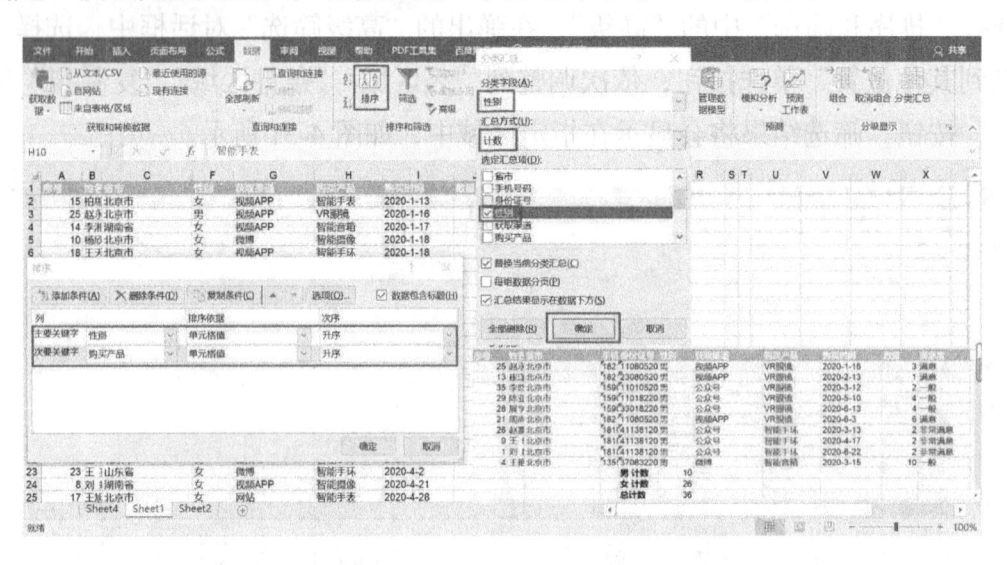

图 4-52 使用分类汇总汇总男女用户数量

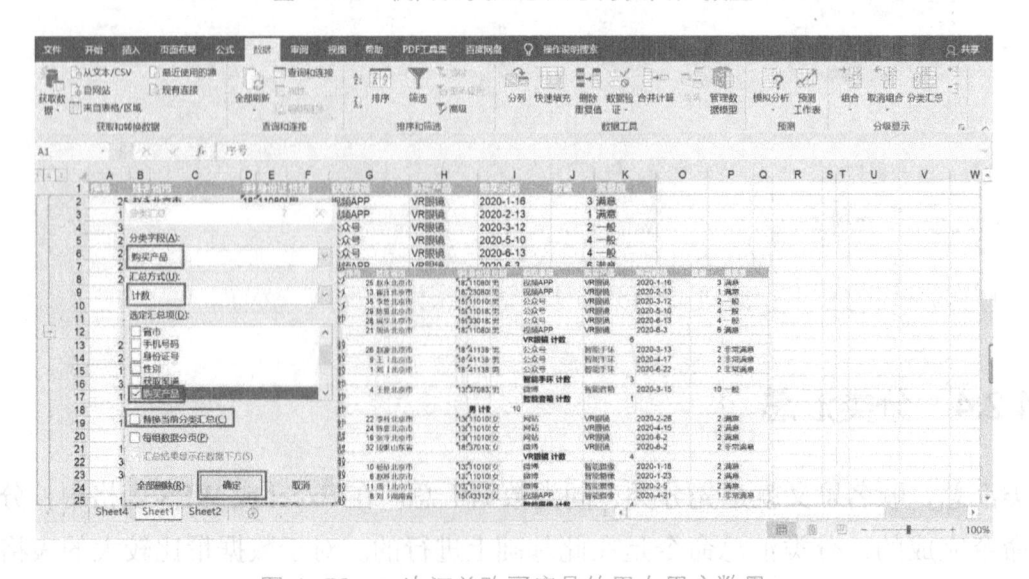

图 4-53 二次汇总购买产品的男女用户数量

通过两次汇总，小明就能比较清楚地了解男、女用户选择各类产品的数量。

> **练一练：多级分类汇总**
>
> 请和小明一起练习在 WPS 表格中完成多级分类汇总。

2. 使用分级显示

小明在完成分类汇总的过程中，注意到多级分类汇总工作表的左侧可以看到"分级显示"按钮，其中第一级按钮代表总的汇总结果范围，其他各级按钮依次代表后面操作的详细汇总记录项。在上例中的二次汇总中，就可以进行分级显示，如图 4-54 所示。

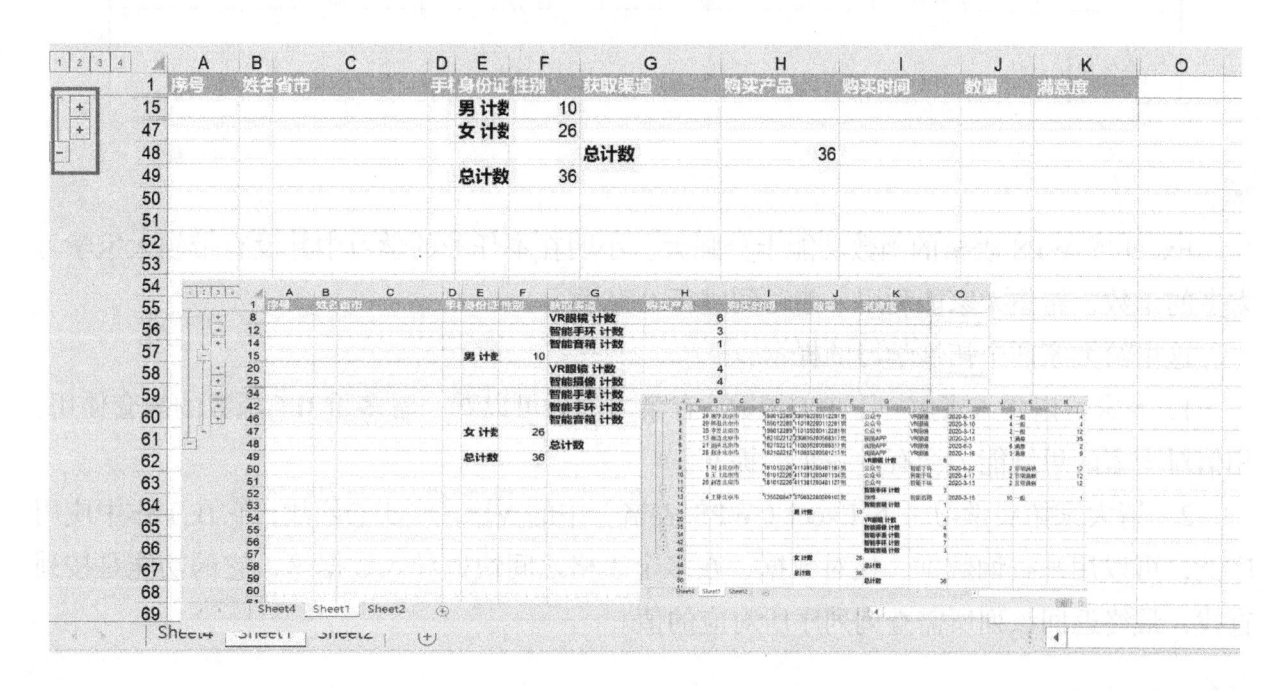

图 4-54　分级显示

学习检验

小明把处理过的用户调研数据副本交给了宋经理，宋经理对小明在工作上的钻研精神进行了表扬，希望小明在后续工作中再接再厉……

表 4-7 为本任务的完成情况评价表，请你根据实际情况来填写。

表 4-7　完成情况评价表

任务要求	很好	好	不够好
了解数据处理的基础知识			
会使用函数、运算表达式等进行数据运算			
会对数据进行排序、筛选和分类汇总			

035

学习小结

学习任务已经完成，表4-8是小明设计的学习总结表，请你根据自己的实际情况来填写。

表4-8 学习总结表

主要学习内容	学习方法	学习心得	待解决的问题
整体总结：			

拓展学习

Excel 或 WPS 表格的函数功能十分强大。小明在本任务的学习中并没有带领大家学习太多的函数，希望大家能利用一些时间进行补充学习。

这里给大家两个拓展学习的提示：

1. 大家可以深入了解一下 IF() 函数，有余力的话可以看一看多重 IF() 函数的嵌套使用，相信对大家的思维能力会有进一步的提升。

2. 请大家拓展学习一下 Excel（WPS 表格）中的 VLOOKUP() 函数，它在工作中应用广泛，可以用来查询数据、核对数据、在多个表格之间快速导入数据等，它的功能是按列查找，最终返回该列所需查询列序所对应的值。

学习检测

1. 在 Excel 或 WPS 表格中，输入 3/5，则表示（　　）。

　　A. 3 除以 5　　　　B. 3 月 5 日　　　　C. 5 除以 3　　　　D. 3:50

2. 工作表标签在工作表的（　　）。

　　A. 上方　　　　　B. 下方　　　　　　C. 左侧　　　　　　D. 右侧

3. 在 Excel 或 WPS 表格中，第 4 行第 2 列单元格的绝对地址可以表示为（　　）。

　　A. $4$2　　　　　B. $2$4　　　　　　C. B4　　　　　　D. B4

4. 我们可以使用以下哪个函数来进行数据排序？（　　）

　　A. SUM() 函数　　　　　　　　　　　B. MAX() 函数

　　C. COUNT() 函数　　　　　　　　　　D. RANK() 函数

5. 完成分类汇总之前，我们首先要对分类字段进行（　　）。

　　A. 计算　　　　　B. 排序　　　　　　C. 高级筛选　　　　D. 格式化文本

6. 试着总结一下自动筛选和高级筛选的异同。

任务 4.3 分析数据

通过"分析数据"的学习，能了解数据分析的概念，能根据需求对数据进行简单分析，会应用可视化工具分析数据并制作简单的数据图表。

任务情境

新产品上线后的第一次分析说明会就要召开了，宋经理带着小明对前期采集、加工的数据进行了分析，在下午的会上将进行展示说明……

学习目标

1. 知识目标

了解数据分析的概念，掌握制作透视图表的方法，掌握制作和编辑图表的方法。

2. 能力目标

能使用透视图表分析数据并根据需要制作特定含义的图表。

3. 素养目标

数据分析过程是一个解决问题的过程，培养学生沟通和解决问题的能力。

活动要求

借助学习资料开展自主学习，完成对"分析数据"的学习。

任务分析

小明整理了一下思路，使用工作任务分析法拟订工作计划。

（1）逐一列出工作内容。
（2）列出每项内容涉及的环节。
（3）按流程进行排序。
（4）依照流程设定学习内容和实施方案。

需要学习的相关资料很多，既有数据分析方面的知识，又有制作透视图表的内容，还有数据清洗的相关知识。

小明通过思维导图对任务进行分析，如图 4-55 所示。

小明厘清了思路，按思维导图搜集资料、准备工具，开始"分析数据"的学习。

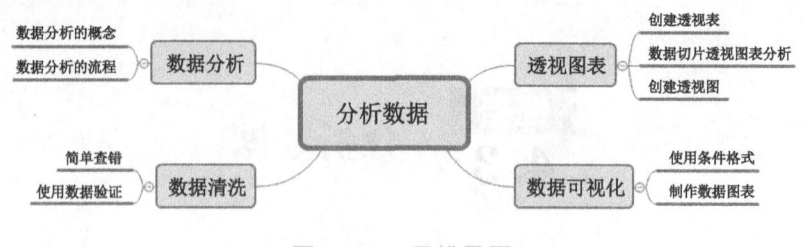

图 4-55 思维导图

任务实施

4.3.1 数据分析

当今是一个大数据时代，数据包围着我们，如果不能拿来进行定量分析，更好地为实现目标而做出决策，就是浪费数据资源。其实我们身边就有最常见的数据分析案例，学校每学期考试结束，老师都会根据学生考试成绩，分析学生学习情况，发现可能出现的问题，找到进一步改进教学的措施。还有学生毕业时，也会根据自己成绩在全体学生成绩排列中所处的位置，报考自己心仪的学校。

1. 数据分析的概念

在百度百科中这样描述，数据分析是指用适当的统计分析方法对收集上来的大量数据进行分析，将它们加以汇总和理解并消化，以求最大化地开发数据的功能，发挥数据的作用。数据分析是为了提取有用信息和形成结论而对数据加以详细研究和概括总结的过程。对于我们来说，分析就是根据我们掌握的大量数据，进行统计和定量分析、解释和预测，同时基于业务的管理来推动决策的过程或实现价值增值。

根据不同的分析目的，对数据分析有不同的划分，描述性分析是数据分析最常用的类型，其次是预测性分析。描述性分析是对样本数据进行统计性描述，主要包括数据的频数分析、集中趋势分析、离散程度分析、分布等样本事物的基本特征，使用图表来表示，常常成为"报告"。描述性分析非常有用，因此许多分析工具都有描述性分析，Excel 就提供了操作非常方便的描述性分析功能。

预测性分析不仅要对数据特征和变量之间的关系进行描述，还要利用预测模型、机器学习、数据挖掘等技术来分析已有数据，对未来或其他不确定的事件进行预测。可以这样理解预测性分析，首先假设事件变量之间存在关联关系，预测另一种现象出现的可能，但这种预测性分析并不代表存在明确因果关系。例如，商业企业经常进行销量预测，会根据之前销量数据和往年销量数据，预测未来某个时间段的销量，甚至可以细分到具体商品、厂家的销售情况，从而及时调整备货，避免滞销或脱销。

2. 数据分析的流程

由于数据分析种类很多、规模不同，所以数据分析步骤也会不同，但总体上它们的思路基本相同。

第一阶段：构建问题

这个阶段的主要任务就是明确问题，明确问题是分析的第一步，充分理解问题是什么，找到分析工作的答案后要做出什么决策，为分析指明一个方向。

第二阶段：解决问题

这个阶段是数据分析工作中最重要的部分，采集数据并清洗数据，选取变量构建数据模型，进行分析。

第三阶段：结果表达与行动

最后这个阶段与之前的工作同等重要，数据可视化有助于分析结果的表达，如果结果不能被决策者理解和信服，没有按照分析结果来做出决策并付诸行动，那么整个数据分析就都付之东流了。

数据分析流程如图4-56所示。

明确问题 → 采集数据 → 建立模型 → 数据分析 → 可视化表达

图4-56　数据分析流程

学习工作中数据分析必不可少，它可以帮助我们对数据进行汇总、分析、挖掘，找出其中所包含的含义或内在的关联，进而让其指导我们采取行动，获取业务价值。

学到这里，小明似乎隐约意识到什么，他开始思考，过了一段时间，又继续学了下去……

4.3.2　数据清洗

对于采集的数据，由于来自不同的渠道，可能会出现某些数据缺失、重复或异常等情况，需要进行数据清洗操作，同时为了分析时方便，对于命名及数据表示不一致等问题进行处理。

1. 简单查错

小明为了后面的数据分析工作顺畅，开始检查表格中的数据是否有异常。

（1）查询未填单元格

根据业务要求，"获取渠道"对分析影响很大，小明怕有的用户没有填，所以要查看"获取渠道"是否有未填的情况。

打开"用户调研"数据表，单击"获取渠道"单元格，按"Ctrl+↓"快捷键，将光标停留在空白单元格的上一行，此单元格为当前单元格，如图4-57所示。如果没有未填的单元格，就会将当前单元格定位到"获取

图4-57　使用"Ctrl+↓"快捷键

渠道"列的最后一个数据位置。

（2）数据过大异常

数据表中有"数量"信息，它肯定是一个数字，但这个数字的大小在实际的业务中会在一个区间内变动，在收集的数据表里，可能会有异常数据，过大或过小，Excel 提供了 MAX()函数和 MIN()函数，可以查看是否出现异常。操作如下：在"数量"列最后一个数据下方单击，单击"开始"选项卡，在"编辑"选项组中，单击"自动求和"下拉列表框，选择"最大值"选项，如图 4-58 所示，获得"数量"列最大值，可以先判断这个值是否为异常数据，再决定采取什么对策。

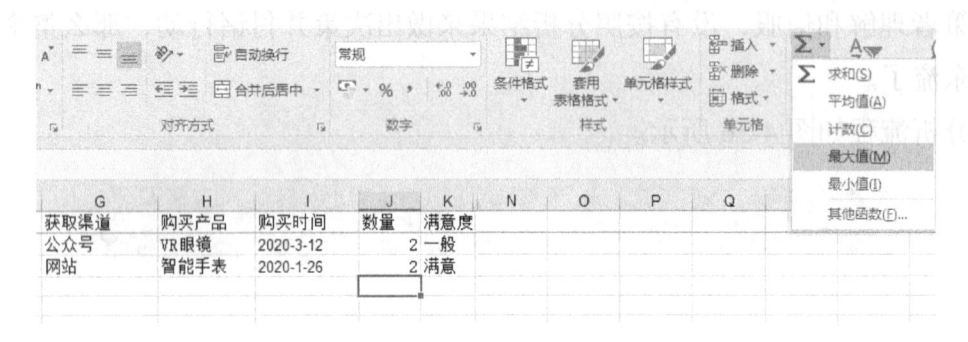

图 4-58　求最大值

说一说：数据收集后，可能会出现或曾经出现哪些问题？

例如，从不同渠道收集的数据表，同一个内容，但字段名可能表述不同，如"住址""家庭住址"是同一内容，使用了不同的表述。

2. 使用数据验证

可以使用函数或其他操作对数据进行检查，Excel 提供了数据验证功能，用于限定数据范围、限制数据类型以及设置验证条件等。

（1）是否有重复数据

小明查看数据表中是否有重复收集的用户信息，单击"数据"选项卡，再单击"数据工具"选项组中的"删除重复项"按钮，如图 4-59 所示。

弹出"删除重复项"对话框，单击"取消全选"按钮，由于身份证号是用户唯一的身份代码，所以选中"身份证号"复选框，如图 4-60 所示，然后单击"确定"按钮，完成删除重复用户信息。

（2）检测身份证号长度

查看数据表中身份证号长度是否为 18，首先选中"身份证号"列，然后单击"数据"选项卡，再单击"数据工具"选项组中的"数据验证"按钮，弹出"数据验证"对话框，单击"设置"选项卡，单击"允许"下拉列表按钮，选中"文本长度"，单击"数据"下拉列表按钮，选中"等于"，在"长度"文本框中输入 18，如图 4-61 所示，然后单击"确定"按钮。

图 4-59 删除重复项

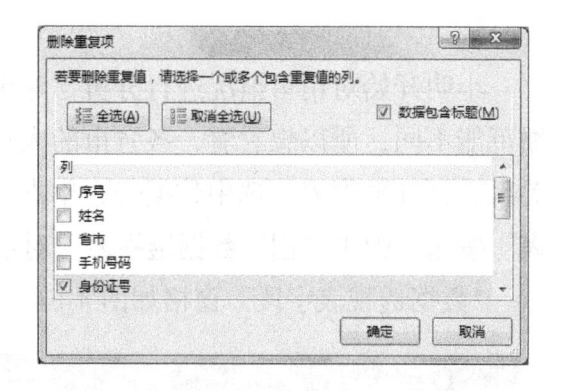

图 4-60 删除身份证号重复的数据行

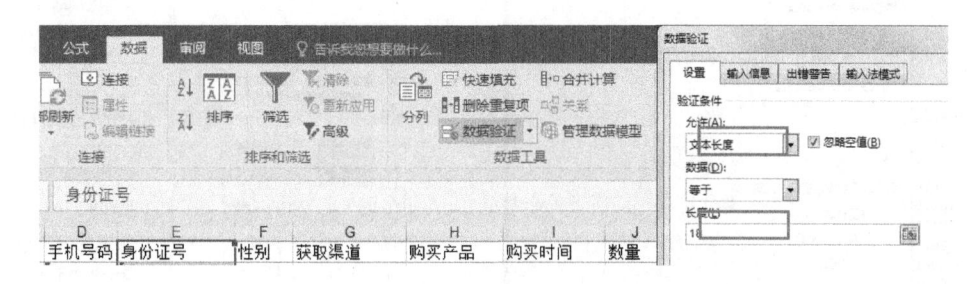

图 4-61 数据验证身份证号位数

紧接着单击"数据工具"功能组中的"数据验证"下拉列表按钮，选中"圈释无效数据"，如图 4-62 所示。长度不是 18 位的数据将被显示出来，以便用户进行查验，纠正错误。

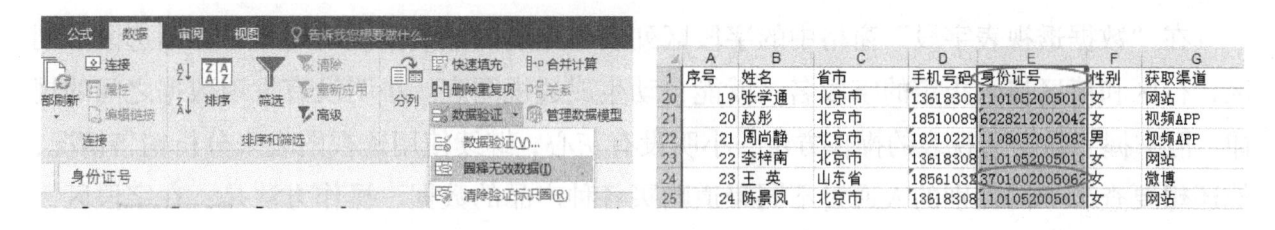

图 4-62 圈释无效数据

小明通过几个简单的步骤就完成了"用户调研"数据表的预处理工作，发现了个别问题，庆幸及早发现了数据问题，没有给以后的分析造成麻烦，对自己的工作非常满意。

4.3.3 透视图表

数据透视表是一种动态数据分析工具，使用数据透视表可以按照不同方式汇总、分析、浏览和呈现数据，获得想要的分析结果，每次改变版面内容设置时，会立即按照新的布置重新计算数据并呈现。

透视图是数据透视表的图形化，可以轻松地查看比较、模式和趋势。数据透视表的英文是 Pivot Table，直接翻译是轴向旋转表，就是将某列中的值（值只有几类）旋转为列名（行转列）进行计算。

1. 创建透视表

小明开始对销售情况进行分析，考虑我国地域广阔，各省市的人对不同渠道的使用习惯可能不同，所以想看看，各省市的人通过不同渠道购买产品的数量，来探究它们之间的关系。打开数据表，选中数据表，单击"插入"选项卡中"表格"选项组中的"数据透视表"按钮，弹出"创建数据透视表"对话框，如图 4-63 所示。

"数据透视表字段"窗格如图 4-64 所示。

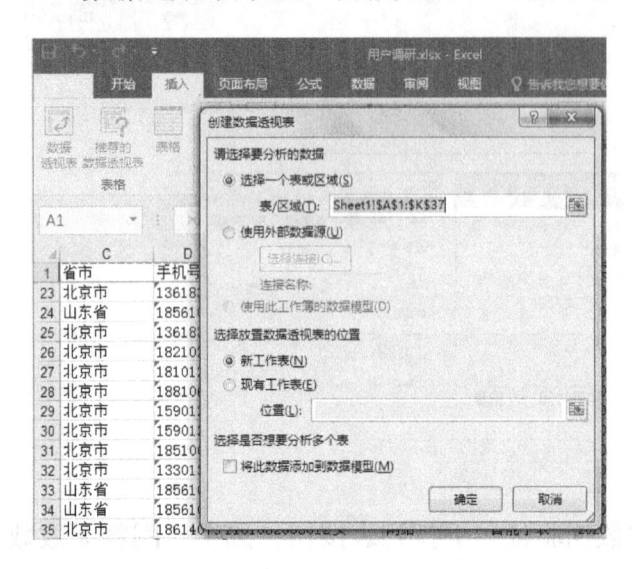

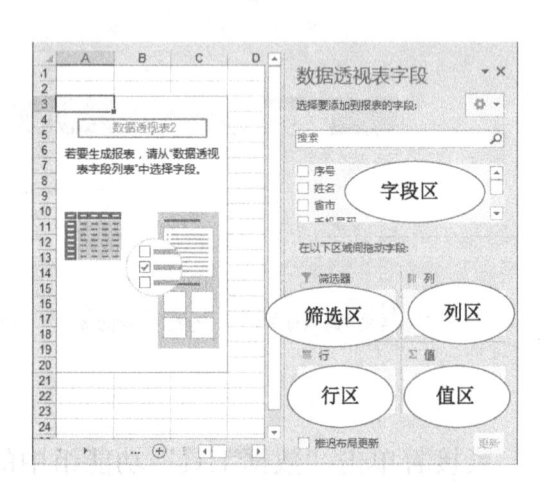

图 4-63　创建数据透视表　　　　　图 4-64　"数据透视表字段"窗格

在"数据透视表字段"窗格中的字段区列表中排列的是数据表的列名，在筛选区、列区、行区和值区拖入指定的字段名，就能自动生成透视图表。小明没有发现数据之间的规律，但掌握了数据透视表的操作方法，小明没有灰心，继续使用透视图表来分析销售情况，他还想要查看不同性别的人通过不同渠道购买各种产品的数据。操作方法是：在字段区，找到"购买产品"拖动到列区，再拖动"性别"和"获取渠道"到行区，拖动"购买数量"到值区，如图 4-65 所示，就可以得到想要的数据表了。观察后发现女性用户的购买数量多于男性这一特点，同时发现男女用户，对不同产品购买偏好不同，为继续做好销售提供了参考方向。

小明认为这组数据很有价值，需要将自动生成的透视表复制生成普通数据表，方法是：选择刚刚生成的透视表，按"Ctrl+C"快捷键，单击"sheet2"表名，按"Ctrl+V"快捷键，单击"粘贴选项"按钮，先选择"值"选项，如图 4-66 所示，再对数据表做必要的编辑。

> **练一练**
>
> 小明还要分析各省市的人通过各渠道购买不同产品的情况。

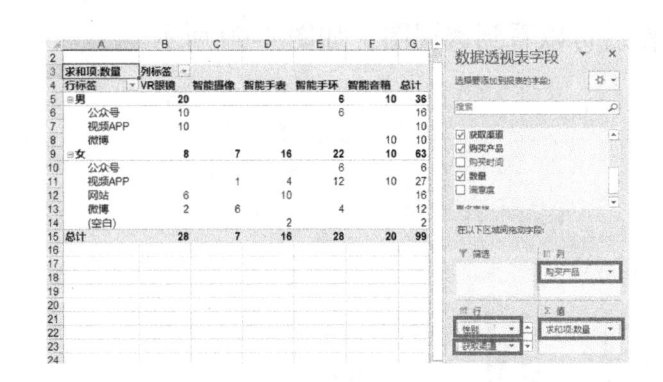

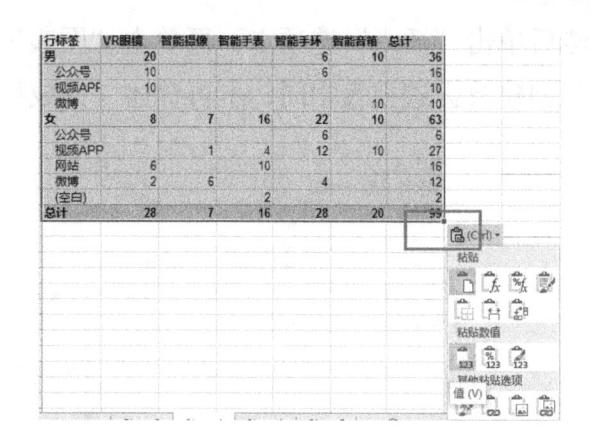

图 4-65　生成需要的透视表　　　　　　图 4-66　复制透视表为普通数据表

2. 数据切片透视图表分析

要对不同类别的数据进行分析，而对每类数据都要制作图表则是在做重复工作，通过切片器功能可以进行筛选，即切片各类别，在切片器中选择后，数据透视表会自动重新计算，以提高数据处理效率。

切片筛选数据的方法有：

（1）使用切片器快速有效地筛选数据。

（2）"自动筛选"将筛选器应用于数据透视表的行区域字段中的任何字段。

（3）筛选器添加到数据透视表的筛选器区域字段。

对用户按省市分组切片，分析不同性别用户对不同产品购买的情况，创建数据透视表的操作方法不再重复，如图 4-67 所示。

然后切片查看分析数据，单击"省市"下拉列表框，选择"北京市"选项，如图 4-68 所示，数据透视表会自动计算北京市的销售情况，当然还可以筛选其他省市情况，以便分析数据。

图 4-67　创建分组透视表　　　　　　图 4-68　切片查看数据表

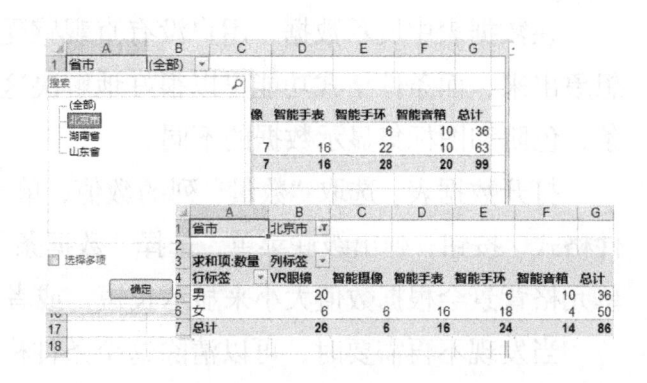

3. 创建透视图

不但可以创建数据透视表分析数据，还可以使用透视图来分析数据，先准备好数据表，然后单击"插入"选项卡，再单击"图表"功能组中的"数据透视图"按钮，以后的操作与创建数据透视表相同，不再赘述。完成操作后可以看到透视图，如图4-69所示。

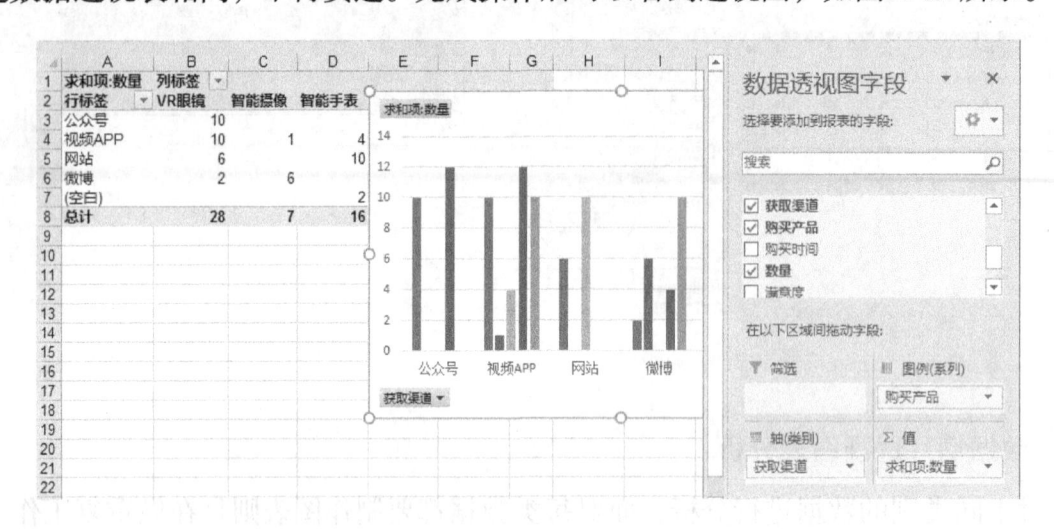

图4-69　创建透视图

小明掌握了使用透视图表的方法分析数据，继续开动脑筋，根据业务需求进行分析……

4.3.4　数据可视化

明天的业务会议上，小明要将与宋经理一起做的数据分析结果进行展示并说明，他想到了一个词"数据可视化"。数据可视化就是借助于图形化手段，能够清晰、有效地传达信息，数据可视化不但可以让令人感到枯燥乏味的数据，看上去美观或高大上，更主要的是能表达思想，或者通过数据可视化揭示蕴含在数据背后的现象或规律，因此随着数据可视化技术的发展，成为数据分析中必不可少的一部分。Excel就是很好的可视化工具，能够轻松实现信息可视化。

1. 使用条件格式

在数据表中展示数据，用户没有直观感受，对数据之间的关系必须靠人的思考，才能想象出来，而条件格式功能可以很好地解决这一问题。通过设置条件格式规则，使用数据条、色阶和图标集显示数据的不同。

打开数据表，选取"数量"列的数值，单击"开始"选项卡中"样式"选项组中的"条件格式"按钮，弹出级联菜单，选择"数据条"下的"蓝色数据条"命令，如图4-70所示，单元格背景会根据数值大小来显示长短，或者说蓝色数据条反映数据的大小。

当发现不再需要时，可以清除这个条件格式设置，操作方法是：选择刚才设置效果的单元格，然后单击"开始"选项卡上"样式"选项组中的"条件格式"按钮，弹出级联菜单，选择"清除规则"下的"清除所选单元格的规则"命令，如图4-71所示。

图 4-70 使用条件格式显示数据　　　　　图 4-71 清除条件格式规则

> **练一练：设置条件格式**
>
> 1. 在数据表中将"数量"列的值排在前 10 的记录，设置为"红色文本"。
> 2. 设置数据表中"身份证号"列，值相同的单元格的边框为红色。

2. 制作数据图表

Excel 具有强大的图表功能，内置多种图表模板，包括柱状图、条形图、饼图、雷达图、折线图、堆积图、散点图等，使用图表可以对数据表中的数据进行图形化分析，并增强视觉效果，分析数据时可以选择适合的图表类型，直接反应数据之间的关系和变化趋势，使得数据表中的数据层次分明、条理清楚、易于理解。

小明要将表格的处理结果以图表的形式在会议上呈现给各位领导观看。

（1）图表类型

Excel 2016 内置了柱状图、条形图、散点图、气泡图、雷达图、饼图、折线图、面积图、直方图、组合图等多种图表类型，不同类型的图表适用场景不同，对不同的数据分析产生不同的效果。现就几种常用图表进行说明。

①柱状图

柱状图是使用频率最高的图表，适用于各项比较分析，能很好地展示每个数据的细节，反映同一时刻数据之间的不同，同时展示 8 个以内数据序列比较好，超过 8 个可以使用折线图。如展示各科平均分。

②条形图

与柱状图类似，条形图适用于各项数据的比较分析。当数据标签比较长时，使用条形图名称可以显示完整，展示效果会比柱状图好。

③散点图

散点图的适合场景为双变量分析，分析 X、Y 两个变量之间的关联与联系，如身高与体重、收入与支出等，如果需要分析变量之间的关系，则使用散点图，反映两个变量的相关性，有正相关、负相关、不相关等。

④雷达图

雷达图的适合场景为多属性分析，雷达图将多维度（或若干数据系列）进行聚合，以对比它们的差异，但是雷达图维度不能很大。

⑤饼图

饼图的适合场景为占比分析，饼图可显示一个数据系列中各项的大小与各项总和的比例。如果要统计数据的占比情况，就使用饼图或圆环图，能很清晰地展示数据的占比情况。

⑥折线图

折线图的适合场景为时间趋势分析，如果在一段时间内有连续变化量，或数据沿着某个方向进行有规律的变化，那么就可以使用折线图，折线图可以展示大量数据，如经常见到的天气变化图。

> **查一查**
>
> 在 Excel 中还内置了其他图表类型，去查一查它们用于表现怎样的内容，分别适合怎样的场景？

（2）创建图表

小明要建立各产品销量数据图表，首先要选取数据区域，单击"插入"选项卡，然后单击"图表"选项组中的"柱形图"按钮，在级联菜单中选择"堆积柱形图"命令，如图 4-72 所示，完成图表制作。

从小明生成的图表中可以看出不同产品销售数量的不同，由于使用了堆积图，还可以比较同一产品不同性别用户的购买情况，直观地反映出不同性别人群的购买偏好，如图 4-73 所示。

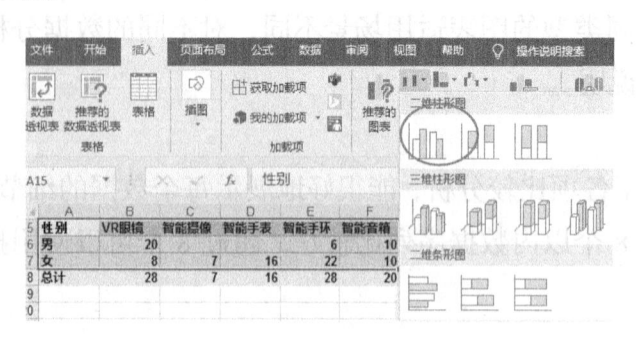

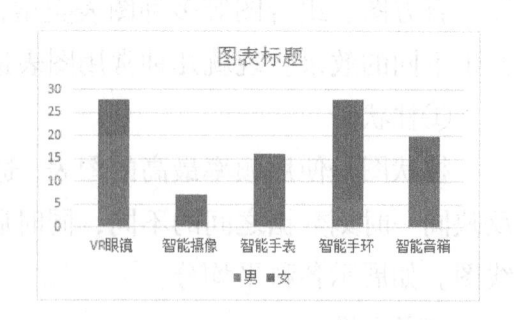

图 4-72　创建图表　　　　　　　　图 4-73　用户购买产品图表

> **练一练：创建饼图**
>
> 小明需要各产品在总销量中的占比，如何操作？

（3）设置图表布局和样式

小明对图表外观不太满意，经过观察发现，Excel 内置了图表布局和样式，可以快速进行布局设计和样式选择来美化图表。操作方法是：选中图表，单击"图表工具"类中的"设计"选项卡，再单击"图表布局"选项组中的"快速布局"按钮，弹出级联菜单，选择"布局 3"命令，如图 4-74 所示。

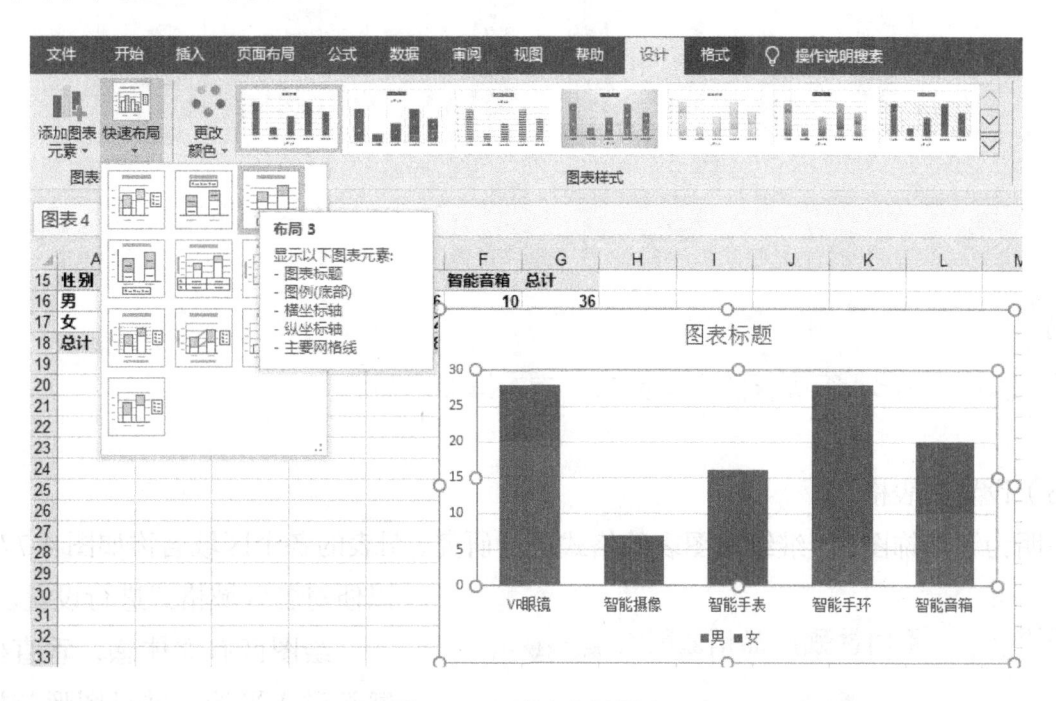

图 4-74　快速布局图表

自定义图表标题，选择图表，双击"图表标题"标签，修改标签内容为"不同性别产品销量图"。然后选择图表样式，选择图表，单击"图表工具"类中的"设计"选项卡，再单击"图表样式"选项组中的"样式 11"按钮，结果如图 4-75 所示。

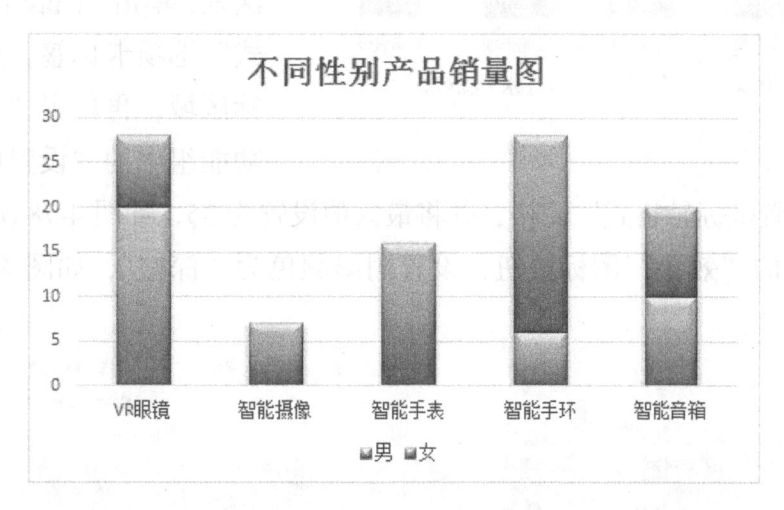

图 4-75　设置图表样式

（4）编辑图表标签

小明制作完图表后，想要在图表上添加数据标签，但是又不想改变图表样式，于是单击图表右上角的浮动"+"按钮，在弹出的列表框中选中"数据标签"复选框，如图 4-76 所示，完成编辑图表标签。

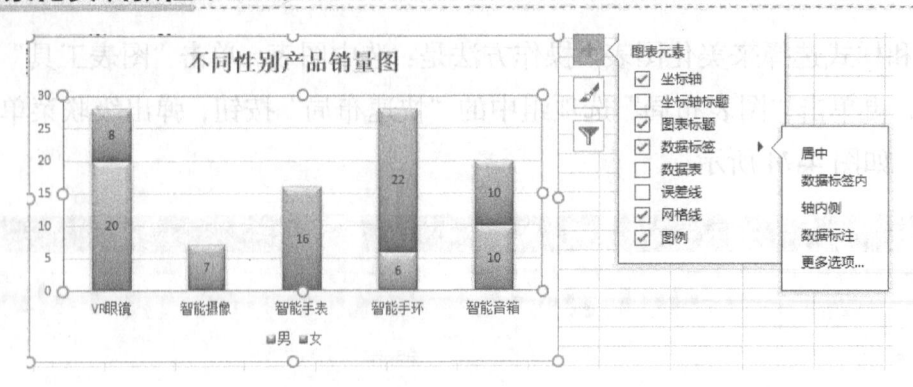

图 4-76　编辑图表标签

> **练一练：对图表背景进行设置**
> 请跟小明一起研究图表的背景设置，学习其操作方法。

（5）设置图表格式

小明为了修饰图表，继续对图表的格式进行研究，图表的各个区域名称如图 4-77 所示，以便对各区域格式进行设置。

绘图区有立体感，垂直坐标轴感觉过于平淡，并且图形与标题离得较近，为了让图形矮一些，可以设置垂直坐标轴的最大值为 35。对垂直坐标轴区域进行格式设置的方法是：单击"图表工具"类中的"格式"选项卡标签，选中图表的纵坐标区域，再单击"当前所选内容"功能组中的"设置所选内容格式"按钮，弹出"设置坐标轴格式"窗格，并将最大值设置为 35，如图 4-78 所示。

单击窗格中的"效果"图标按钮，设置阴影颜色为"深蓝"，如图 4-79 所示。

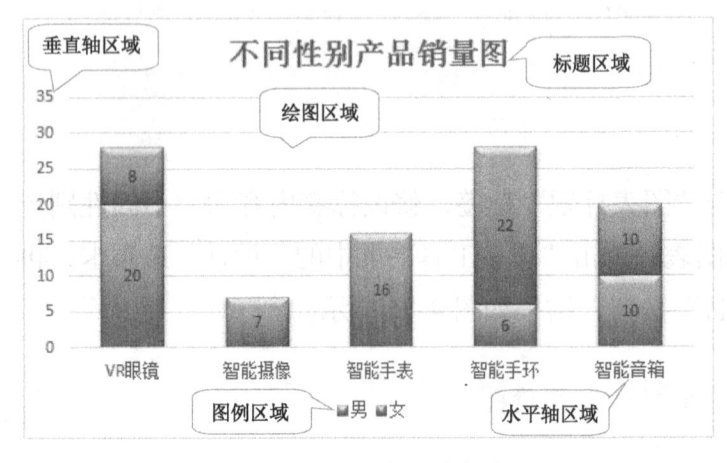

图 4-77　图表区域名称

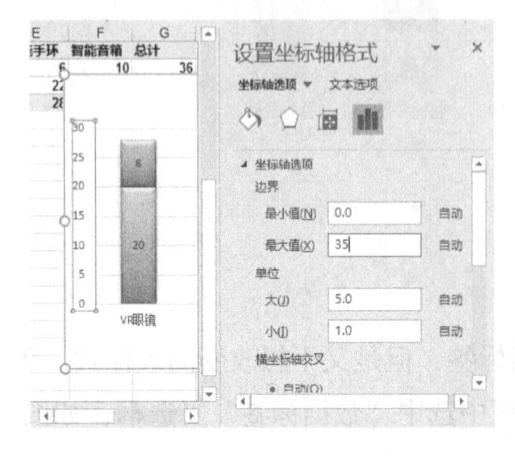

图 4-78　设置坐标轴格式　　　　图 4-79　设置阴影颜色

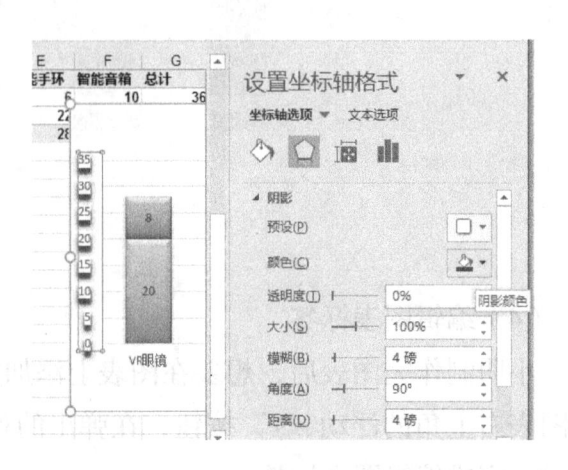

> **练一练：设置数据系列格式**
>
> 请跟小明一起研究图表的数据系列之间的间隙宽度如何修改。

（6）创建组合图表

小明对制作的图表比较满意，但是在分析时发现女性用户在业务中占有重要地位，想要在图形中凸显一下她们的重要性，如何在图表中反映呢？他想到了组合图形，决定使用多种图形来表示数据。

首先选择数据区域、标题、女性用户数据和总计，单击"插入"选项卡，再单击"图表"选项组中的"推荐的图表"按钮，弹出"插入图表"对话框，然后单击"所有图表"选项卡，在列表框中选择"组合图"选项，女性系列图表类型选择"面积图"，总计系列图表类型选择"簇状柱形图"，如图 4-80 所示。最后单击"确定"按钮，完成组合图表的创建。使用多种图形的各自优势来可视化数据，能更好地表达制作者的意图。

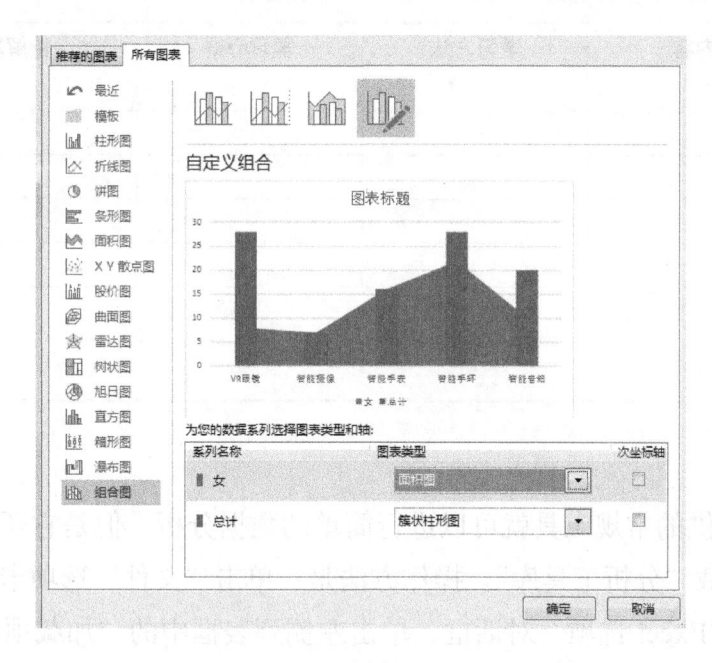

图 4-80 创建组合图表

> **查一查**
>
> 同学们可能见过"仪表盘"，可能被这种高大上的图表吸引过，也可能不知道这个词。去网上查一查其制作过程。

学习检验

小明正在全神贯注地注视着屏幕，宋经理来到小明身后，宋经理仔细看着小明制作的图表，宋经理高兴地说："很棒！"小明被吓着了，回头笑着说："宋经理，还可以吧。"宋经理也笑着说："来我这里问你几个问题。"小明跟着宋经理走出办公室……

表4-9为本任务的完成情况评价表，请你根据实际情况来填写。

表4-9 完成情况评价表

任务要求	很好	好	不够好
能说出描述性分析的含义			
能说出数据分析的流程			
会使用数据验证进行简单的数据清洗工作			
会使用透视图表分析数据			
会使用条件格式图形化展示数据			
会使用图表展示数据关系并与观众沟通			

学习小结

学习任务已经完成，表4-10是小明设计的学习总结表，请你根据自己的实际情况来填写。

表4-10 学习总结表

主要学习内容	学习方法	学习心得	待解决的问题
整体总结：			

拓展学习

使用Excel提供的常规工具就可以进行简单的数据分析，但是它还提供了专业的数据分析工具，需要加载"分析工具库"。操作方法是：单击"文件"选项卡，在下拉列表中找到"选项"，弹出"Excel选项"对话框，单击左侧列表框中的"加载项"选项，如图4-81所示，在右侧表格中单击"分析工具库"选项后，单击"转到"按钮。

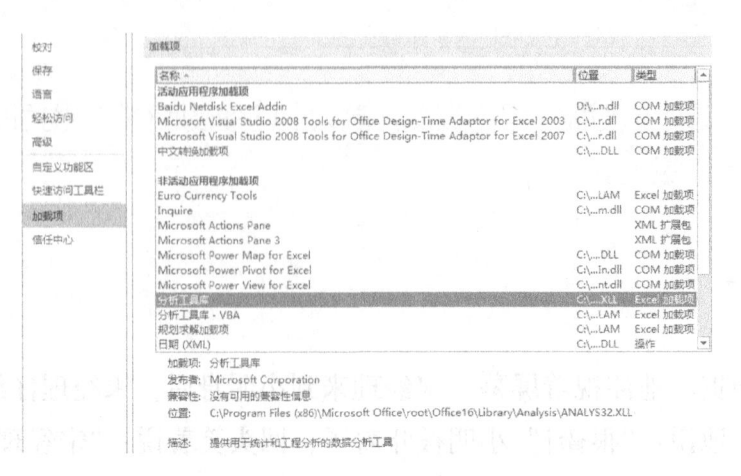

图4-81 添加加载项

弹出"加载项"对话框，选中"分析工具库"复选框，如图 4-82 所示，单击"确定"按钮完成加载。

单击"数据"选项卡，在"分析"选项组中出现了"数据分析"按钮。下面，我们对购买数量进行描述性统计，单击"数据"选项卡，在"分析"选项组中单击"数据分析"按钮，弹出"数据分析"对话框，在列表框中选中"描述统计"，如图 4-83 所示，再单击"确定"按钮。

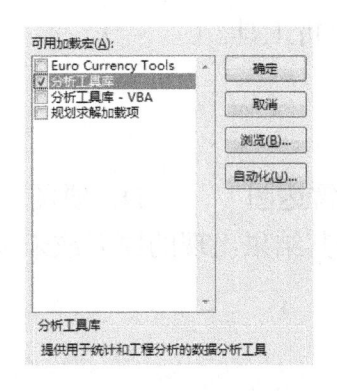

图 4-82 加载分析工具库

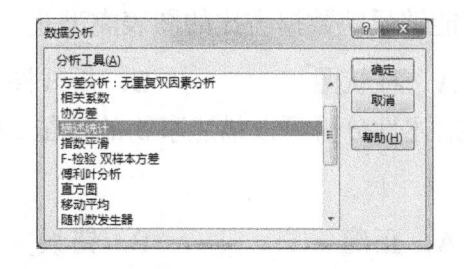

图 4-83 使用描述统计

弹出"描述统计"对话框，在输入区域文本框中，选取数据表中的"数量"列数据，选中"汇总统计"复选框，如图 4-84 所示，单击"确定"按钮。

如图 4-85 所示，可以看到分析结果，最多的一次购买数量是 10，平均数为 2.75，但是众数是 2，说明大多数用户购买的数量是 2。

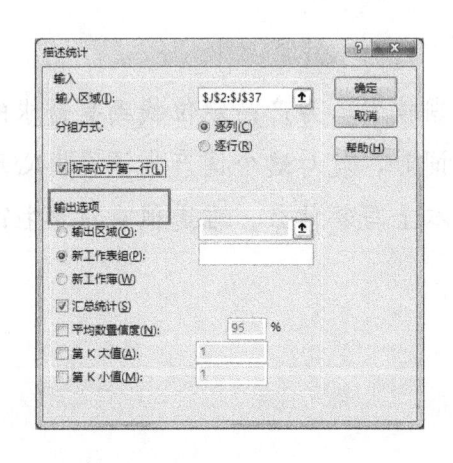

图 4-84 设置描述统计参数

图 4-85 描述统计结果

学习检测

1. 数据分析中最常见的分析类型是（   ）。

A．预测性分析 B．描述性分析
C．诊断性分析 D．规范性分析

2. 在Excel操作中快速将光标移动到表格底部的快捷键是（　　）。

A．Ctrl+Tab B．Ctrl+D C．Ctrl+↓ D．Ctrl+End

3. 在Excel中数据验证功能按钮在（　　）选项卡中。

A．开始 B．数据 C．审阅 D．公式

4. 数据透视表是一种快速汇总分析的动态数据分析工具。（　　）

A．正确 B．错误

5. 能够反映数据占比的图表类型是（　　）。

A．柱状图 B．折线图 C．雷达图 D．饼图

6. 描述性分析可以描述事物的特征，但不能解释其结果出现的原因或未来可能发生的事情。（　　）

A．正确 B．错误

任务 4.4 初识大数据

通过"初识大数据"的学习，能了解大数据的基础知识，能掌握大数据采集与分析方法，能建立大数据的思维方法，在法治框架下会采集、使用大数据，来为工作和生活提供有价值的信息。

任务情境

在产品上线分析会上，某股东发言希望利用大数据技术，为产品定位找到有需求的目标人群，实现精准用户画像。当小明听到大数据这个词时，就对这个词产生了畏惧心理，扭头看向宋经理，却发现宋经理正点点头，并在记事本上写着什么，难道他有对策啦？小明立刻放下心，准备会后找宋经理请教。

学习目标

1. 知识目标

能表述大数据的基本概念和特征，了解大数据的采集和分析方法。

2. 能力目标

能运用大数据思维方式看待工作、生活中的智能发展，引发对现象背后的本质和价值的深度思考。

3. 素养目标

大数据所涉及的信息量巨大，这些信息的泄露会造成不可挽回的损失，因此在享受大数据带来利益的同时，要培养学生法治观念。

活动要求

借助学习资料开展自主学习，完成对大数据的认知，了解百度大数据产品。

任务分析

小明饶有兴趣地开始翻看学习资料，想尽快了解一下感觉既遥远又近在咫尺的大数据。

资料比较容易看懂，虽然包括了大数据的相关专业词汇，但是通过对身边案例的讲解使得生涩的概念简单易懂，同时对大数据在未来生活中的广泛应用有了期待。

小明使用工作任务分析法制订如下工作计划。

（1）在规定时间内阅读学习资料。

（2）将工作内容逐一列出来。

（3）列出每项内容的所有环节。

（4）按重要性或流程进行排序。

（5）最终依照重要性以及可能经历的困难设定学习内容和实施方案。

小明通过思维导图对任务进行分析，如图4-86所示。

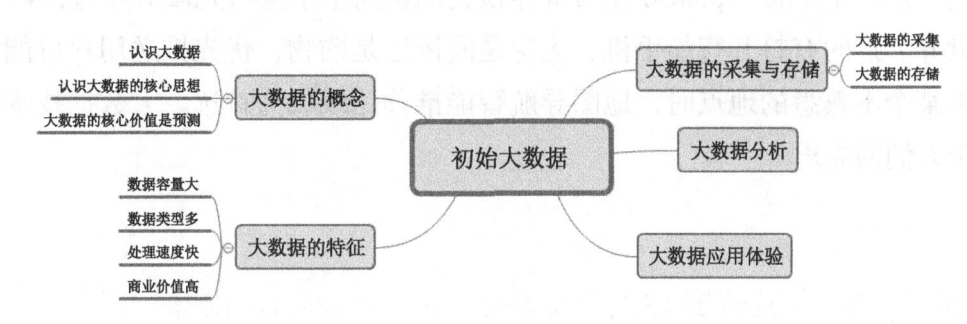

图4-86 思维导图

小明厘清了思路，按思维导图整理好资料，开始对"初识大数据"进行学习。

任务实施

4.4.1 大数据的概念

数据这个词小明是知道的，前一段时间所做的工作就是数据分析，各种数据汇总后，形成多张表格，数据前面多了一个"大"字，大数据是什么意思呢？小明在资料中查找答案。

1. 认识大数据

社会上对大数据的认知来自著名的全球管理咨询公司麦肯锡，它在2011年5月发布的报告中对大数据的描述是：指数据量级超过传统数据库软件工具捕获、存储、管理和分析能力的数据集。这个定义强调的是数据超多，对常规数据库的管理能力提出了挑战，因此人们形象地将大数据描述成海量数据。互联网公司在运营中累积产生的用户网络行为大数据，已经不能用 GB 或 TB 来衡量。

2015 年 9 月，国务院在《促进大数据发展行动纲要》中指出"大数据是以容量大、类型多、存取速度快、应用价值高为主要特征的数据集合，正快速发展为对数量巨大、来源分散、格式多样的数据进行采集、存储和关联分析，从中发现新知识、创造新价值、提升新能力的新一代信息技术和服务业态。"这个定义给出了大数据的内涵，以及大数据的特征和大数据应用价值。

随着互联网信息技术的飞速发展，新技术的不断涌现，人类对科技的不断追求探索，大数据的概念也在不断丰富。2016 年 12 月，工业和信息化部在《大数据白皮书》中对大数据的表述为"大数据是新资源、新技术和新理念的混合体。从资源视角来看，大数据是新资源，体现了一种全新的资源观。从技术视角看，大数据代表了新一代数据管理与分析技术。从理念的视角看，大数据打开了一种全新的思维角度"。《大数据白皮书》中对大数据的定义已经摆脱了数据的层面，上升到资源、技术和理念的社会层面；资源对于人类社会来讲是必不可少的，大数据如同粮食、石油和钢铁一样，将对社会产生巨大影响。

大数据技术的应用就在人们身边，远的有 IBM "深蓝"超级计算机战胜国际象棋大师卡斯帕罗夫，谷歌开发的 AlphaGo 在与世界顶尖围棋高手李世石九段对弈时，4∶1 赢得胜利，震惊世界。近的有打开智能手机，无论是阅读还是购物，优先推送用户可能喜欢的，当开车想去某个不熟悉的地点时，地图导航智能推荐路线成为首选。大数据技术的应用一直在服务于人们的需求。

> 小知识：大数据单位
>
> 1024GB=1TB；1024TB=1PB；1024PB=1EB；1024EB=1ZB。

2. 认识大数据的核心思想

提到大数据，不得不为维克托·迈尔·舍恩伯格点赞。他被誉为大数据商业应用第一人，他在《大数据时代》里前瞻性地指出，大数据带来的信息风暴正在变革我们的生活、工作和思维。他从大数据时代的思想变革、商业变革和管理变革三个方面阐述了自己的观点，并明确指出，大数据时代最大的变革就是放弃对因果关系的渴求，取而代之的是关注相关问题。大数据技术不仅仅是数据革命，这项变革将触及社会各个领域，从而对社会发展带来很多颠覆性的影响，并改变人类社会生产、生活和思维方式。

万物皆可转化为数据形式是大数据时代的重要标志。大数据作为核心资源，海量的数据为数据分析带来了机遇，因此必须建立基于数据的思维理念，来思考问题和解决问题，并用数据来表达（见图 4-87）。

在海量数据面前，经过深度挖掘，数据从量变到质变，数据价值得以体现。大数据的应用价值就是通过数据挖掘，从中获取有价值的信息和知识，在商业竞争中为企业提供决策支持，从而获取商业利益。例如，人们在京东网上购物，平台会收集用户的注册信息、用户需求、消费倾向、喜好等，通过数据挖掘出有价值信息，以达到为用户提供个性化服务的目标，为企业带来利润和赞誉。人们不再关注平台的功能是什么，而关注数据价值，某网络视频平台，它的用户、它的视频等才是它的商业价值。

在大数据应用之前的数据统计中，人们多采用抽样数据来进行存储和分析。在如今"总体=样本"的时代，人们使用全体样本，比使用部分样本进行分析获得的结果更加准确和可靠（见图4-88）。例如，某企业有1亿用户，从中抽取1万用户的数据进行分析，如果这1万用户的数据都出现错误，把结果放到1亿用户分析中去看，那么偏差就会被放大，如果对全样本即1亿用户的数据都做分析，那么偏差是多少就是多少。

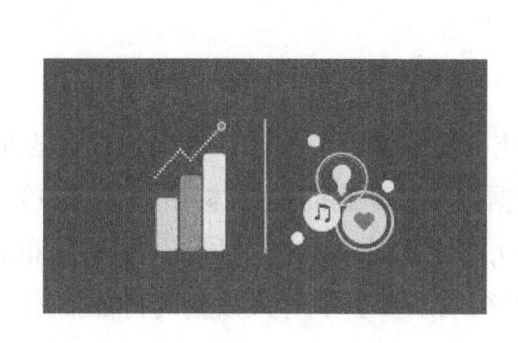

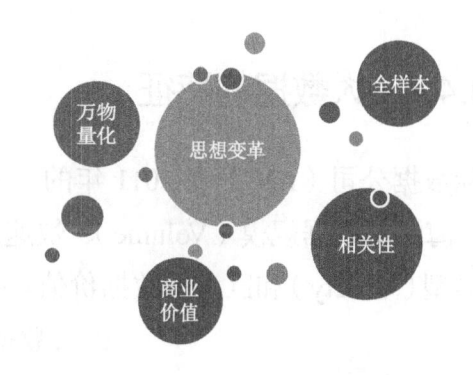

图4-87 万物量化　　　　图4-88 大数据时代思想变革

在大数据应用中，要效率不要绝对精确。在商业活动中，通过数据挖掘进行分析、预测，找到某种事物的可能性，企业可以快速反应、抢夺先机、提高效率，在企业竞争中获胜。

> **说一说**：大数据如何揭示事物之间的相关性？
>
> 目前大数据分析，不再关注事物的因果关系，转而关注事物的相关关系。同学们，从你们了解的大数据应用中，或者从网络中搜索相关的案例，与大家分享事物的场景与关系。
>
> 示例：啤酒与纸尿裤。

3. 大数据的核心价值是预测

大数据预测通常被视为人工智能的一部分，也可以说是一种机器学习，大数据不是教机器像人一样学习和思考，而是把数学算法运用到海量的数据上，预测事件发生的可能性。大数据技术应用从本质上讲是为了解决问题，天气预报就是典型的大数据预测应用案例。大数据预测是指基于大数据分析和预测模型去预测某件事未来可能发生的概率。大数据预测是建立在相关性基础上的，事件的发生都有一些征兆，有规律可循。大数据技术应用就是通过大数据的分析、挖掘，预测某件事发生的概率，基于预测而做出正确判断，让人们采取相应的行动（见图 4-89）。而企业运营决策者最想知道的恰恰如此，企业发生了什么？原因可能是什么？还会发生什么？应采取什么行动？

对于如今的人们，打开手机看天气预报时，在大数据技术的高速计算能力下，能看到的不仅仅是明后两天的天气预报，而是从天到小时级别的实效性和准确性预报，这就是大数据的核心价值体现。

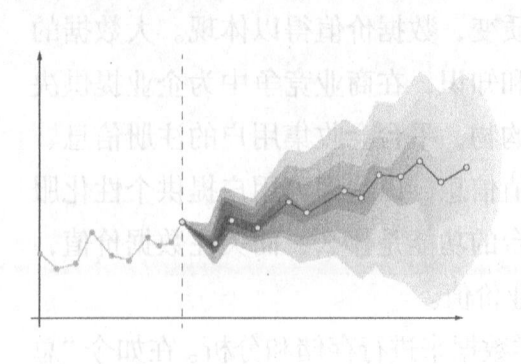

图 4-89　大数据的核心价值是预测

如今的大数据预测涵盖方方面面，如体育赛事预测、股票市场预测、疾病预测、环境变化预测、灾害预测等。

4.4.2　大数据的特征

国际数据公司（IDC）在 2011 年的《从混沌中提取价值》报告中提出大数据的四大特征，即：海量的数据规模（Volume）、快速的数据流转和动态的数据体系（Velocity）、多样的数据类型（Variety）和巨大的数据价值（Value），得到社会的广泛认同。国务院发布的《促进大数据发展行动纲要》中对大数据的特征描述为容量大、类型多、存取速度快、应用价值高，与 IDC 的定义基本一致（见图 4-90）。

1. 数据容量大

大数据时代，万物皆数，一切都被数据化，从开始的 TB 级别，跃升到 ZB 级别，随着时间的推移还会提高，数据容量大是它最主要的特征。

图 4-90　大数据的特征

大数据不单指数字，文字、图像、音视频等都是可存储利用的数据，如今互联网的发展，使得数据产出速度加速，人们不只是数据的接收者，更是数据的生产者。人们的手机、计算机，每天发送的信息、图片、视频以及制作的文件都是数据产品。在商业和公共领域，数据可以来自无数的自动化传感器、自动记录设施；也可以来自各大城市的交通监控和安防监控；还可以来自商业、银行、金融交易系统。尤其是随着互联网公司、电信运营商的运营，物联网和云计算等技术的发展，人们的行为、移动轨迹，物品的状态和位置等信息都被记录下来，形成了数据"海洋"。截至 2020 年 12 月，中国网民数量达到 9.89 亿，互联网普及率达到 70.4%，造就了全球第一互联网用户数和全球第一移动互联网用户数，用户创造的数据规模远远超过其他国家，这也给大数据应用带来更多机会。图 4-91 为 2018 年微信数据报告。

2. 数据类型多

大数据的另一个特征是类型多样化，在没有大数据概念之前，数据处理项目、数据的存储与管理一般采用关系型数据库，数据组织严谨且格式化，如可以定义电话号码为数值型，长度为 11 位；定义省市为文本型，长度为 8 位，数据可以存储到数据表中，如同电子表格中每个数据单元都有明确的类型定义。将这些数据称为结构化数据，可以使用结构化查询语言（如 SQL）轻松地查询。

大数据时代，数据的来源越来越多样，数据的组织变得更加复杂，更多的数据以非结构化数据形式出现。如网页、邮件、音频、视频、图片、科学检测数据、地理位置

图 4-91　2018 年微信数据报告

信息等，这些来自传感器、网络的数据，不能事先预定义模型，不能存储到关系型数据库中，也没有像 SQL 语言那样能快速查询，非结构化型的数据对数据的处理能力提出了更高要求。

如交通管理平台的违章监控，遍布在各个交通要道的监控摄像头，24 小时不断将拍摄的信息实时传送到服务器，这些视频作为数据被读取，管理系统会自动进行违章识别，做出相应处罚。再如，苹果手机的 Siri、小米的小爱同学搭载了语音智能识别系统，可以识别主人的自然语言，完成打电话、发短信、播放歌曲、查天气等操作，科大讯飞的语音输入法解决了文字大量及时高速录入问题（见图 4-92），这些都是对音频数据进行的应用。

3. 处理速度快

大数据区别于传统数据挖掘的显著特征是处理速度快。在海量数据面前，处理数据的速度是大数据处理的生命，所以会有"1 秒定律"，即要在秒级时间范围内给出分析结果，超出这个时间，数据就失去价值。

图 4-92　科大讯飞语音识别

为什么大数据处理速度非常快？首先这是因为当今数据产生速度快，业务要求实时处理，必然要求处理数据速度要跟上数据产生速度，如阿里巴巴数据存储已经达到 EB 级别，部分单张表每天的数据记录数高达几千亿条，在 2019 年"双 11 购物狂欢节"的 24 小时中，每秒订单峰值高达 54.4 万笔，开场仅 14 秒成交额破 10 亿元。如果没有"快"，用户没有购物兴致，将是企业的灾难，也就没有如今电商的蓬勃发展。

其次是大数据中有价值的数据并不多，如在 24 小时的视频监控中，有价值的数据可能仅有几秒钟，这就要求数据处理系统迅速地完成有价值数据的提炼。

再次是大数据的时效性要求，数据每分每秒都在记录着，如果数据不能及时处理，可

能就失去最大价值。如气象观测数据，不能及时处理就不能称为天气预报了。根据"国家地震烈度速报与预警工程"计划，全国将在五年（2018—2023年）内建设15391个台站，建设有自主知识产权的地震预警系统，将地震监测网络、地震数据处理系统和信息发布系统形成一个整体，减少自然灾害对人民生命财产的影响，如果地震监测数据不能及时处理，它的价值将会大大缩水。

4. 应用价值高

大数据的应用价值高是大数据快速发展的动力源泉。大数据最大的价值是通过从大量看似不相关的海量数据中，挖掘出相关性和预测分析出有价值的数据，并将发现的新规律和新知识运用于商业、金融、医疗等各个领域，从而创造出更大的应用价值。

对大数据处理和分析的应用非常广泛，例如，零售行业大数据应用，可以了解客户的消费喜好和趋势，进行商品的精准营销，降低营销成本。电商是最早利用大数据进行精准营销的行业，它记录了用户的购买习惯和偏好，从而为用户做定向推送，不再是用户搜索需要的商品，而是商品主动推送给需要的用户。

请找到已知的与大数据特征相关的案例，填写在表4-11中。

表4-11　大数据特征的实例

大数据特征	举例
数据容量大	
数据类型多	
处理速度快	
应用价值高	

4.4.3　大数据的采集与存储

1. 大数据的采集

大数据的价值在于对海量的数据进行分析、预测，只有存在足够数量的数据才能挖掘出数据背后的价值，再优秀的算法也是基于数据进行的，所以在大数据技术应用中，数据起到基石的作用。如何获取大数据，大型互联网企业具有先天优势，巨量的用户群体，他们每天的访问都为企业生产数据资源，如阿里巴巴、百度、京东、字节跳动等这些企业的企业价值与其拥有的海量数据有很大关系。马云曾多次公开表示，阿里巴巴公司本质上是一家数据公司，淘宝的目的是获取所有零售数据和制造业的数据。从这个角度来讲，淘宝就是一个收集用户数据的平台。

大数据采集方法有很多，除了客户端日志采集，还有：线上数据采集，如之前提到的问卷星等；网页自动抓取，也称网页爬虫，它可以抓取某个网站的内容（文字、图片、音频、视频等），采集到有价值数据；通过卫星、摄像机、传感器等设备自动记录数据，如图像数据要通过图像识别技术提取有价值数据；企业生产经营数据采集，客户、财务数据属于保密性数据，需要通过特定系统接口采集数据。

大数据时代，数据来源复杂，采集方法会不断发展，数据采集是大数据应用的第一步，它关系到大数据分析结果的有效性。大数据深入生活中的各个领域，法律问题伴随而来，有些企业使用 App 进行粗暴的、过度的数据收集，有的企业对用户数据进行非法出售，极大地损害了用户权益。各国政府都有相关的数据安全和网络安全保护法，我国也出台了《网络安全法》《互联网信息服务管理办法》《电信和互联网用户个人信息保护规定》等法律法规，2019 年，工业和信息化部印发《电信和互联网行业提升网络数据安全保护能力专项行动方案》，旨在保护消费者的网络数据安全权益。

2. 大数据的存储

与传统数据管理不同，数据量较小时，可以用以 Oracle、MySQL 为代表的数据库处理，而大数据环境下，要对结构化、半结构化和非结构化海量数据进行存储和管理，尤其是非结构化数据，之前的存储技术已经不能满足。不但能存储海量数据，还要能实时处理数据，因此大数据存储多采用基于 Hadoop 云计算进行存储，使得 Hadoop 技术和平台得以快速发展，解决数据存储的方案层出不穷，可根据自己的业务选择合适的存储方案。如结构化数据依旧使用数据库进行管理，非结构化数据采用 Hadoop 架构下的 NoSQL 产品进行数据操作。

谈到大数据存储管理，不得不提到大数据安全问题。数据已经成为企业资产，黑客网络攻击出现在新闻报道中已经不是新鲜事，但它的破坏力可能摧毁整个数据业务，加密保护数据传输可以有效地保护数据安全。另外，云存储技术的推进，保证了数据爆炸式增长的存储需要，还可以保证数据位置风险控制，即使受到网络攻击，也可由云端备份或云端迁移来应对（见图 4-93）。

图 4-93 云存储

4.4.4 大数据分析

大数据分析基于大数据的加工、分析、挖掘过程，由于大数据的特征有别于小数据，所以对大数据分析算法要求更丰富、实时计算能力更强、具备非结构化数据处理能力。大数据分析以数据为核心，突出大数据在业务中的应用价值，甚至大数据分析成为企业的核心，例如在搜索领域，大数据以及智能搜索算法成就了百度，平台的巨量短视频以及智能推送算法成就了抖音。

大数据分析方法从不同角度说法不同，如从数据分析人员角度说，大数据分析能力和方法是指预测性分析能力、数据质量、数据管理、可视化分析、语义引擎以及数据挖掘算法。从挖掘数据价值角度说，大数据分析方法分为：描述型分析（发生了什么）、诊断型分析（为什么会发生）、预测型分析（可能发生什么）和指令型分析（需要做什么）。无论是哪一种，大数据分析都是要挖掘出数据背后蕴含知识和规律。

大数据分析已经走出大企业、科研院所，大数据分析已经随处可见，遍布各个领域以及各事件的不同阶段。大数据分析需要业务知识，需要业务人员共同参与才能挖掘出背后的价值，挖掘出的结果必须应用到实际中才能体现其最终价值。如果你拥有客户的大量信息（如他们的年龄、性别、地址），你能用来做什么？你可以对不同年龄的客户推荐不同的商品，向年轻女性推荐化妆品，根据特定地理位置推荐目的餐厅或美发店等。因此对大数据深度和广度的应用，使得企业更加了解客户，对客户进行细分，实现精准营销，为商业活动创新提供新方法。

4.4.5 大数据应用体验

小明学习了大数据基础知识，感受到数据无处不在，想运用大数据为自己的工作提供支持，宋经理曾经提到百度有许多大数据产品，现在想看一看有哪些能为自己所用，于是打开浏览器，输入百度网址，如图4-94所示。

图4-94 百度导航

单击"查看全部百度产品"，看到许多之前没有注意到的内容，如图4-95所示，小明有点兴奋，百度司南是大数据营销决策平台，百度统计是获取流量的专业分析平台，百度指数是搜索权威关键字的数据分析平台，这些都可能对他的工作有帮助。

先来看一看百度指数吧，单击"百度指数"，输入"大数据"关键词，展现出"大数据"的访问情况，单击"人群画像"，即可看到搜索大数据的人分布在哪个省份，如图4-96所示。

单击"需求图谱"，看到与搜索大数据相关的关键词，同时展现出它们之间相关性的强弱，如图4-97所示。

小明感到很有意思，开始对其他工具进行尝试。

图 4-95 百度产品

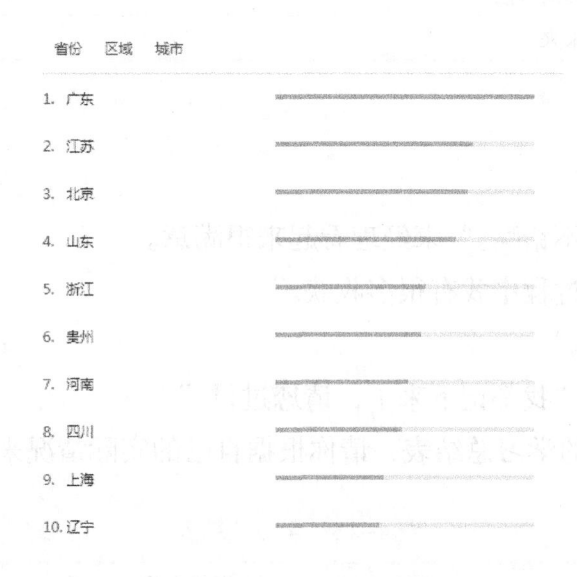

图 4-96 地域分布

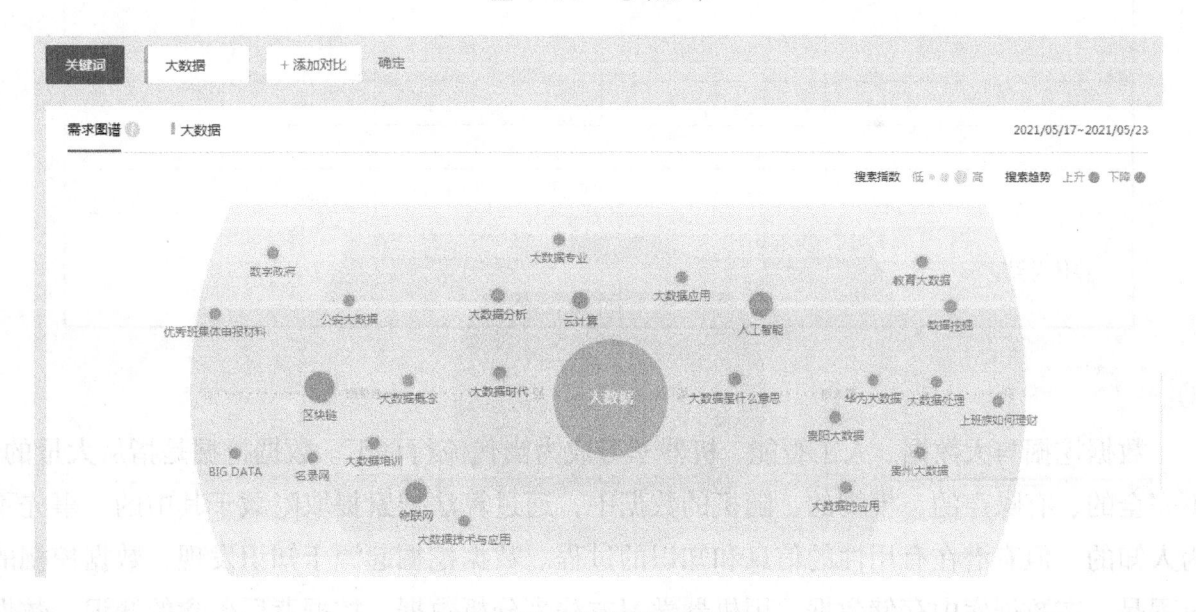

图 4-97 关键字强弱图谱

学习检验

"学得怎么样,小明?"宋经理推门进来了。

"您提供的资料我学完了,很有收获。"小明很自信地说。

"好啊,那我要考考你。"宋经理微笑着说,拿出一张表。

该表为本任务的完成情况评价表(见表 4-12),请你根据实际情况来填写。

表 4-12 完成情况评价表

任务要求	很好	好	不够好
能描述大数据的概念			
能说出大数据的核心思想			
能说出大数据的特征			
能说出几种大数据采集的方法			
能展望大数据分析的未来			

学习小结

测试完成了。

"你这个初学者潜质不错啊。"宋经理看起来很满意。

"谢谢宋经理!学习过程中我有很多收获。"

"好啊,和我说一说。"

小明拿出学习总结,"我都记下来了,请您过目。"

表 4-13 是小明设计的学习总结表,请你根据自己的实际情况来填写。

表 4-13 学习总结表

主要学习内容	学习方法	学习心得	待解决的问题

整体总结:

拓展学习

数据挖掘与大数据、人工智能、机器学习成为当代流行词汇。数据挖掘是指从大量的、不完全的、有噪声的、模糊的、随机的数据中,通过算法搜索提取隐藏于其中的、事先不为人知的、但有潜在有用性的信息和知识的过程。数据挖掘起源于知识发现,数据挖掘的过程是,在数据库中存储数据,用机器学习方法来分析数据,挖掘背后蕴含的知识,数据挖掘是一门交叉学科，涉及数理统计、机器学习、人工智能、信息检索、可视化和数据库等。如今，企业可以在高性能计算机上使用数据挖掘工具获取所需的和有实际应用价值的知识，为经营决策提供依据和支持，其价值通常包括相关性、趋势和特征。

数据挖掘其实是一种深层次的数据分析方法，常用的分析方法有分类、聚类、估值、预测、关联规则和可视化等。数据挖掘过程中常用的语言有 R 语音和 Python 等，挖掘工具有 Weka 软件、SPSS 统计分析软件、RapidMiner 软件等。

例如，IBM 公司开发的 AS 系统，针对男子篮球职业联赛的比赛数据进行数据挖掘，系统对每一场比赛的事件都统计分类，比如按得分、助攻、失误等统计，就可以帮助教练发现本队哪个球员在与对方球星对抗中有优势，立刻设计最佳防守策略，优化战术组合，临场更换队员。数据挖掘不仅在比赛中发挥作用，还在各个应用领域大显身手。

学习检测

1. 下列不属于大数据属性的是（　　）。

   A．容量大　　　　B．功能强大　　C．类型多　　　　D．存取速度快

2. 数据存储单位最大的是（　　）。

   A．GB　　　　　　B．PB　　　　　C．TB　　　　　　D．EB

3. 工业和信息化部在《大数据白皮书》中对大数据有这样的描述"从资源视角来看，大数据是新资源"。（　　）

   A．正确　　　　　B．错误

4. 大数据分析，就是人们仍然采用抽样的方式进行数据分析。（　　）

   A．正确　　　　　B．错误

5. 大数据应用中要效率不要绝对精确。（　　）

   A．正确　　　　　B．错误

6. 大数据分析可以在纷杂的事物中找到事物的因果关系。（　　）

   A．正确　　　　　B．错误

7. 在大数据时代，更多的数据以非结构化数据形式出现。（　　）

   A．正确　　　　　B．错误

8. 著名的"1 秒定律"，即要在 1 秒内给出分析结果。（　　）

   A．正确　　　　　B．错误

9. 大数据分析基于大数据的加工、分析、挖掘过程，强调大数据在业务中的应用价值。（　　）

   A．正确　　　　　B．错误

学习单元 5

程序设计入门

▶主题项目　开发导览系统

📋 项目说明

亲爱的读者，当今世界，计算机无所不在，我们绝大多数人都能接触计算机，或者身处由计算机提供各种服务的环境中。计算机帮助我们完成了很多工作，使我们的生活变得更加轻松，这其中的原因你知道吗？

自从1946年2月15日世界上第一台电子计算机ENIAC诞生以来，计算机共进化了5代。它从庞然大物进化到了如今能够轻松放到一根手指上，它的种类也从最初的仅用于国家科学技术研究的单一种类，进化到了如今应用于从尖端的科学计算到普通个人学习、办公领域等多个种类。然而，我们不一定知道计算机为什么能够完成本来只有人类才有能力完成的很多复杂信息处理工作，很多时候其工作效率甚至能超过人类。了解其原因或者说原理对我们很重要。我们只有了解这些才能更好地理解现在这个信息社会，才能知道当今社会我们创造的计算机能够赋予我们什么样的力量。毕竟，人工智能已经出现了。

希望你通过本项目的学习，能了解计算机程序工作的基本原理，具备程序设计的基本能力。

🔍 项目情境

小新科技公司接到一个项目，为侏罗纪公园主题乐园开发园区游览引导服务系统，软件开发部负责软件系统的开发。他们刚接到项目，还需要进一步了解客户需求，并赶在主题乐园开放前完成系统的交付。

下面我们将和学习者小明一起，参与软件设计与开发过程，体验程序设计的基本过程。

任务 5.1 了解程序设计理念

通过"了解程序设计理念"的学习，能了解程序设计的基本概念，能理解程序运行的基本原理，能认识主流程序设计语言，了解如何使用程序设计语言实现可执行的程序，通过亲身体验能理解、规划程序设计的过程，能掌握通过计算机程序处理现实世界问题的基本流程，在信息活动中能自觉践行社会主义核心价值观并履行信息社会责任。

任务情境

小明由于表现优秀，被安排到软件开发部侏罗纪公园主题乐园项目组，任命为项目助理，协助项目实施。

项目组组长石工初次见到小明，开门见山地说："小明你好，欢迎来到项目组。开始工作前，我想先了解一下你的情况。对于程序设计，你有哪些学习经历和实践经验呢？""我对程序设计一窍不通。"小明实话实说，很快又补充道："不过我比较熟悉计算机操作，会使用办公软件。"石工和蔼地说："我知道了。听说你工作认真、好学，我对你很有信心。由于你没有程序设计经验，希望能够先了解一些基础知识，尽快熟悉工作。"

石工顿了顿，继续说道："这是一些程序设计学习资料，都是基础知识，供你学习参考。团队主要使用 Python 语言进行开发，有空了解一下。你的主要任务是作为我的助理帮我处理一些事务性工作。现在的首要任务就是与客户沟通确认实际需求，请先跟进相关会议，整理项目资料。"

学习目标

1. 知识目标

能说出计算机程序的基本含义，能描述程序设计的理念和过程，能列举主流程序设计语言。

2. 能力目标

能通过对生产、生活中实际问题的观察，收集信息，分析和描述问题并寻找解决办法，采用合理的方法和技术，完成对程序的初步设计。

3. 素养目标

能认识到现实问题的复杂性和内在逻辑，培养学生理性思考的意识。

活动要求

借助学习资料并通过互联网，开展自主学习，完成对程序设计基本知识的学习。通过任务分析、搜索资料，结合自己的经验，拿出包括程序预期效果、运行方式、实现方式等内容的设计方案。

任务分析

小明接到任务后立即开始调查任务的背景资料。

他手头的资料有限，从石工那里拿到的与项目有关的资料也不多。他现在有：程序设计的基本概念和基础原理、程序设计语言的发展历史和主流程序设计语言的介绍、客户的基本信息。

小明对手头的资料进行初步了解。他根据自己的工作经验，分析当前的任务并制订了以下行动计划：

（1）理解具体工作任务并完成准备工作。

（2）执行任务，之后回顾执行情况。

（3）发现问题并寻求解决办法。

（4）接受下一任务，并利用所学习的知识和经验完善工作方法。

小明通过思维导图对学习任务进行分析，如图5-1所示。

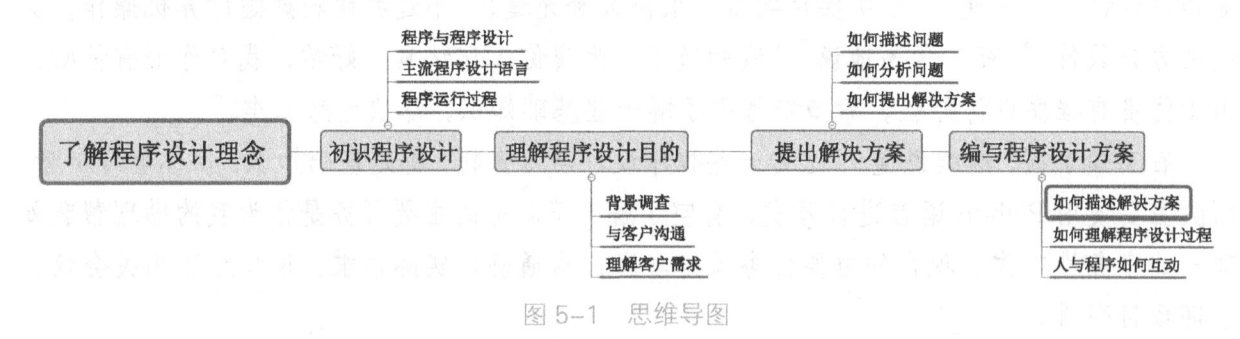

图 5-1　思维导图

小明厘清了思路，按思维导图整理好资料，开始对"了解程序设计理念"进行学习。

任务实施

5.1.1 初识程序设计

电子计算机被发明出来的时候，计算机程序就存在了。计算机程序是用计算机语言描述的程序。程序本身是一个很抽象的概念，尽管我们经常听到"程序""指令"这些概念，也在日常生活中经常使用各种程序，如手机应用、购票系统、网站等，却未必了解程序是如何设计出来的。

那么，如何设计一个程序呢？小明在学习资料中发现了不同的说法。

在大数据、人工智能等前沿技术高速发展的今天，机器人在生活中的应用越来越普遍。如今机器人已经能在博物馆、购物中心等场景中得到应用。本质上，机器人是具有一些拟人特征的电子计算机。下面我们从一个购物中心的购物引导机器人开始，如图5-2所示，尝试进行计算机程序设计。

如果顾客刚走进一个大型购物中心，一个张着一双闪亮大眼睛的机器人一定能够吸引顾客的注意。当顾客走近它，便开始一段如下的互动：

--------购物引导机器人--------

机器人说："您好，我叫小亮，欢迎来到购物中心！您可以在我这里选择"（显示选项：1. 浏览购物中心地图/2. 寻找商家）

图 5-2 购物引导机器人

顾客输入"1"。

小亮说："好的！购物中心一共有二层，您想先看哪一层？"（显示选项：1/2）

顾客输入"1"。

小亮展示一层地图。

顾客触摸了超市区域。

小亮突出显示超市区域，并弹出"寻路到这里"选项。

顾客触摸了"寻路到这里"选项。

小亮说："您选择了寻路到 1F-2 区域，小亮将引导您至 1F-2 超市，请跟我来！"

小亮开始移动……

机器人小亮所做的一系列"智能化"动作其实就是通过计算机程序设计实现的。接下来，我们就来模拟小亮的程序设计过程。

1. 程序与程序设计

要想学习程序设计，首先要了解程序是什么。就像人类从呱呱落地就开始观察和了解这个世界，并将所学所知吸纳进来，机器人也是通过程序设计者根据生活实践经验，将常识、规则记录在程序中，从而呈现出拟人行为的。程序在汉语中的含义为"事情进行的步骤、次序"，而在英语中，程序一词常用 program 或者 procedure 指代。本书中所称的程序指计算机程序，是电子计算机运行所遵循、的有特定次序的一系列步骤。

> **概念定义：计算机程序**
>
> 计算机程序是指为了得到某种结果而可以由计算机等具有信息处理能力的装置执行的代码化指令序列，或者可以被自动转换成代码化指令序列的符号化指令序列或者符号化语句序列。同一计算机程序的源程序和目标程序为同一作品。
>
> 《计算机软件保护条例》第三条规定

※任务：感受生活中的程序

在生活中，我们经常会接触到办事程序、烹饪程序、健身程序等不同的程序。如果仔细观察这些程序，我们就能发现它们都是为解决某一特定问题而精心设计的一系列步骤。例如，烹饪程序的目标是一道特定菜肴，健身程序的目的是使学员强健身体或者达到增肌、减脂等特定目标。

举一个例子：铁人三项比赛是一项最能考验人的意志力和体能的体育运动。它由游泳、自行车和跑步三项竞赛组成，如图 5-3 所示。根据赛事安排，运动员需要依次完成三个项目的比赛，直至抵达终点。比赛过程其实就是一套遵循比赛规则的程序。在部分或者全部完成了比赛项目抵达终点后，通过比赛成绩就能够对运动员的体能、技巧和意志力进行评价。

图 5-3 铁人三项

回到我们的机器人小亮，大家一定可以猜出来，小亮的设计者期望解决顾客寻路困难的问题，比起冷冰冰的引导图，机器人能够给予顾客更好的体验。

为了达到这个目的，小亮的设计者设计了展示地图、寻找商家和引导到目的地 3 个功能。而顾客需要通过一系列对话来找到自己的目的地。引导过程如图 5-4 所示。

图 5-4 引导过程示意图

假如你是小亮的设计者，认真思考顾客与小亮的互动过程就会发现，有很多细节问题需要解决，如果在询问顾客是否需要帮助的时候，顾客没有回答"需要"或者"不需要"，而是说出了不相关的答案，那么它要怎么处理呢？如果购物中心某个区域更换了商家，那么怎么才能及时地了解这一变化，不会给顾客造成误导呢？如果顾客知道自己想要去吃饭，但是不记得商家的名称了，那么怎么才能够顺利地帮助顾客找到目的地呢？

别着急，在接下来的程序设计过程中，这些问题都会一一得到解决。程序设计的一般过程包括分析问题、提出解决方案、设计程序、编写程序、运行调试等阶段，如图 5-5 所示。

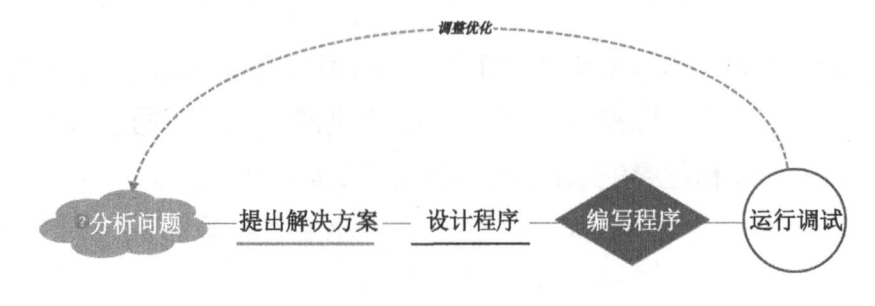

图 5-5 程序设计过程

接下来我们将分步体验这几个阶段的内容，最终完成机器人小亮的引导程序设计。在此之前，让我们先认识程序设计语言，了解程序运行的过程。

2. 主流程序设计语言

小明正在学习石工给的 Python 语言学习资料，他很想知道 Python 语言是一种什么语言。结合当代程序设计语言的特点，他搜索了近年来流行的程序设计语言，并调查了这些程序设计语言的特点和应用领域。他参考了 3 个程序设计语言排行榜：RedMonk、TIOBE 和 IEEE Spectrum，根据程序设计语言在排行榜前 10 名出现的频率和排行，找出了 5 种主流程序设计语言，填入表 5-1 中。

表 5–1　程序设计语言的特点和应用领域

名称	主要特点	应用领域
C	面向过程、运行效率高的编译性语言	手机、PC、嵌入式
C++	面向过程、面向对象、运行效率高的编译性语言	手机、PC、嵌入式
Java	面向对象、简单、可移植的编译性语言	Web、手机、PC
JavaScript	面向对象、依赖于浏览器的解释性语言	Web
Python	面向对象、简单易学、可移植性强的解释性语言	Web、PC、嵌入式

事实上，当今已经有上千种程序设计语言，常见的语言也有数十种。我们会发现，程序设计语言只是一种程序设计工具，就像自然语言，它们也根据应用领域的不同而有所区别。如我们熟悉的网页编程语言 HTML 是一种标记语言，与上面的 5 种程序设计语言在语法结构上有很大不同，它用来标记和管理网页页面元素，通常和 CSS 结合设计网页页面，如图 5-6 所示，并常和 JavaScript 配合以实现更丰富的功能。

那么，Python 和其他几种流行的程序设计语言有什么不同呢？我们来看一个例子。

程序设计语言就是用来让计算机按照我们的想法去运行的，我们交给计算机的程序就是用程序设计语言来书写的。这个过程很像鹦鹉学舌，如图 5-7 所示。

图 5–6　HTML/CSS

图 5–7　程序设计的比喻

图 5-7 中这段教计算机"自我介绍"的程序用不同的程序设计语言书写是这样的：

C 语言：

```
1:  #include <stdio.h>
2:  int main()
3:  {
4:      printf("你好，我叫Python\n我今年30岁了");
```

```
5:    return 0;
6: }
```

C++语言：

```
1: #include <iostream>
2: int main()
3: {
4:    std::cout << "你好，我叫Python\n我今年30岁了";
5:    return 0;
6: }
```

Java 语言：

```
1: public class HelloWorld {
2:    public static void main(String []args) {
3:       System.out.println("你好，我叫Python\n我今年30岁了");
4:    }
5: }
```

JavaScript 语言：

```
1: <html>
2: <head>
3: </head>
4: <body>
5: <script>
6:    document.write("你好，我叫Python<br/>我今年30岁了");
7: </script>
8: </body>
9: </html>
```

Python 语言：

```
1: print("你好，我叫Python\n我今年30岁了")
```

看到这些程序，有人可能会问："什么是#include？怎么有这么多{}？"别急，学习一门程序设计语言是需要时间的。相比之下，Python 语言对于初学者是比较友好的。因此本书将使用 Python 语言来描述程序。

3. 程序运行过程

了解程序和程序设计语言后，我们是不是可以开始进行程序设计呢？别着急，磨刀不误砍柴工，我们需要先了解程序运行的基本过程。

程序运行就好比下棋，博弈的双方可以比作用户和计算机，尽管使用的语言不同，但是可以通过同样的规则在棋局上进行互动，如图 5-8 所示。

程序设计者与计算机进行互动的"棋盘"就在计算机内部。计算机硬件结构比

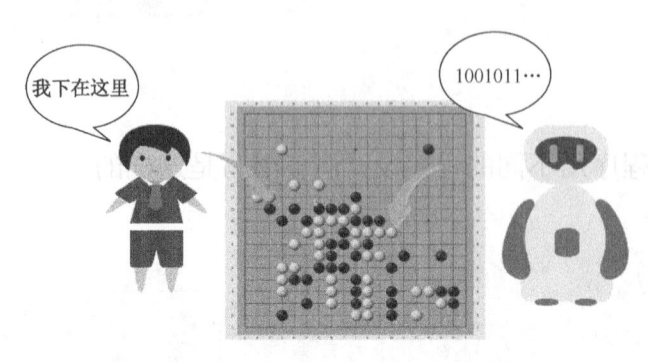

图 5-8 人与计算机通过同一规则互动

棋盘要复杂得多，在其上运行的程序也比下棋规则更为复杂和多变。就好像一个围棋棋盘既可以下围棋，也可以下五子棋。一副 54 张的扑克牌可以演化出多种玩法。

幸运的是，程序设计的基本原则之一就是把"复杂问题简单化"。我们已经知道计算机的硬件体系结构，复杂的计算机体系结构可以划分为以下组件：

（1）输入

（2）输出

（3）CPU

（4）存储器

存储器中的计算机指令（程序）和数据是 CPU 通过数据流和控制流进行运算和调度的，而人则是通过输入和输出设备与计算机交换数据的，如图 5-9 所示。

下面我们通过银行的排号系统来体验这些组件是如何协同工作的。

通过观察银行排号系统的运行，我们知道了它是如何处理指令、数据和控制流程的：取号机、银行柜员可以比作输入设备（从外界获取信息），排号系统可以比作 CPU（处理计算和控制任务），后台计算机可以比作存储器（存储排队状态），叫号规则可以比作计算指令，排队号码就是处理的数据，电子屏可以比作输出设备（用于展示结果），如图 5-10 所示。

图 5-9　人与计算机交换数据

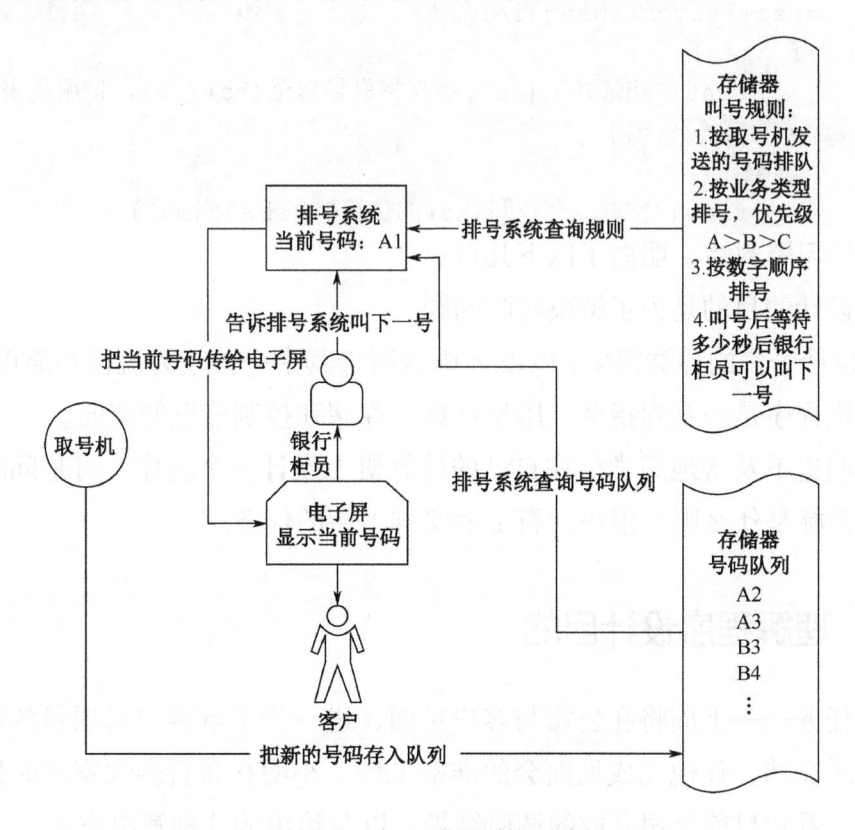

图 5-10　银行排号过程示意图

机器人小亮实际上就是通过引导程序来完成人机交互过程的，在程序内部处理"思考"逻辑，通过触摸屏完成信息的输入、输出。由于我们编写的程序不会在引导机器人上面运行，为了方便在个人计算机上运行，本书中的程序是通过键盘输入的，通过显示器输出信息。现在我们看看"机器人引导程序"的代码是什么样的：

```
1:  import sys
2:  #展示欢迎信息
3:  print("您好，我叫小亮，欢迎来到购物中心！")
4:  print("您可以在我这里选择：\n1.浏览购物中心地图\n2.寻找商家\n")
5:  #用户输入选项
6:  xuanxiang=input("请输入选项数字（1/2）选择：")
7:  #用户选择查看地图功能
8:  if xuanxiang=='1':
9:      xuanxiang=input("好的!购物中心一共有二层,您想先看哪一层？选项(1/2)")
10:     if xuanxiang=='1':
11:         print("展示一层地图")
12:     elif xuanxiang=='2':
13:         print("展示二层地图")
14:     else:
15:         print("对不起我没有明白，请选择1或2")
16: #用户选择搜索功能
17: else:
18:     shangjia=input("请告诉我商家的名称")
19:     area=search(shangjia)
20:     if area!='':
21:         print("您选择了(%s),小亮将引导您至(%s)(%s),请跟我来！" %(shangjia, area,shangjia))
22:     else:
23:         print("抱歉没有找到(%s)的位置"%(shangjia))
```

小明看完学习资料后，明白了以下几点：

（1）程序设计的目的是为了解决实际问题。

（2）程序设计语言的种类很多，Python语言属于其中一种较为流行和简单易学的语言。

（3）计算机程序是一系列指令，用于计算、存储和控制信息的流向。

现在，小明迫不及待地想尝试在自己的计算机上设计一个程序。可是问题来了，这个程序要实现的目标是什么呢？很快，石工就安排了新的任务。

5.1.2 理解程序设计目的

小明接到任务——下周将在公司与客户见面，进一步了解客户对项目的需求。石工发给小明几份演示文档，让他完成见面会的准备工作。小明在布置会议室的时候打开石工准备的演示文档，看到目前公司完成的调研结果，以及给出的几种解决方案。

程序设计的第一步就是分析问题，在这一步需要明确程序所要实现的目标和期望效果。

一开始，心血来潮地提出一个目标很容易："我想要编写一个程序，它可以在我出国旅行的时候规划行程，提供翻译服务，提供导航服务。"但是，当你问自己"我打算怎么让计算机完成这些任务呢？"的时候便会发现：解决方案并非显而易见。你需要回答一系列问题："我的行程中包含哪些信息呢？""我需要计算机提供哪种语言的翻译呢？需要对文字还是对语音进行翻译？""我计划去哪些国家旅行？我选用的交通工具是什么？"如果是陆地交通工具就需要考虑在哪种道路上行驶，如果是步行就要考虑旅行时间和行走路线的限制。

因此，我们需要首先对问题产生的背景进行调查，以确定一个既不会过于宏大，又不会存在缺漏的目标。

1. 背景调查

通常，问题的提出者和程序设计者是不同的人，如图 5-11 所示。程序设计者往往不具备问题提出者所拥有的经验和知识，因此，对于问题本身进行背景信息的调查往往是必不可少的。幸运的是，想要开车并不需要重新制造车轮，继承别人的经验是高效的方法，我们往往可以参考已有案例以获得较为可行的经验。下面我们看看小亮机器人的程序设计思路是怎样来的。

图 5-11 提出问题和程序设计分工图

小亮机器人的程序设计来源于生活中的实际经验。引导机器人已经在很多场景下得到应用，如博物馆、购物中心、服务大厅等场所，用户通常会通过触摸屏及语音与机器人交互，机器人程序会提供与场景相关的图形或文字信息。即便没有亲身体验过引导机器人的服务，我们通常也有在一个陌生环境向别人问路的体会：

"请问博物馆离这里还有多远？"
"从这里一直走大概 800 米，在路口右转，在第二个路口往前再走 50 米就到了。"
"哦，直行 800 米，在路口右转，共路过两个路口。"
"我还是陪你走一段吧，请跟我来。"
"真是太感谢您了！"

2. 与客户沟通

当程序设计者对于设计目标有初步的认识后，就需要从问题提出者那里获得第一手的需求信息，面对面地沟通通常是最有效的方式。

在很多情况下，信息系统并没有设定真实的目标，或者在开发过程中逐渐偏离了最初目标。最主要的问题一般出现在信息的传递上。就像如图 5-12 所示的那样，每个人看到信息都会在潜意识中形成自己的理解和愿望，使得最终的结果产生奇怪的偏差。这也是为什么"传话游戏"的结果总是那么出人意料的原因。

程序设计是一项创造性的劳动，优秀的设计可能产生更优的解决方案。因此，程序设计的目的并不是显而易见的，往往需要程序设计者深刻地洞察表象下隐藏的真实目的。在此过程中，大量的沟通和调查分析必不可少。

在机器人小亮的问题分析过程中，可以通过对购物中心的顾客进行问卷调查，或者询问负责引导服务的工作人员等方式获取第一手需求信息。在本书中，我们对需求提出假设，并以此确定程序设计目标。目标的描述可能是这样的：

- 可以给顾客尽可能多地提供购物区的信息
- 可以方便地搜索目的地
- 由机器人提供人性化的引导服务

图 5-12　初始目标和实际结果

项目推进：

会议结束后，客户选择了一个方案，并提出了一些要求，小明将客户的要求完整地记录了下来。在整理会议记录的时候，小明还细心地发现客户在看一套弃用方案的时候，赞赏过演示界面的美术设计。

在程序设计中，通常也需要了解客户对于软件的非功能性要求，如操作的简洁性，界面是否美观、合适，是否能够根据需求的变化灵活调整，等等。

说一说：你认为优秀软件最重要的特点是什么？

请根据自己的经验想一想，一个软件最重要的元素是简单易学，功能丰富，美观漂亮，还是其他什么呢？

请举一个你心目中的优秀软件案例与大家分享。

3. 理解客户需求

在初步了解程序设计的目的后，更关键的任务是正确理解客户的需求。想更有效地沟通，收集并正确理解客户需求，需要正确描述你的理解，并持续验证，如图 5-13 所示。常见的方式包括通过演示文档、程序原型同客户验证自己的理解。

项目推进：

经过初步的需求调研，可以对程序的需求做一个总结。对于需求的描述方式没有固定的模式，程序设计者可以选用自己习惯的模式，目的是便于后续的参考和调整。对于小亮机器人，需求可以分解成如表 5-2 所示的几点。

图 5-13 需求确认过程

表 5-2 需求清单

编号	描述
需求 1	通过触摸屏及语音的方式与顾客互动
需求 2	通过与顾客的互动引导其选择合适的功能
需求 3	设计一个展示功能，可以给顾客展示购物区的信息
需求 4	设计一个搜索功能，可以搜索某个购物区或者商家
需求 5	设计一个引导功能，可以引导顾客到达目的地

> 小提示
>
> 每完成一项任务，要把结论记录下来，养成定期整理与归纳的习惯。

到现在为止，我们已收集到客户的真实需求，但是，我们是否可以通过程序设计满足需求呢？能够满足到什么程度呢？接下来，我们要设计一个可以实现的解决方案。

5.1.3 提出解决方案

与客户的需求沟通暂时告一段落，在小明将需求沟通文件发送给各小组成员后，便参加项目组内部讨论会。

在完成问题分析后，我们就要进行程序设计的第二步：提出解决方案。在这一步中，我们需要提出具体的、可以由计算机实现的解决方案。其目的是为后续开发工作做出指导。同时，需要迅速建造一个软件原型，作为客户和程序开发人员确认需求的重要参考。当然，对于不同应用领域的软件程序，需要采用不同的程序设计策略，较为常见和直观的就是迭代改进的策略。

1. 如何描述问题

在这个阶段，程序设计人员面临的首要任务是分析需求，要准确地描述问题，并转化为可以通过计算机实现的方式。通用的方法是对每一项需求，都要明确若干问题。

项目推进：

对于小亮机器人的引导程序，待回答的问题如下：

（1）要解决的问题有哪些？
（2）期望达到的效果是什么？
（3）有哪些限制条件？
（4）除了客户明确提出的预期效果，还需要考虑哪些方面？

请结合自己的经验，讨论并找到以上问题的答案，填入表5-3中。针对表5-2中的需求1，表5-3中给出了一种描述方式供参考。注意，答案并不唯一。

表5-3 需求1的描述

需求1：通过触摸屏及语音的方式与顾客互动	
待回答的问题	预期效果
程序要解决的问题是什么	顾客不知道如何与小亮互动
期望达到的效果是什么	顾客可以方便快捷地找到相应的引导功能
有什么限制条件	由于语音技术的限制，可能无法正确"理解"顾客需求
除了已提出的需求，还需要考虑哪些方面	性能要求：程序响应要及时、准确 数据安全：不能存储在互动过程中获取的顾客语音数据等隐私信息

说一说：程序设计中的法律道德问题

用户隐私及数据保护问题是当今越来越受重视的互联网议题之一。已发布的关于中国个人信息安全和隐私报告中指出，在被调查者中，超70%的人认为个人信息泄露问题严重，1/3的人每天都会收到2~3甚至更多的垃圾短信，1/5的人会接到骚扰电话，有80%以上的人接到过陌生电话，而且是知道自己姓名和工作单位等信息的电话，这是相当可怕的一件事。

在程序运行过程中，不可避免地会收集用户隐私信息，因此在手机端，程序收集用户信息前都会弹出用户隐私协议，让用户了解自己的隐私信息被收集的范围、用途、保密责任等，可以自主决定是否允许程序收集个人隐私信息。

请同学们说一说，在软件使用过程中，还涉及哪些法律道德问题？

2. 如何分析问题

项目组计划快速开发一个程序原型，便于给客户演示，尽快确定最终方案。项目组针对如何给游客规划合理的游玩行程这个问题展开讨论。

在准确描述问题的前提下，分析问题可以帮助我们梳理制订解决方案的方法。由于时间、经验、客观条件限制等原因，实践中往往综合运用不同的方法。

项目推进：

在引导系统项目中，项目组采用以下两种分析方法来分析当前的问题：

（1）头脑风暴法（Brain storming）：通过头脑风暴法项目组成员可以快速地提出不同的观点，有助于提高设计质量。

（2）鱼骨图分析法：鱼骨图分析法又叫因果分析法，是一种发现问题"根本原因"的分析方法，可划分为问题型、原因型及对策型鱼骨图分析等几类。引导程序的鱼骨图分析过程如图 5-14 所示。

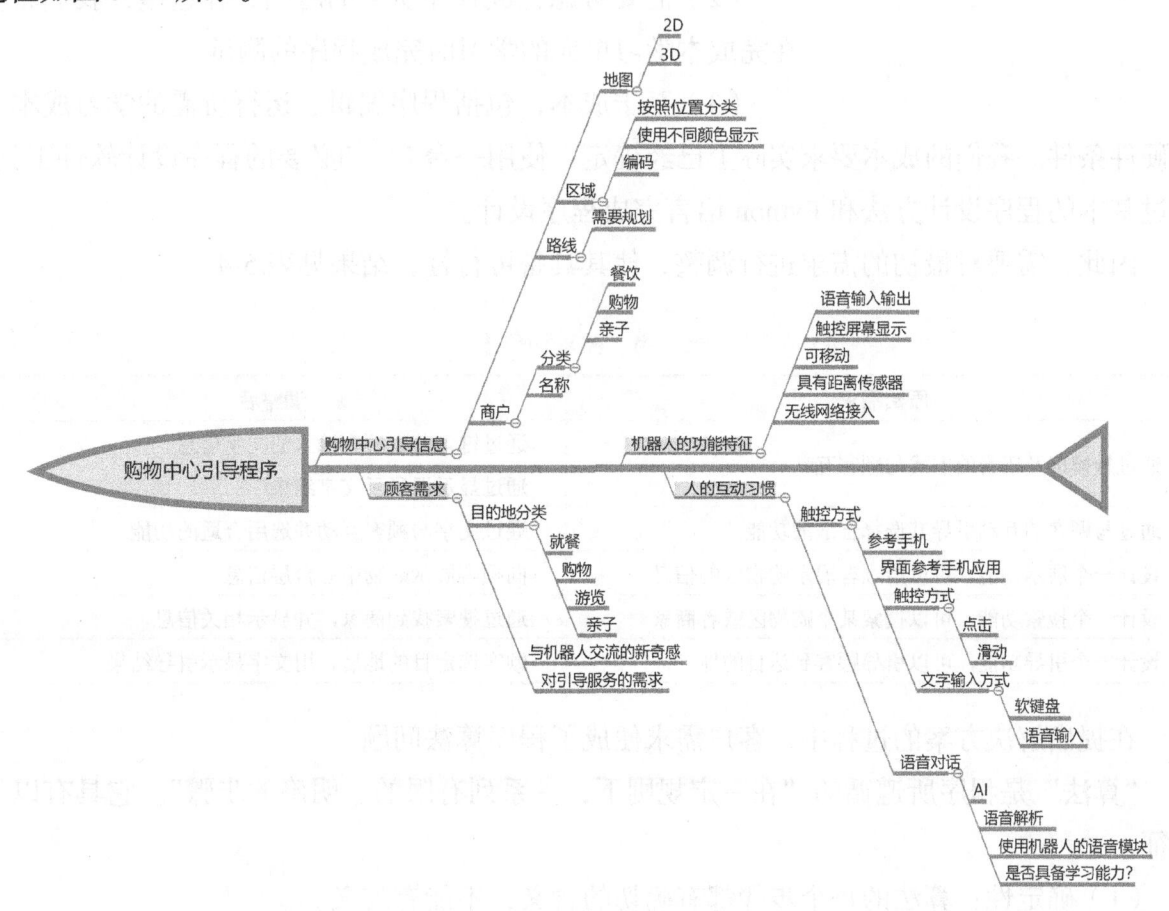

图 5-14　鱼骨图分析过程

项目组通过头脑风暴法集思广益，全面评估项目有关因素，然后通过鱼骨图分析法对相关因素进行梳理，并整理出优先级，最终提炼出主要问题。

3. 如何提出解决方案

项目组完成问题的分析后，确定了对游客行程规划有影响的主要因素。接下来，开始讨论解决方案。项目组成员根据以往项目的经验提出多种解决方案，然后结合分析出来的主要影响因素，评估这些方案的可行性，形成最终解决方案。小明发现，这是一个不断发现问题和解决问题的过程，项目组成员都提出了宝贵的意见和建议，非常有意思。

你可能已经感觉到，需求描述说明了"做什么"，但是却没有说明"怎么做"。作为程序设计者，需要把"做什么"转换成"怎么做"。在这个过程中，往往需要进行可行性分析，把不可行的方案排除掉。

那么什么样的方案"可行"呢？通常程序设计者需要在程序的质量目标、实现程序所需的时间和成本之间找到一个兼顾三者的方案，如图 5-15 所示。

对于我们的引导程序：

（1）需要能够给顾客提供引导服务，使大多数顾客都能够到达目的地。

（2）需要考虑完成程序所需的时间，在这里，我们希望在完成本学习单元的学习时完成程序的测试。

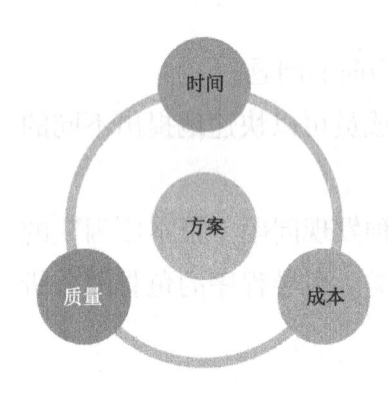

图 5-15　方案设计的权衡因素

（3）至于成本，包括程序编辑、运行所需的学习成本，软硬件条件。我们的成本要求实际上已经确定：使用一台 PC 和必要的程序设计软件工具，通过基本的程序设计方法和 Python 语言完成程序设计。

因此，需要对最初的需求进行调整，使其具备可行性，结果见表 5-4。

表 5-4　需求调整表

原始需求	调整后
通过触摸屏及语音的方式与顾客互动	通过键盘获取顾客输入的文字信息 通过显示器展示文字结果
通过与顾客的互动引导其选择合适的功能	通过文字与顾客互动并选用合适的功能
设计一个展示功能，可以给顾客展示购物区的信息	向顾客展示购物中心楼层信息
设计一个搜索功能，可以搜索某个购物区或者商家	通过搜索找到商家，并显示相关信息
设计一个引导功能，可以引导顾客到达目的地	顾客选定目的地后，用文字显示引导结果

在提出解决方案的过程中，客户需求便成了程序算法问题。

"算法"是程序所遵循的"在一定规则下，一系列有限的、明确的步骤"。它具有以下特征。

（1）确定性：算法的每个步骤都有确切的含义，不能有歧义。

（2）有限性：解决算法问题必然会经历有限步骤。

（3）输入：对于算法而言一定会有外部输入信息。

（4）输出：一个算法一定会有输出信息。

（5）可行性：算法的每个步骤都必须是计算机可执行的。

项目推进：

经过分析，我们梳理出程序实现的细节，这些细节就像乐高方块，需要程序设计者将它们"拼接"成有机的整体，如图5-16所示。

图 5-16　模块化方法

我们可以针对每个客户需求找到设计算法，然后将这些算法"拼接"起来，结果见表5-5。

表 5-5　算法描述

需求	算法
通过键盘获取顾客输入的文字信息	顾客输入文字→程序记录并响应
通过显示器展示文字结果	程序显示文字→程序等待顾客输入
通过文字与顾客互动并选用合适的功能	程序发起对话→程序提供文字选项 顾客输入文字选项 程序执行功能→如果程序流程未结束，则继续提供文字选项
向顾客展示购物中心楼层数，以及区域、商户信息	程序展示购物中心楼层数、每层楼各个区域的编号及描述信息、区域内商户信息
通过搜索找到商家，并显示相关信息	顾客输入搜索的商户名称 程序展示商户所在的区域
顾客选定目的地后，用文字显示引导结果	顾客输入商户信息 程序展示"您选择了'商户名称'，小亮将引导您至'目标'区域'商户名称'，请跟我来！"

5.1.4　编写程序设计方案

到目前为止，我们主要利用自身经验去理解和分析问题，使用文字、表格和图形工具描述问题和解决方案。我们很难直观地"看到"期望的结果是什么，同时，也不知道怎样由计算机去实现预期的效果。不用着急，接下来我们就要开始和计算机程序打交道，逐渐了解我们设计的引导系统是什么样子的。

下面考虑如何把我们的想法"翻译"成计算机能理解的逻辑。

1. 如何描述解决方案

我们已经知道，要创建我们的引导系统，必须通过设计计算机程序来完成，然而，人的大脑工作方式和计算机完全不同。MIT脑神经科学家在《eLife》期刊上发表了一篇论文，通过实验得出了一个结论：理解计算机代码时，并不会激活我们大脑中负责语言处理的区域。有意思的是，它激活的是大脑中一个叫作"Multiple Demand（MD）"（多需求）的区域，而这个区域主要负责数学、逻辑等复杂问题的处理。研究过程中观察到的结果如图5-17所示。

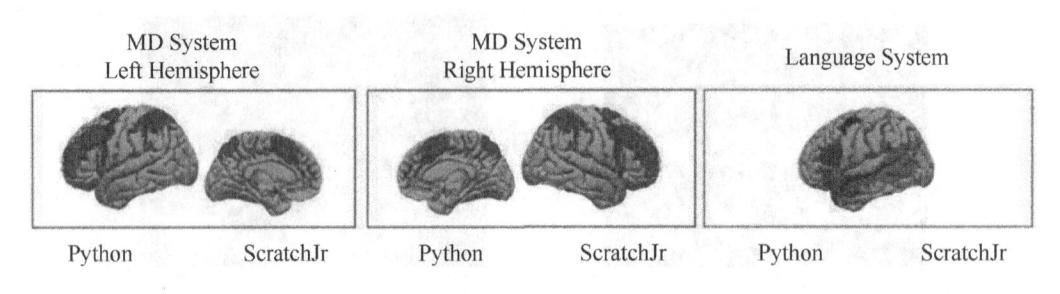

图5-17 左右脑多需求区域和语言处理区域

在程序设计工程实践中，有一套严密和复杂的理论、过程和工具用来解决把"人的想法"转换成"计算机能理解的逻辑"。庆幸的是，我们不需要学习整套理论和过程就可以开始尝试实现一个可运行的程序原型。原因是经过多年的发展，已经有无数科学家和工程师替我们制造出用于处理这个转换过程的工具。但是为了完成一个程序的设计，我们仍然需要对"人的想法"进行"粗加工"，以便转换成易于理解同时又严谨和精确的程序设计方案。

小明近水楼台先得月，拿到了引导系统原型的初步设计资料，他开始自学。在那些资料看得小明头晕脑胀之际，一些抽象的图形和系统的界面设计图吸引了他。

2. 如何理解程序设计过程

在进行程序设计的时候，项目组成员需要分工协作完成一个系统的开发。人与人之间的沟通可以通过文字进行，为了提高沟通效率，需要借助一些图形工具来进行沟通和交流。其中，流程图就是一种常用的图形化工具。

项目推进：

流程图（Flow Chart）是描述我们进行某一项活动所遵循顺序的一种图示方法。它能通过图形符号形象地表示解决问题的步骤和程序。好的流程图，不仅能对我们的程序设计起到帮助作用；在理解时，还能起到"一张图胜过千言万语"的效果。除提高沟通效率，流程图还可以帮助程序设计者完善算法。注意，算法描述中要处理一些"意外"情况，如顾客输入了错误选项，程序应该怎样响应。

在流程图中可以使用不同的符号来表示不同类型的信息，它们的含义如图5-18所示。

以下是小亮机器人与顾客的对话流程图，如图5-19所示。

※任务：请同学们想一想，如果一处判断语句中有3个选项，如何组织判断符号才能

表示 3 种不同的选择结果？可以画一个流程图试一试。

符号	名称	含义
⬭	端点、中断	标准流程的开始与结束
▭	作业、处理	要执行的作业、处理
◇	判断、量测	测量、检验、决策或判断
⬠	文档	以文件的方式输入/输出
→	流向	表示执行的方向与顺序
▱	数据	表示数据的输入/输出
◯	联系	同一流程图中从一个进程到另一个进程的交叉引用（表示序号，可用于换页、流程叠加等）

图 5-18　流程图常用符号

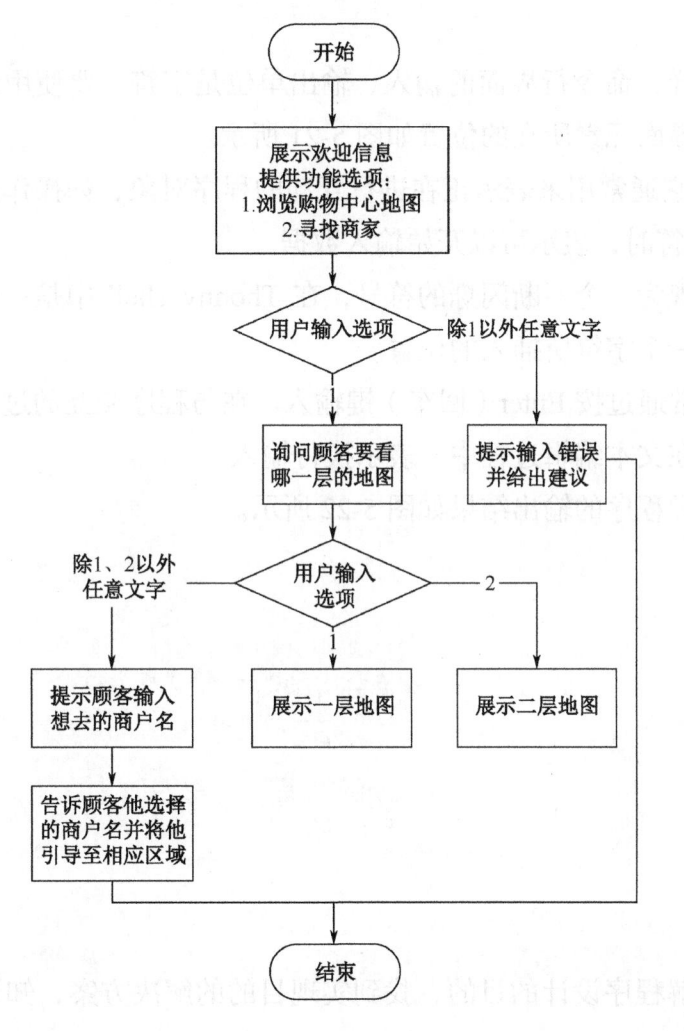

图 5-19　程序流程图

3. 人与程序如何互动

人与程序（或称人机）开始互动就是通过命令行界面（CLI）进行文字输入、输出。键盘和显示器是一般的输入、输出工具，图形化界面（GUI）作为更直观的互动界面，应用

081

也非常广泛,命令行界面和图形化界面如图 5-20 所示。但是在程序中设计图形化界面比命令行界面更为复杂,因此在小亮机器人的引导程序中,将使用命令行界面进行人机互动。

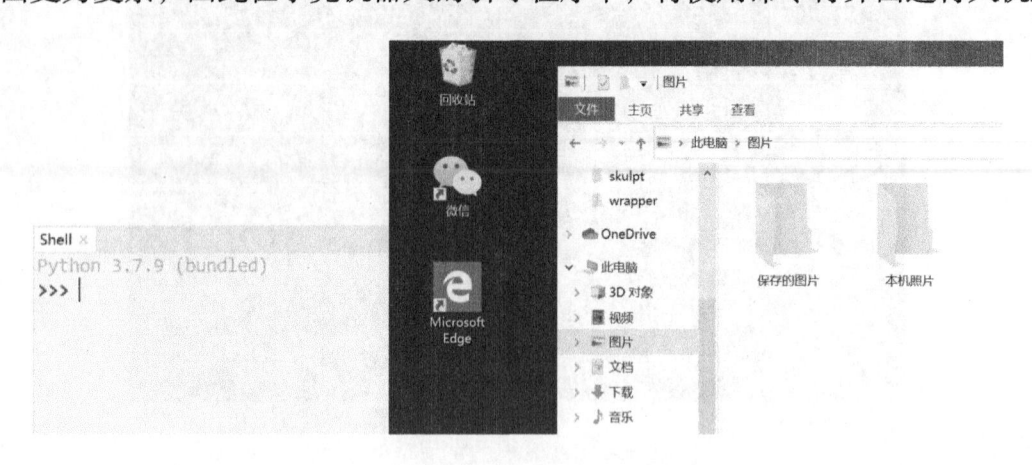

图 5-20　命令行与图形化界面

与语文写作一样,命令行界面的输入、输出单位是字符。要使用命令行界面,就要熟悉以下界面元素,界面元素所在的位置如图 5-21 所示。

shell 提示符:它通常用来表示正在进行互动的程序对象,如操作系统的文件对象。当我们看到 shell 提示符时,表示可以开始输入数据。

游标:通常表现为一个不断闪烁的符号,在 Thonny shell 中是一个竖线。它用来告诉你从键盘输入的下一个字符所插入的位置。

回车字符:通常通过按 Enter(回车)键输入。在与程序交互的过程中,输入此字符表示输入行为结束,在文本编辑过程中,表示换行输入。

小亮机器人引导程序的输出结果如图 5-22 所示。

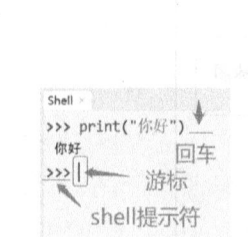

图 5-21　命令行界面元素　　　　图 5-22　程序输出结果

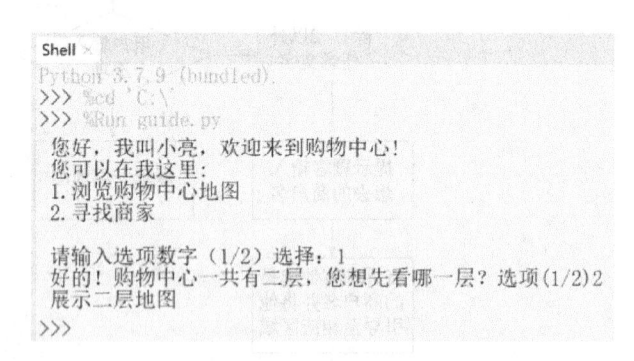

现在我们已了解程序设计的目的,找到实现目的的解决方案,知道如何描述可以用于指导程序设计的方案。

学习检验

在项目部会议结束后石工叫住小明,问道:"最近学习得怎么样?熟悉项目组的工作了吗?"

"经过这几个月的工作,我对程序设计和项目相关工作已有不少了解。"小明很自信地说。

"好啊,那我要考考你。"石工微笑着说,然后拿出一张表(见表 5-6)。

请你根据实际情况填写表 5-6。

表 5-6 完成情况评价表

任务要求	很好	好	不够好
能描述程序和程序设计的意义			
能说出几个主流程序设计语言的特点			
能说出输入、输出设备,存储器和 CPU 的主要功能			
能针对一个问题进行充足的调研,从而准确地确定解决问题的方法			
能准确描述一个问题并通过分析讨论形成可行的解决方案			
能通过流程图描述一个程序的运行过程			
能说出一种或多种计算机程序与用户的互动方式			

学习小结

测试完成了。

"你这个初学者的领悟力不错嘛。"石工点了点头。

"那你可不可以说一说程序设计有哪些关键的知识和技能呢?"

小明拿出学习总结,说:"我把自己认为重要的心得体会都记录下来了,请您过目。"

表 5-7 是小明设计的学习总结表,请你根据自己的实际情况来填写。

表 5-7 学习总结表

主要学习内容	学习方法	学习心得	待解决的问题

整体总结:

"很好,请保存好你的笔记,在接下来的工作中希望你再接再厉。"石工赞许地说道。

拓展学习

"垃圾并没有被消灭,而只是被转移了。"我国曾是世界上最大的"洋垃圾"进口国,垃圾回收产业链曾经为我国带来一定的经济效益。然而,这些都是有代价的。纪录片《塑料王国》向世人展示了我国众多的"垃圾村"和大量从业人员的现状。为了保护人民健康,我国自2017年决定停止进口"洋垃圾",并于2018年开始逐步实施。

自从我国减少进口"洋垃圾"以来,很多发达国家由于长期依赖我国的垃圾产业,垃圾问题已经影响其生态环境状况,其中也包括以细致和严苛的"垃圾分类"而闻名的日本。从垃圾回收链的来源入手,我国从2019年在上海实施"垃圾分类"试点,并逐步在全国铺开。

在实践中,我国从垃圾分类法律制度建设、民众意识宣传教育、硬件基础设施建设等方面开展垃圾分类活动。很多互联网企业开发了垃圾回收分类程序,用于宣传指导和提供垃圾回收服务,很多环保企业设计了智能回收设备。很多地区结合线上和线下渠道建立了垃圾回收模式。

请你以"信息技术助力,实践垃圾分类"为主题,对垃圾分类现状和现有信息化系统进行调查,提出问题,给出合理化建议并描述主要实现方案。

学习检测

1. 下列不属于计算机程序的是(　　)。
   A. 计算机读取磁盘过程　　　　B. 在线考试程序
   C. 计算机中存储的图片　　　　D. 使用计算机播放视频
2. 下列哪些不属于程序设计语言?(　　)
   A. 计算机程序的说明　　　　　B. 机器语言
   C. 汇编语言　　　　　　　　　D. C语言
3. 判断题:要求设计一个保密、可靠的"记录并计算考试加权平均分"的程序。对敏感数据进行隐藏处理符合程序设计的需求。(　　)
4. 下面对"挂号预约"问题的描述最准确的是(　　)。
   A. 为患者提供挂号服务　　　　B. 解决挂号方便性的问题
   C. 让患者可以公平预约挂号　　D. 通过在线预约方式提供挂号服务
5. 流程图中的符号◇代表的意思是(　　)。
   A. 流程的结束　　　　　　　　B. 执行或处理某些工作
   C. 输入和输出　　　　　　　　D. 对条件进行判断

任务 5.2 设计简单程序

通过"设计简单程序"的学习,在体验程序开发环境的搭建和程序设计过程中,能了解Python语言的基础知识及程序设计的一些典型算法,会使用功能库扩展程序功能。通过动手实践来体验程序的编辑、运行和调试,能完成一个简单程序的设计,在信息社会实践中会运用程序设计解决实际问题。

任务情境

客户需求初步明确，小明已经基本了解需求分析过程和本项目的方案规划，工作之余，也不忘抽时间学习 Python 编程。石工提醒他，要学好程序设计，一定要多实践。

为了尽快确认最终需求，团队正在紧锣密鼓地开发系统原型，以便给客户演示预期效果。目前，游览路线推荐功能的原型已经基本完成，在给客户演示后得到了不错的评价。小明很想了解它是如何运行的，他从张工那里获得程序源代码，打算自己运行程序，亲自"玩一玩"。当然，他知道公司的安全保密规定。

学习目标

1. 知识目标

了解 Python 的基础知识和程序设计的两种典型算法。

2. 能力目标

能使用 Thonny 开发工具编写、运行、调试一个简单 Python 程序，并对程序进行扩展和优化。

3. 素养目标

培养学生严谨的计算思维习惯和使用数字化工具处理实际问题的能力。

活动要求

借助学习资料开展自主学习，在其他人员的帮助下，完成对"设计简单程序"的学习。

任务分析

小明拿到程序源代码，看得他头晕脑胀，于是他决定向项目组内的工程师求助。

他还没有开口求助，工作任务就来了。在参与项目实施的技术会议上，小明听到很多技术词汇，看到组内成员就一些技术问题进行争论与探讨，一有时间，他就向工程师讨教具体技术问题。

小明已了解完整的程序设计技术过程，结合手头的源代码，制订出以下学习计划：

（1）安装 Python 开发工具。
（2）掌握基本的 Python 语法、数据类型的基本操作，会输入、输出。
（3）会用交互式解释器调试程序。
（4）理解算法思想。
（5）实现逻辑控制。
（6）运行完整程序。

小明通过思维导图对学习任务进行分析，如图 5-23 所示。

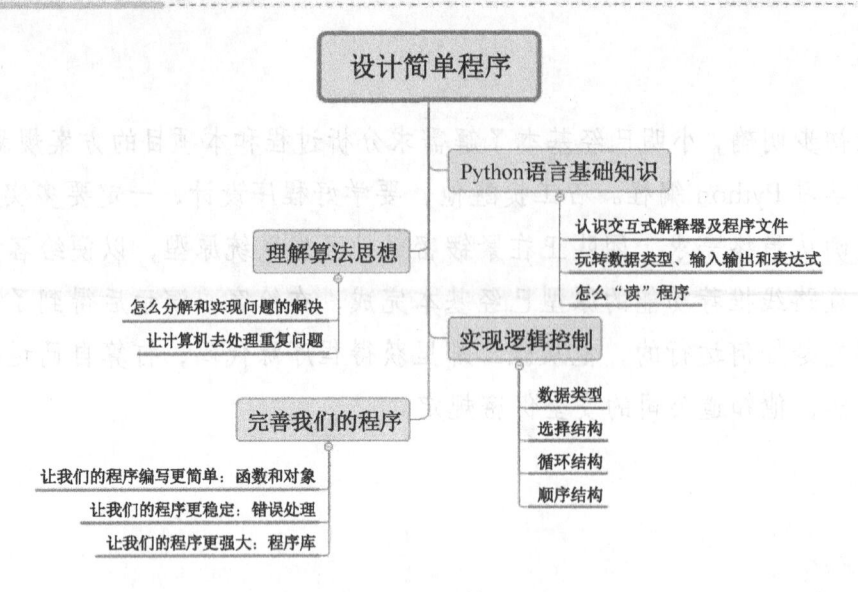

```
                    ┌──────────────┐
                    │  设计简单程序  │
                    └──────────────┘
                                    ├─ Python语言基础知识
                                    │    ├─ 认识交互式解释器及程序文件
                                    │    ├─ 玩转数据类型、输入输出和表达式
                                    │    └─ 怎么"读"程序
                                    ├─ 理解算法思想
                                    │    ├─ 怎么分解和实现问题的解决
                                    │    └─ 让计算机去处理重复问题
                                    ├─ 实现逻辑控制
                                    │    ├─ 数据类型
                                    │    ├─ 选择结构
                                    │    ├─ 循环结构
                                    │    └─ 顺序结构
                                    └─ 完善我们的程序
                                         ├─ 让我们的程序编写更简单:函数和对象
                                         ├─ 让我们的程序更稳定:错误处理
                                         └─ 让我们的程序更强大:程序库
```

图 5-23　思维导图

小明厘清了思路，按思维导图开始对"设计简单程序"进行学习。

任务实施

5.2.1　Python 语言基础知识

学习一门程序设计语言就要了解其基础知识。一般来说，至少需要了解该程序设计语言的特点和应用领域，以及如何运行、处理的数据类型和语法规则。我们已经知道包括 Python 语言在内的主流程序设计语言的特点和应用领域，接下来将学习 Python 语言的运行方式、数据类型和语法规则。

> Python 解释器安装

1. 认识交互式解释器及程序文件

Python 的一大特点是容易学习和方便使用，Python 解释器就体现了这一特点。通过 Python 解释器，程序设计人员可以方便地与计算机进行"交互"。也就是说，可以像人与人在聊天软件中打字交流一样，在打入一行代码后，该解释器就会对所打入的代码进行响应，让我们获得及时的回应，因此该解释器就是交互式解释器。

另外，与其他程序设计语言一样，Python 的代码也存放在一个一个的独立源代码文件中。接下来，我们就来完成以下 2 个任务：

（1）体验 Python 解释器；

（2）利用程序编辑器创建一个简单程序。

任务 1：体验 Python 解释器

本书使用的 Python 解释器叫作 Thonny，它安装部署简单，非常适合初学者。如果想了解 Python 解释器是什么和它的安装过程的详细步骤，可以参考二维码。

下面开始体验 Thonny，步骤如下：

（1）单击"开始"菜单，找到 Thonny 的快捷方式"Thonny"。单击快捷方式，打开 Thonny

的用户界面,如图 5-24 所示。

(2)在下方的脚本执行区域"＞＞＞"符号后面输入：print("hello world!"),按 Enter 键。此时界面上会显示"hello world!",表示计算机已执行完我们发出的程序指令,并把结果打印到了脚本执行区域。执行结果如图 5-25 所示。

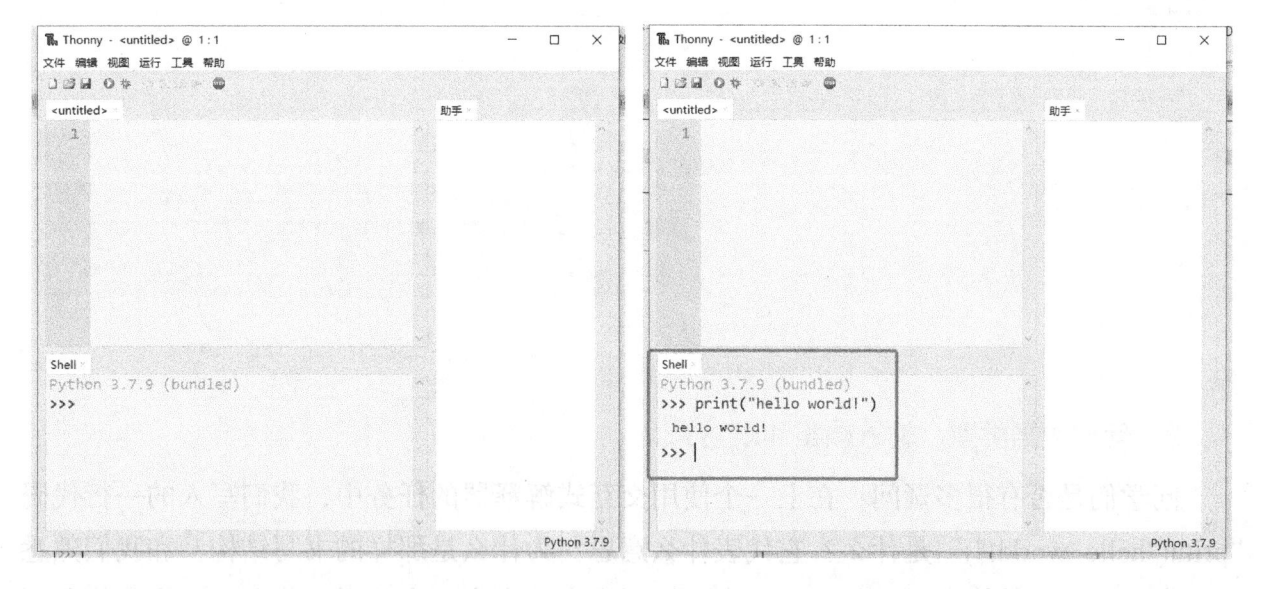

图 5-24　Thonny 用户界面

图 5-25　执行结果

> **小知识**
>
> 在程序世界,作为一个约定俗成的习惯,每个程序员在学习新的程序设计语言的时候,尝试的第一个小程序便是打印一行"hello world!",向新的世界打声招呼。

任务 2：利用程序编辑器创建一个简单程序

步骤如下：

(1)在前一个任务的基础上,在 Thonny 用户界面上方的程序文件编辑区域内输入：print("hello world!"),如图 5-26 所示。

(2)选择"文件"→"保存",如图 5-27 所示。在打开的"另存为"对话框中选择文件存放位置,在"文件名"输入框中输入源文件名称"my first Python program",在对话框底部单击"保存"按钮,完成源文件的保存,如图 5-28 所示。

现在我们已经利用 Thonny 的基本操作,完成人机交互过程和创建新的源代码文件。接下来便开始程序编写之旅了。

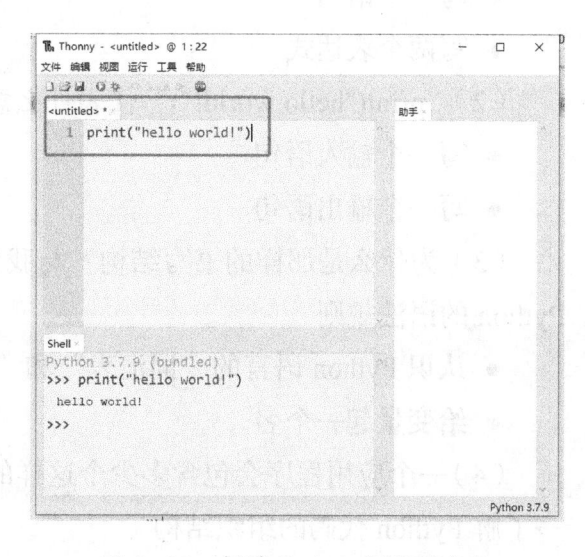

图 5-26　新建 Python 源代码文件

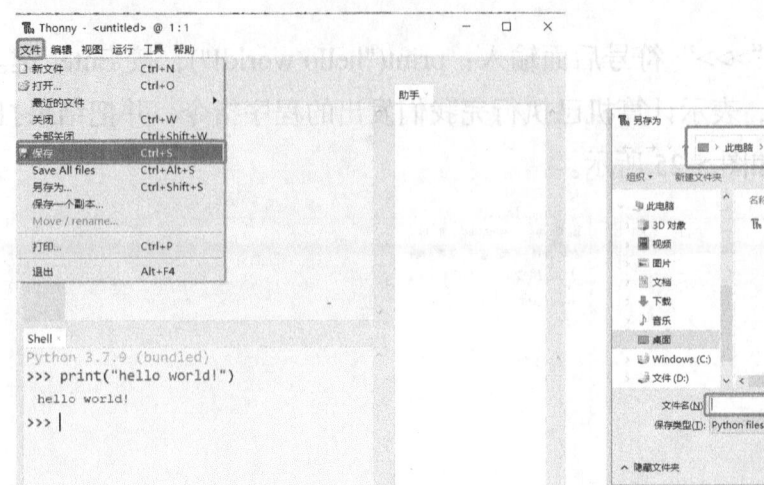

图 5-27　选择文件和保存　　　　　　　图 5-28　选择文件存放位置和名称

2. 玩转数据类型、输入输出和表达式

同学们是否有很多疑问：在上一个使用交互式解释器的任务中，我们写入的一行代码"print("hello world!")"是什么？它代表什么意思？为什么是那样的书写结构？和我们熟悉的程序设计语言结构有什么不同？一个应用程序会包含多少个这样的代码？一个由代码写成的"文章"是什么样的？除了把"hello world!"显示出来，代码还能处理什么样的信息？

这些问题回答起来可谓"一言难尽"。但是别急，在完成下面几个任务后，就能够回答这些问题。在这里把这几个问题列出来，并针对每个问题列出知识点和实践任务，其结构如下：

（1）代码"print("hello world!")"是什么？→认识 Python 程序语句

- 理解语句和表达式
- 写一个语句
- 写两个表达式

（2）"print("hello world!")"代表什么意思？→认识 Python 输入、输出语句

- 写一个输入语句
- 写一个输出语句

（3）为什么是那样的书写结构？与我们熟悉的程序设计语言结构有什么不同？→了解 Python 的语法规则

- 认识 Python 语言的"词汇表"和"标点符号"
- 给变量起一个名

（4）一个应用程序会包含多少个这样的代码？一个由代码写成的"文章"是什么样的？→了解 Python 代码的组织结构

- 格式与缩进

（5）除了把"hello world!"显示出来，代码还能处理什么样的信息？→认识 Python

数据类
- 操作 Python 数据类型

下面进行具体介绍。

- **理解语句和表达式**

事实上，print("hello world!")这一行代码就是一个程序语句。程序语句可以类比我们自然语言的一句话，如汉语、英语，它代表一个完整语句含义，能够完成一个完整的程序行为，如输出"hello world!"。一般都由一个代表语句结束的标点符号结尾，如句号。在一些经典程序设计语言如 C 语言中，一个程序语句使用';'结尾。而 Python 语言在语句的结尾不需要标点符号，它区分不同语句是通过缩进和新起一行来实现的，后面会讲解。

与自然语言一样，一个完整的程序语句需要由若干具有含义的独立表达式组成。接下来我们尝试自己编写一些实例，体验一下。

- **写一个语句**

（1）打开 IDLE 交互式编辑器，在输入提示符 ">>>" 后面输入 "me='a student.'"，然后按 Enter 键，发现在下一行没有显示任何内容。

```
>>>me='a student.'
>>>
```

（2）接下来，在输入提示符后面输入 "me"，按 Enter 键，显示如下：

```
>>>me
'a student.'
```

你是否发现，对于计算机而言，"me" 这个符号已经代表一个答案？当你向计算机询问的时候，它回复你'a student.'并在新的一行显示出来。这类语句是常用的"赋值语句"，用于将一段信息存储在程序变量中，在这里，变量的名字是"me"，而等号后面的信息是'a student.'。变量就是在存储器中开辟的空间，可以比作各个容器，如图 5-29 所示。

在后面的学习中，你会编写很多程序语句，体会一下它们都能做什么吧。

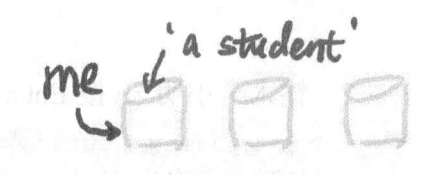

图 5-29　程序变量示意图

> **基础知识：赋值语句和变量**
>
> 赋值语句：用来赋给某变量一个具体值的语句，是程序中的基本语句之一，它和变量（计算机领域）的概念密不可分。
>
> 变量：变量一词来自数学，在计算机语言中是能存储计算结果或能表示值的抽象概念。在常见的程序设计语言中，变量都是可变的，但是在如 Haskell 等一些纯函数式编程语言中，变量赋值后就是不可变的。

- **写两个表达式**

（1）在输入提示符 ">>>" 后面输入 "1>2"，然后按 Enter 键，显示结果如下：

```
>>>1>2
```

```
FALSE
```

（2）在输入提示符">>>"后面输入"1+2"，然后按 Enter 键，显示结果如下：

```
>>>1+2
3
```

发现没有，在你输入一个表达式后，计算机会立即回复你，显示这个表达式当前代表的含义。在第一个表达式中，FALSE 代表"假"的意思，也就是说，它认为你输入的表达式是"假"的，或者说是"错"的。在第二个表达式中，它直接给出你输入的数学表达式"1+2"的结果。

这个能力也是 Python 语言的易学习和易使用特性的体现，而在传统高级编程语言如 C 语言中，需要经过编辑—编译—运行 3 个过程。这个能力在程序编写调试过程中能提供很大的便利，在接下来的程序设计过程中，我们会经常用到这个能力。

● 写一个输入语句

（1）在输入提示符">>>"后面输入"myname=input('请输入你的名字：')，然后按 Enter 键，在下一行提示"请输入你的名字："，游标在行尾位置闪烁。

> **基础知识：逻辑表达式和算术表达式**
>
> 算术表达式是常用的表达式，又称为数值表达式。它是通过算术运算符来进行运算的数学公式。基本的算术运算符包括：加、减、乘、除、取余等。
>
> 逻辑运算的结果只有两个：True（真）和 False（假）。基本的预算符包括：=（等于）、<（小于）、<=（小于等于）、>（大于）、>=（大于等于）、<>（不等于）、NOT（非）、AND（与）、OR（或）。

（2）输入"小明"，按 Enter 键，显示结果如下：

```
>>> myname=input('请输入你的名字:')
请输入你的名字:小明
>>>
```

（3）继续输入"myname"，按 Enter 键，显示结果如下：

```
>>> myname=input('请输入你的名字:')
请输入你的名字:小明
>>> myname
'小明'
>>>
```

可以看到，输入语句允许我们输入一段文字，并将它通过赋值语句存储在变量中。比较一下输入、输出语句的书写区别，并想一想为什么：

```
输入语句：myname=input('请输入你的名字:')
输出语句：print('hello world')
```

> **基础概念：输入和输出系统**
>
> 输入和输出系统是计算机系统中的主机与外部进行通信的系统。它的主要功能是通过输入、输出设备方便用户与计算机进行信息交换。常见的输入设备包括：键盘，鼠标，摄像头，扫描仪、麦克风等。常见的输出设备包括：显示器、打印机、音箱等。
>
> 任务中学习的两种输入、输出语句就是使用键盘和显示器与计算机用户进行对话交互的。

- **认识 Python 语言的"词汇表"和"标点符号"**

要想读懂一个 Python 语句的构成，一定要了解 Python 的保留字符和符号的含义。

◇ 保留字符是由英文单词组成的集合，和变量不同，这些英文单词具有特定的含义，不能由程序员来赋予其他的含义。Python 3.x 版本的保留字符如图 5-30 所示。

◇ 有一些符号是具有特殊功能的，包括空格、引号、括号、井号等。

◇ 保留字之外的英文单词或者字母、数字和下画线的组合叫作 Python 标识符，顾名思义，是用来由程序员自由定义其含义的标识符。

这些特殊的单词、符号或者组合标识的具体含义在后面大多数会学习到。部分使用较少的需要在特定场景下使用。

and	elif	import	raise
as	else	in	return
assert	except	is	try
break	finally	lambda	while
class	for	nonlocal	with
continue	from	not	yield
def	global	or	True
del	if	pass	False
			None

图 5-30　Python 保留字符

- **给变量起一个名**

变量一词来自数学，在计算机语言中是能存储计算结果或能表示值的抽象概念。顾名思义，它的值是可变的。与数学领域一样，在计算机程序中，变量是无处不在的。下面我们看一下它的命名规则：

（1）由下画线或者字母开头，后面跟任意数目的字母、数字或下画线。

（2）大写字母和小写字母组成的变量是不同的。

（3）不可以使用保留字作为变量。

```
>>> 1st=1
SyntaxError: invalid syntax
>>> False=1
SyntaxError: cannot assign to False
>>>
```

图 5-31　编辑器给出错误提示

验证方法：在编辑器中给错误的变量名赋值，编辑器会给出错误提示，如图 5-31 所示。

- **格式与缩进**

与写文章一样，程序设计语言也需要通过缩进来划分不同的语句集合，我们称为语句块。Python 使用缩进表示代码块，同一个代码块，必须具有相同缩进的空格数。实例代码如下：

```
if True:
    print('Say:')
    print('True')
else:
```

```
    print('Say:')
    print('False')
```

如果缩进不一致，则代码格式错误，错误代码实例如下：

```
if True:
    print('Say:')
     print('True')
else:
    print('Say:')
     print('False')
```

以上代码执行后程序会报错，如图 5-32 所示。

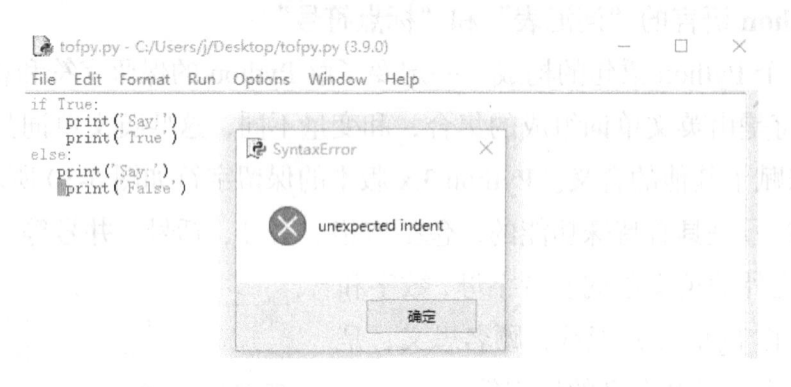

图 5-32　报错

- **操作 Python 数据类型**

我们通过实践处理过"数字""字符串"这两种基本的数据类型。除此之外，为了处理更为复杂的数据关系，Python 还拥有包括列表、字典、元组、文件、集合等高级数据类型对象。

"数字"类型的操作比较直观，现在我们要"操作""字符串"这种更为复杂的数据类型，它实际上就是一个由字符组合而成的序列，如图 5-33 所示。

元素1	元素2	元素3	元素4	元素…	元素n
0	1	2	3	…	n-1

图 5-33　字符串示意图

字符串最基本的操作就是读取它的元素，代码如下：

```
>>>s="hello world"
>>>s[0]
'h'
>>>s[1]
'e'
```

读取元素的语句形式是：字符串变量名[索引值]。其中，"索引值"是整数，代表某一个元素在字符串中的位置，从 0 开始，自左向右依次递增。

另外，Python 语言还提供一些有趣的字符串操作方式，示例代码如下：

```
>>>len(s)
```

```
11
>>>s.find('world')
6
>>>s.split('o')
['hell', ' w', 'rld']
>>>s.replace('hello','你好')
'你好 world'
```

3. 怎么"读"程序

我们对 Python 的基础知识有一些了解后，就可以开始进入程序设计的第三个阶段——设计程序，如图 5-5 所示。

你是否还记得"机器人引导程序"的代码？它存储在 guide.py 程序源代码文件中，打开文件可以看到在第 1、第 5、第 7、第 16 行以#开头的代码，这些语句被称作注释语句，它不影响代码的运行结果，仅作为对程序的说明。组织良好、语句严谨的程序注释可以让程序便于理解、交流、修改和完善。设计程序是创造性很强的一项工作，就是一个经验丰富的程序员，在没有注释的情况下阅读别人编写的程序也是一种折磨。后面我们还会介绍其他提高程序可读性的方法。

小明通过这些注释，对程序有了初步了解，但是他仍然不明白程序是如何设计和运行的。于是他使用 IDLE 编辑器运行程序，观察程序的外部表现。

※任务 运行 Python 程序

步骤如下：

（1）打开"Thonny"，在菜单栏中选择"File"→"Open…"，如图 5-34 所示。

（2）在"打开"对话框中找到 Python 源代码文件，单击"打开"按钮，在编辑器中打开源代码，如图 5-35 所示。

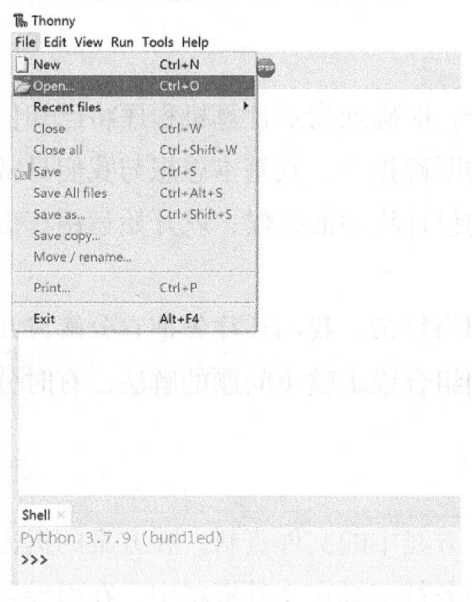

图 5-34 Thonny

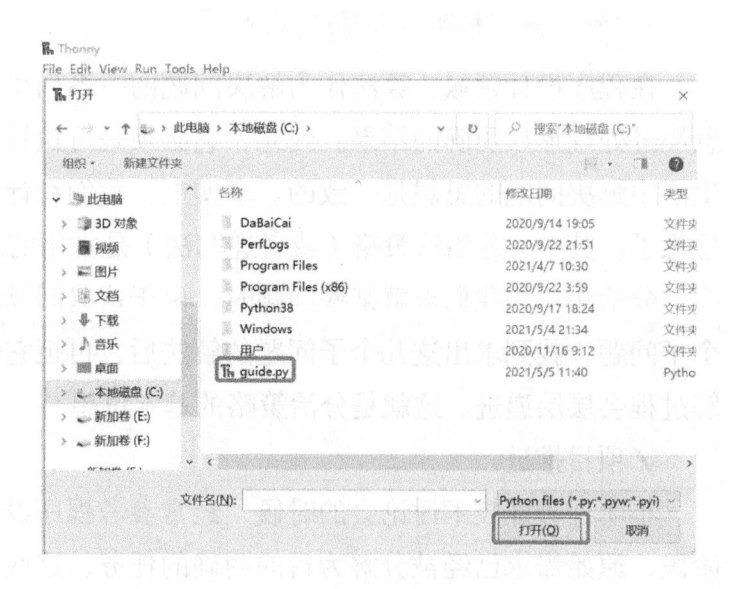

图 5-35 "打开"对话框

（3）在 Thonny 编辑器中，单击"运行"按钮，执行 Python 源代码，然后在下方的 shell 窗口查看命令行输出结果，如图 5-36 所示。

图 5-36　查看结果

5.2.2　理解算法思想

《道德经》有言：万物之始，大道至简，衍化至繁。这段话讲的是事物发展的过程，而算法很多时候是要将"衍化至繁"的问题，通过一系列"大道至简"的步骤去解决。

1. 怎么分解和实现问题的解决

在程序设计领域，算法作为解决问题的一系列指令，明确地指示计算机程序将已知信息经过处理形成明确的结果。因此，它必须是可执行的明确指令，其基本思想与我们日常生活中解决问题的思想是一致的。事实上，我们在计划设计程序的时候，就开始运用算法思想了。其中，分治法策略（或者递归法）是常用的。

分治法：当我们求解某些问题时，由于这些问题相当复杂，我们往往先把它分解成几个子问题，找到求出这几个子问题的解法后，再把它们组合成求整个问题的解法，有时分解过程会层层递进。这就是分治策略的基本思想。

✓项目推进

小明在参加技术讨论会的时候，经常参考程序设计方案中的文件资料。在方案的提出阶段，原始需求已经被分解为目的明确的任务，这些任务都记录在文件资料中。在引导程序的设计中需要参考：

- 表 5-5 算法描述
- 图 5-19 程序流程图
- 图 5-22 程序输出结果

其中，算法描述作为程序设计的目标，程序流程图覆盖所有问题情境，而程序输出结果主要用来设计输入、输出相关的逻辑。

实施过程：

根据表 5-5，我们可以通过 Python 语句将算法再次分解为子任务。可以将任务分类为：

需求 1：确定输入、输出方式

➢ 顾客输入文字→程序记录并响应

➢ 程序显示文字→程序等待顾客输入

需求 2：选择逻辑

➢ 程序发起对话→程序提供文字选项

➢ 顾客输入文字选项

➢ 程序执行功能→如果程序流程未结束，则继续提供文字选项

需求 3：选择逻辑和静态数据输出

➢ 程序展示购物中心楼层数、每层楼各个区域的编号及描述信息、区域内商户信息

需求 4：数据匹配

➢ 顾客输入搜索的商户名称

➢ 程序展示商户所在的区域

需求 5：动态数据的输出

➢ 顾客输入商户信息

➢ 程序展示"您选择了'商户名称'，小亮将引导您至'目标'区域'商户名称'，请跟我来！"

其中，我们发现需求 1 只描述了人机交互的方式，交互方式设计是贯穿于程序整体的。需求 2～需求 5 则需要通过程序语句去实现。如果我们再次查看程序流程图，就会发现流程图描述了实现需求目标的方式，如图 5-37 所示。接下来，在编写程序阶段，我们将逐个实现每一个流程结点。

2. 让计算机去处理重复问题

随着计算机性能的不断提高，其处理程序性事物的能力也越来越强。在此方面，计算机和人相比有着效率高、不易出错的天然优势。在某些问题可能拥有数量众多的类型相似的可能解的情况下，采用枚举算法对每个可能解逐一检查是常用策略。

✓项目推进

在设计需求 4 搜索功能时，顾客输入搜索关键字，程序会与购物中心的记录进行逐一比较，当找到与关键字匹配的记录时，会返回与此记录对应的信息，如图 5-38 所示。

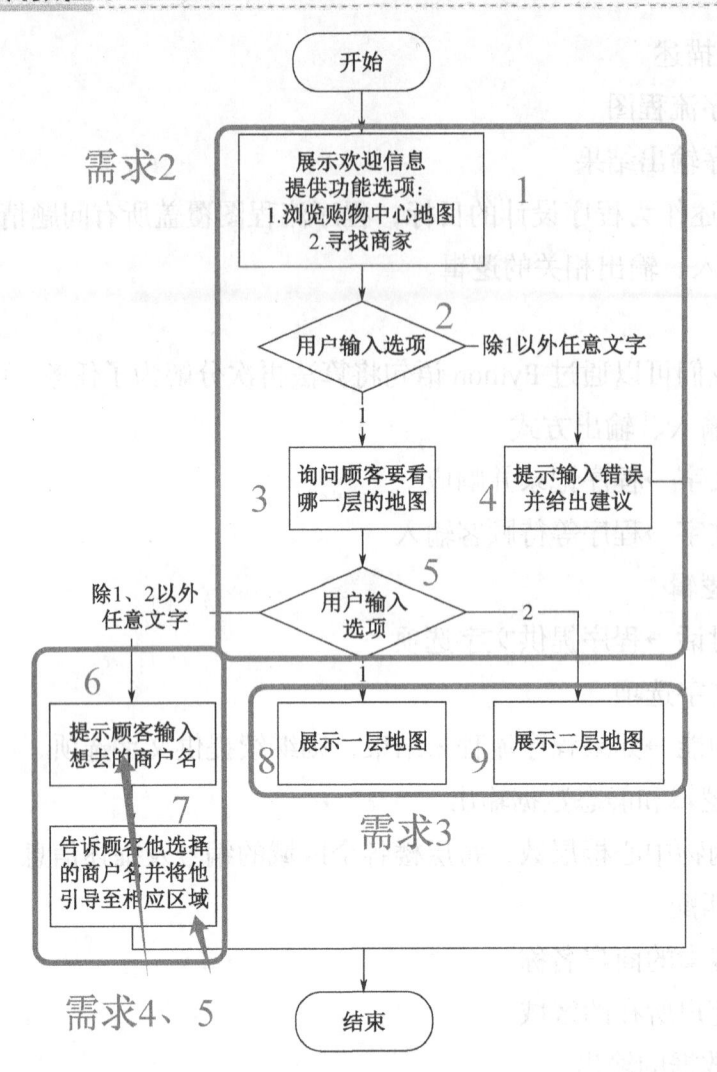

图 5-37　程序流程结点

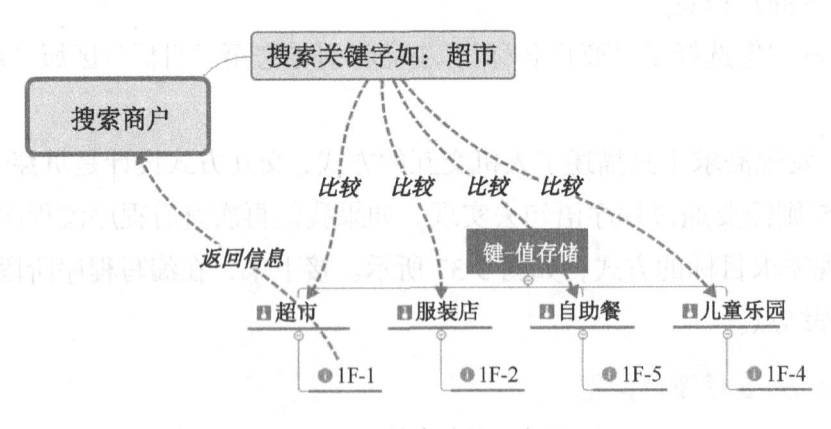

图 5-38　搜索功能示意图

我们发现，程序可以帮助我们对每个记录进行查询，并在找到相应的记录时，会找到相应的信息，即商户所在的区域。随着商户数量规模的增大，程序所带来的效率提升会越来越明显。

下面我们将学习程序的循环控制结构，通过循环控制与枚举算法的结合，可以形成可执行的程序代码，帮助我们理解搜索算法。

5.2.3 实现逻辑控制

计算机程序可以根据语句逻辑关系控制其执行的顺序。程序语句的顺序结构一共有 3 种类型：顺序结构、选择结构与循环结构。通过这 3 种顺序结构，程序可以完成所有的算法逻辑，是不是很神奇。就让我们来了解 Python 语言中是如何实现这 3 种循序结构的吧。

1. 数据类型

在计算机程序中，数据和控制是不可分割的两个要素，我们通过程序去控制数据的操作顺序，又利用数据来控制程序的执行顺序。通过算法分析，我们梳理了引导程序所处理的信息，然而，在设计程序控制结构的时候，还需要考虑数据在计算机内部的组织方式，也就是 Python 的数据类型。

✓项目推进

现在让我们根据程序流程图梳理一下所需要处理的信息，将它们进行分类并排列出来，找到对应的数据类型填入表 5-8 中。

表 5-8 数据分类表

节点序号	信息	数据类型
1	欢迎信息："您好，我叫小亮，欢迎来到购物中心！" 选项信息：1.浏览购物中心地图\ 2.寻找商家	字符串 字符（1 或者 2）
2	用户输入的选项：1 或者 2	字符
3	询问："购物中心一共有二层，您想先看哪一层？"	字符串
4	提示错误："对不起我没有明白，请选择 1 或 2"	字符串
5	输入选择楼层的选项：1 或者 2	字符
6	提示用户输入："请告诉我商家的名称" 获取用户的搜索关键字	字符串 字符串
7	输出的文字："您选择了'商户名称'，小亮将引导您至'目标'区域'商户名称'，请跟我来！" 其中， 商户名称：包括"超市""服装店""自助餐""儿童乐园" 目标区域：1F-1、1F-2…	字符串 字符串 字符串
8	"展示一层地图"	字符串
9	"展示二层地图"	字符串

接下来的问题是：我们应该使用哪种数据类型来存储这些数据呢？我们可以从数据表中看出来：

➢ 根据数据的表现形式，使用相应的数据类型。例如，文字适合使用字符串或者字符串组成的复杂数据类型，不需要计算的数字可以使用字符（只有一个元素的字符串），图片作为一种特殊的文件，需要使用对象作为容器来存储和操作（不在本书讲解）。

➢ 根据数据之间的关联决定使用哪种数据类型，例如，"商户名称"与"购物区域"

属于"键-值"关系，需要使用字典类型来存储。较复杂的关系需要使用嵌套关系的数据类型。字典类型在程序中已被使用，具体的实现细节可以参考后面的扩展内容。

➢ 根据在程序运行过程中是否需要改变值，决定是否使用变量存储数据。

为了使程序运行起来，需要设置关于购物中心的数据，如图5-39所示。

在接下来的控制语句中，我们还需要添加一些临时变量，用于判断语句的控制条件。

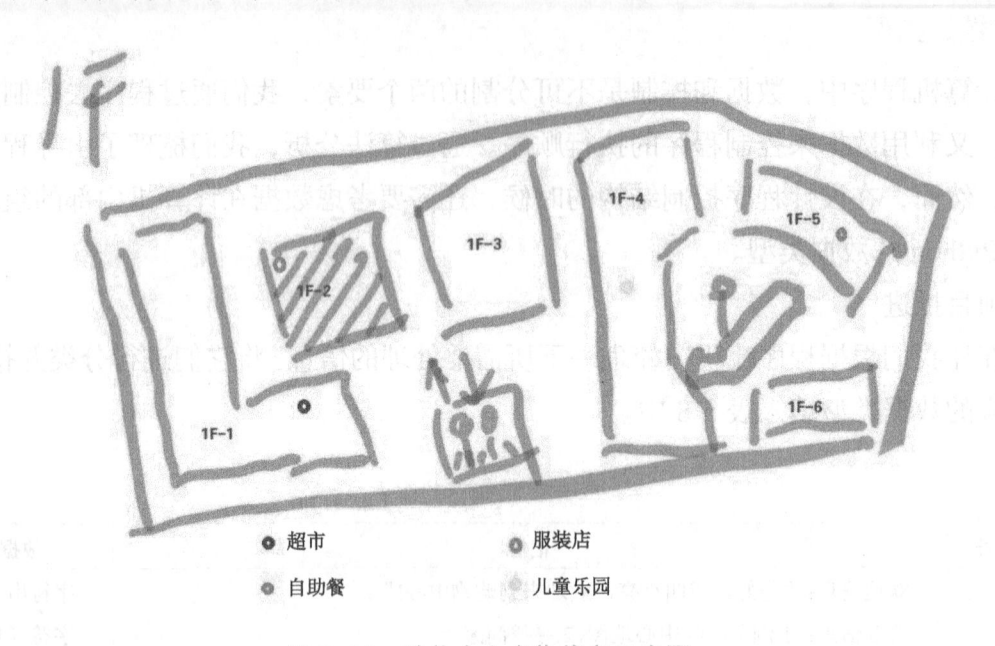

图5-39 购物中心点位信息示意图

2. 选择结构

选择结构是指程序运行时根据特定的条件选择某个分支来执行。根据分支的多少，选择结构可以分为单分支选择结构、双分支选择结构和多分支选择结构。根据实际需要，还可以在一个选择结构中嵌入另一个选择结构。

※实例讲解：

（1）单分支选择结构

在单分支选择结构中，只有当判断条件为真时，才执行指定程序。在Python中，单分支选择结构可以用if语句来实现，其语法格式如下：

```
if 判断条件：
    满足条件执行内容1
    满足条件执行内容2
    满足条件执行内容n…
```

判断条件：该表达式的结果只能为真或者假，在该表达式后面必须加上半角冒号。

执行内容可以是单个语句，也可以是多个语句。执行内容必须向右缩进，如果执行多个语句，则这些语句必须具有相同的缩进量。

（2）双分支选择结构

在双分支选择结构中，当满足条件时，执行一组程序，当不满足条件时，执行另外一组程序。在 Python 中，双分支选择结构可以用 if-else 语句来实现，其语法格式如下：

```
if 判断条件：
    满足条件执行内容1
满足条件执行内容2
满足条件执行内容n..
else：
    不满足条件执行内容1
    不满足条件执行内容2
    不满足条件执行内容n…
```

（3）多分支选择结构

当需要判断的情况大于两个的时候，需要使用多分支选择结构。在 Python 中，多分支选择结构可以用 if-elif-else 语句来实现，其语法格式如下：

```
if 判断条件1：
    满足条件1执行内容
    …
elif 判断条件2：
    满足条件2执行内容

    …
…
[else：
不满足上述所有条件执行的内容]
```

if-elif 语句执行的流程如下：

① 当判断条件1为真时，执行满足条件1的内容，然后整个 if 语句结束。

② 当判断条件1为假时，判断条件2是否为真。若为真，则执行满足条件2的内容，然后整个 if 语句结束。若为假，则判断条件3是否为真，若为真，则执行满足条件3的内容，整个 if 语句结束，若为假，依此类推，直到判断语句结束。

（4）选择结构嵌套

如果有多个条件并且条件之间存在递进关系，则可以在一个选择结构中嵌入另一个选择结构，由此形成选择结构的嵌套。在内层的选择结构中还可以继续嵌入选择结构，嵌套的深度是没有限制的。

✓项目推进

引导程序使用了多分支选择结构，并结合嵌套结构，如图 5-40 所示。

代码第 8～第 23 行为选择结构，分析如

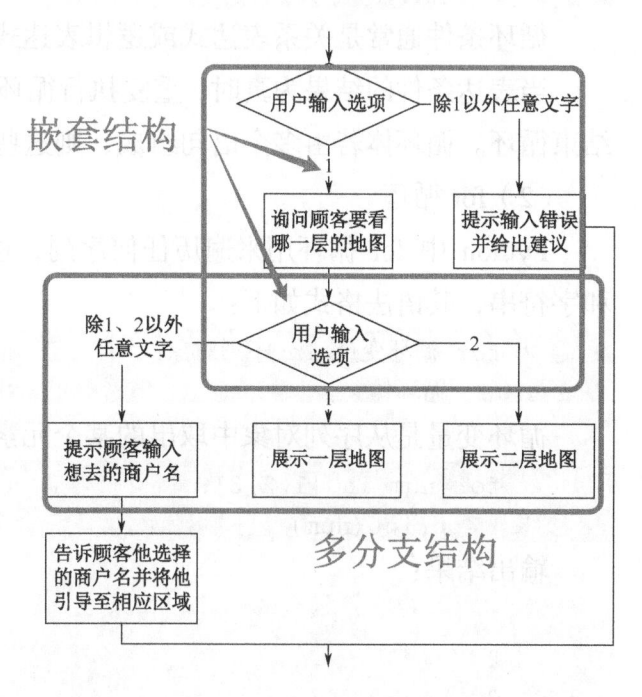

图 5-40 流程图逻辑结构分析

图 5-41 所示。

```
 8:   if xuanxiang=='1':                          外层结构
 9:       xuanxiang=input("好客多购物中心一共有二层,您想先看哪一层?选项(1/2)")
10:       if xuanxiang=='1':                      内层多分支结构
11:           print("展示一层地图")
12:       elif xuanxiang=='2':
13:           print("展示二层地图")
14:       else:
15:           print("对不起我没有明白,请选择1或2")
16:  #用户选择搜索功能
17:  else:
18:      shangjia=input("请告诉我商家的名称")
19:      area=search(shangjia)
20:      if area!='':                             内层单分支结构
21:          print("您选择了(%s),小亮将引您至(%s)(%s),请跟我来!"%(shangjia,area,shangjia))
22:      else:
23:          print("抱歉没有找到(%s)的位置"%(shangjia))
```

图 5-41 选择结构代码分析

3. 循环结构

循环结构是控制某些语句重复执行的程序结构,它由循环体和循环条件两部分组成,循环体是重复执行的语句,循环条件则控制循环是否执行下去。循环结构的特点是在一定条件下重复执行某些语句,直至重复一定次数或者循环条件不再成立。Python 提供了两种循环语句,分别是 while 循环和 for 循环,此外,还可以在一个循环结构中使用另一个循环结构,从而形成循环结构的嵌套。

※实例讲解:

(1) while 循环

while 循环是在满足条件时,重复执行循环体内容,其语法格式如下:

```
while循环条件:
    循环体
```

循环条件通常是关系表达式或逻辑表达式,也可以是结果仅为真或者假的任何表达式。当表达条件的结果为真时,重复执行循环体中的所有语句;当表达条件的结果为假时,结束循环。循环体若由多个语句组成,则这些语句遵循缩进原则。

(2) for 循环

Python 中 for 循环用来遍历任何序列,检查每个序列对象直至结束。例如,针对列表和字符串,其语法格式如下:

```
for 循环变量 in 序列对象:
    循环体
```

循环变量是从序列对象中取出的某个元素。利用 for 循环遍历列表,参考代码如下:

```
for num in [1,2,3]:
    print(num)
```

输出结果:

```
1
2
3
```

（3）循环结构的嵌套

一个循环结构中可以嵌入另一个循环结构，由此形成嵌套的循环结构。示例代码如下：

```
while 循环条件1:
    满足条件1执行内容1
    满足条件1执行内容2
    …
    while 循环条件2:
        满足条件1且满足条件2执行内容1
        满足条件1且满足条件2执行内容2
        …
```

其执行顺序如下：

（1）当满足循环条件1时，执行满足条件1时的所有语句。

（2）当满足循环条件1且满足循环条件2时，执行内部while的所有语句。

（3）当不满足循环条件2时，外部while循环的内容结束，整个循环结束。

✓项目推进

在引导程序中的搜索功能中使用了循环结构，因为我们需要程序重复地对搜索关键字和信息记录进行对比，代码如下：

```
1:    loc={'超市'    :'1F-1',
2:         '服装店'   :'1F-2',
3:         '自助餐'   :'1F-5',
4:         '儿童乐园':'1F-4'}
5:    for v in loc:
6:        if v==name:
7:            return loc[name]
8:    return ''
```

代码第5～第8行是for循环的循环体，可以看到在循环体内嵌套了选择结构语句。它每一次循环执行的动作是：将loc中的每条记录的"键值"存储到循环变量v中，然后检查v是否等于（使用双等号）搜索关键字name，如果找到相等的记录，则将记录中的值返回。关于"返回"操作和函数概念相关的内容，我们后面会讲到。

4. 顺序结构

顺序结构指程序语句的执行顺序按照其编写顺序从上到下依次排列，直至结束。除了条件结构和循环结构的特定语句，其他语句都是按照顺序结构执行的，这也是常见的执行顺序。

我们所学的3种控制结构在一个程序中的关系如图5-42所示。

顺序结构语句只能被执行一次，且顺序是自上

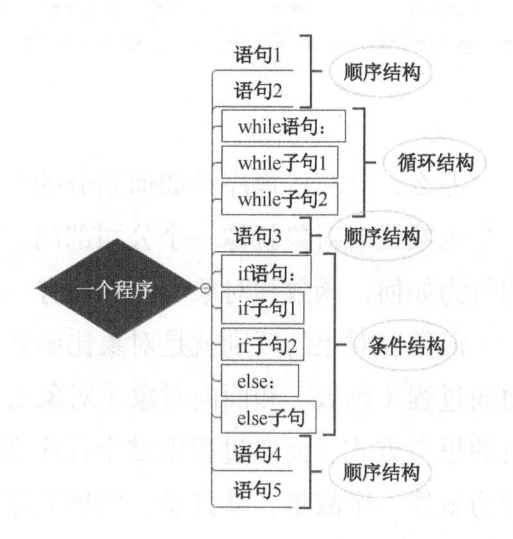

图 5-42　控制结构关系图

而下依次执行的。循环语句可以被执行多次或者不执行，顺序也是自上而下的。条件语句一次不可能全部执行完毕，按照自上而下的顺序，跳跃执行。

5.2.4 完善我们的程序

随着程序设计的不断实践，程序设计语言不断演进，程序设计模式不断进步，程序设计工具不断完善，程序工具库越来越丰富，一切都是为了程序设计能够更快、更容易，设计出来的程序功能更多，质量更高。下面我们了解一下程序设计的几个重要概念：函数、对象、错误处理和程序库。

1. 让我们的程序编写更简单：函数和对象

如果把每个程序语句看作一个人，那么一定规模的程序与企业的组织结构原则都是相同的，本质上就是建立一个可控且高效的指挥系统。千年前的孙子就说过：凡治众如治寡，分数是也；斗众如斗寡，形名是也。指挥系统的核心就是组织结构和号令系统。通过组织结构将规模进行分解，通过号令系统将信息进行传递。

与最初使用机器语言设计简单程序不同，当今的软件规模如果按照代码行数来衡量，那么是相当庞大的，如大家熟悉的 Windows XP 系统总规模约 4000 万行。这样规模的程序是需要由庞大的团队来设计和维护的。计算机程序像一本书，它需要按照章、节、段、句来进行合理的划分。计算机程序需要用严谨的组织架构将规模分解。

在企业运行的时候，每个员工都有其职责和工作任务。对企业成员的管理是通过企业组织架构来进行的，如图 5-43 所示。

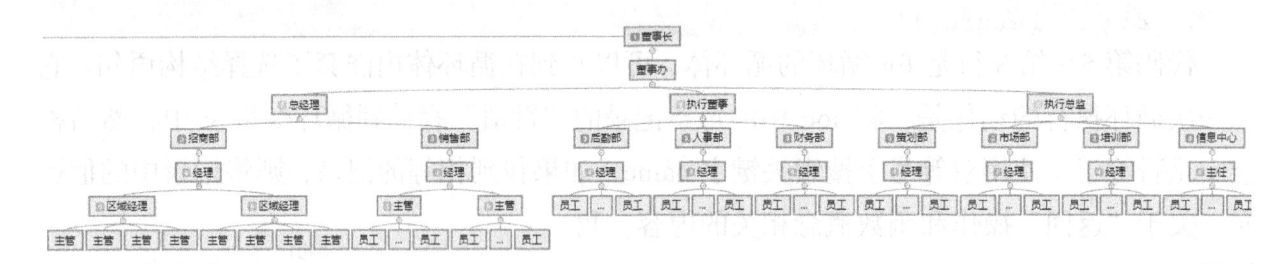

图 5-43　组织结构示意图

那么，计算机程序是如何划分的？基本的方式就是通过函数和对象对语句进行组织。一个函数或者对象就像一个公司部门，是由代码语句组成的代码段，无论成员代码的职责和行为如何，函数和对象本身都拥有一项或者多项功能。

函数和对象的区别就是对象比函数更符合人们的思考方式，它们也代表两种编程模式：面向过程（函数）和面向对象（对象），如图 5-44 所示。编程模式实际上代表程序设计人员的思考方式。面向过程把整个程序看作流水线，把程序语句按照每段工序来划分，它的行为就像一个故事，从开始、发展到结尾；面向对象把整个程序看作一个组织，把程序语句按照一个个事物来划分，它的行为就像一台机器，通过各部件的配合运转来完成工作。

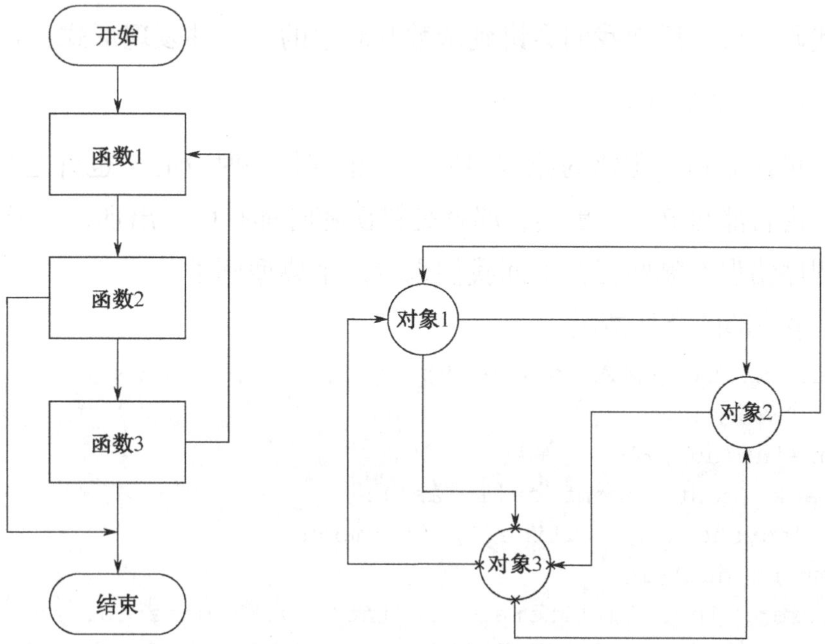

图 5-44 面向过程与面向对象示意图

Python 的设计思想是面向对象的，同时它也支持面向过程编程。

✓项目推进

在程序代码的第 19 行，我们发现通过 search(shangjia)对变量 area 进行了赋值。变量 area 是用于存储购物区域信息的，而变量 shangjia 则是用来存储搜索关键字的。这一行代码神奇地完成了需求 4 所要求的功能：搜索商户。

```
16: #用户选择搜索功能
17: else:
18:     shangjia=input("请告诉我商家的名称")
19:     area=search(shangjia)
```

事实上，我们在函数内"封装"了一部分实现"搜索功能"的代码，函数名称为"search"，search 的定义在代码的源文件中，在讲解循环结构的时候，使用过 search 函数的代码片段：

```
1: def search(name):
2:     loc={'超市'    :'1F-1',
3:          '服装店'   :'1F-2',
4:          '自助餐'   :'1F-5',
5:          '儿童乐园':'1F-4'}
6:     for v in loc:
7:         if v==name:
8:             return loc[name]
9:     return ''
```

封装思想：

在程序设计中，封装思想是函数设计的主要原则：将复杂的代码简单化。它和分治算法思想有密切的关系，其核心都是将复杂的问题进行分解，用体系化的表现形式呈现出来。这就是为什么在引导程序中，可以用一行代码完成整个搜索功能的原因，而对象实际上也是包含函数的代码片段。后面我们会讲到函数和对象的另一种表现形式：程序库。

2. 让我们的程序更稳定：错误处理

每个人都有可能犯错，犯错的原因很复杂，也许是一时分心，也许是受到外界干扰。在日常生活中，我们都知道一个事实，那就是错误随时都有可能出现，对于程序也是如此。那么，常见的程序错误有哪些呢？下面我们来看几个典型例子。

任务1：程序外部的意外情况

```
>>> num=input("请输入一个数字：")
请输入一个数字：s
>>> num=int(num)+1
Traceback (most recent call last):
  File "<pyshell#2>", line 1, in <module>
    num=int(num)+1
ValueError: invalid literal for int() with base 10: 's'
```

程序期望得到一个数字，并且提示了用户，但是用户输入了一个字符 s。当程序进行 int(num)+1 计算的时候，会给出错误提示，程序因此停止运行。

这种意外的错误通常是不可预知的。也许是用户的操作错误，也许是由其他程序如计算机病毒造成的，也许是由物理硬件出问题造成的。

任务2：程序内部的疏漏

```
1:  x=10
2:  y=0
3:  z=0
4:  y=input("请购买一件商品，价格为：")
5:  z=x-int(y)
6:  y=input("请用剩余的钱购买商品，数量不限，单价为：") #得到商品单价
7:  print("共购买了",int(1+z/int(y)),"件商品")
8:  print("剩余",z,"元")
```

> **试一试**
>
> 运行程序后，得到的结果是否正确？剩余的钱数是否正确？

在上面的程序中，最后剩余金额的计算出现逻辑错误，得到预期之外的结果。程序内的逻辑错误是程序设计者难以察觉的错误。在实践中，通过分工协作即可发现此类错误，如由测试人员从第三方的角度对程序进行测试。

在程序中对错误进行处理是必要的，尤其是对质量要求极高的程序，对错误进行处理是不可或缺的，如飞行控制系统。

通常情况下，处理错误的方式是根据具体的条件而定的。如果事先知道可能出现错误，则可以通过增加"检查语句"来处理。对于无法事先了解产生条件的错误，也有较为通用的错误处理机制。

任务 3：处理输入错误

将任务 1 的代码修改为（见红色代码）：

```
>>> num=input("请输入一个数字：")
请输入一个数字：s
>>>if num.isnumeric()==True:
    num=int(num)+1
else:
    print("您的输入错误！")
您的输入错误！
>>>
```

加入 if 语句，检查输入的是否为数字，如果是数字则继续执行，如果不是数字，则提示"您的输入错误！"。

任务 4：使用 try/except/else

在 Python 中，可以使用 try/except/else 处理错误。尝试在任务 1 的例子中加入 try/except/else 并运行，查看结果。具体代码如下：

```
1:  try:
2:      num=input("请输入一个数字：")
3:      num=int(num)
4:  except:
5:      print("出问题了。")
6:  else:
7:      num=num+1
8:      print("成功了！")
```

在 try 语句中执行可能出错的语句，在 except 语句中执行出错后的处理语句，在 else 语句后面执行未出现任何错误的情况下的正常处理语句。

3. 让我们的程序更强大：程序库

与早期不同，现在的计算机程序庞大而复杂，需要程序设计人员之间的协作，而他们编写并共享的成果就是程序库。程序库是提高程序设计效率的必然选择。程序库本质上就是一套程序文件，其内容是由不同程序开发人员编写且可以直接使用的程序。

> **基础知识：程序库**
>
> 程序库（Library）是一个可供使用的各种标准程序、子程序、文件以及它们的目录等信息的有序集合。物理上它就是一个包含程序和相关信息的文件集合，同时，这些程序和相关信息的编写都会遵循一种规范化的规则。

开源软件就是一个典型的例子。开源软件许可协议使程序开发人员之间的软件共享成为可能，并且诞生了很多知名的软件。其中包括 Linux 操作系统、Apache 应用服务器、Firefox 浏览器等。它使得程序开发人员可以更自由地贡献自己的软件，同时从他人那里吸取经验。开源软件许可协议有很多种，在使用开源软件前仍然需要了解其遵循的协议的具体内容。

> **小知识：GNU General Public Licence（GPL）开源协议**
>
> GPL 是开源界常用的许可模式。它在保护开发者权利的前提下，为使用者提供足够的复制、分发、修改的权利，充分体现了开放、共享的理念。

✓ 项目推进

程序开发人员就是通过程序库的共享和交流极大地促进了程序设计的发展。引导程序使用的是命令行界面，如果想使用图形界面，则需要引入外部的程序库，引入语法如下：

```
from tkinter import *
```

Python 没有标准的图形界面程序库，而"tkinter"则是 Python 的标准程序库。我们在安装完 Python 解释器时，已经将 tkinter 库安装到系统中，因此，我们引用的方式就相当直接了。"from"保留字说明 tkinter 是一个程序库，"import"后面的"*"符号在计算机领域叫作通配符，其意义就像扑克牌中的大王，可以替代任何一张牌。更强大的是，"*"不仅可以替代任意一个字符，也可以替代任意数量的字符和任意的组合。这里的"import *"的意思就是我们将全部的 tkinter 库取到程序中准备使用（实际上很难用到所有的库程序，只是为了方便书写）。

既然我们获取了全部的 tkinter 库，不妨使用它的一个"库能力"来创造出一个图形界面元素吧。步骤如下：

（1）创建一个文件"创建勾选框.py"。

（2）输入以下代码：

```
1:  from tkinter import *
2:
3:  panel = Tk()
4:  C1 = Checkbutton(panel, text = "是",activebackground="blue")
5:  C2 = Checkbutton(panel, text = "否",activeforeground="red")
6:  C1.pack()
7:  C2.pack()
8:  panel.mainloop()
```

第 3 行建立了一个窗口容器，在上面容纳 2 个勾选框。我们可以把它理解成一个面板，就叫它 panel。Tk()代表等号前面的是一个窗口容器。

第 4 和第 5 行是分别创建 2 个勾选框的语句。可以看到给它们分别起名为：C1、C2。Checkbutton(panel,text="是", activebackground="blue")代表 C1 是一个勾选框（checkbutton），框后面的文字是"是"，当单击 C1 的时候，它的背景显示为蓝色。C2 与 C1 不同的是，它的 activeforeground="red"代表单击 C2 的时候，它的字显示为红色。

第 6 和第 7 行是在 2 个勾选框中选中了一种默认布局方式的语句。

最后一行代表 panel 和其上的 2 个勾选框将不断循环展示，也就是说，窗口不会消失，除非触发了终止条件，如单击了 × 按钮。

（3）运行程序，得到的结果如图 5-45 所示。

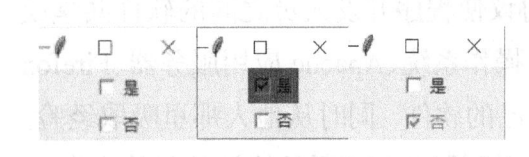

图 5-45 图形界面实现效果

> 试一试
>
> 不妨尝试一下修改 Checkbutton(panel,text="否",activebackground="blue")中的内容，运行程序后看一看效果吧。

到现在为止我们已全程了解机器人引导程序设计过程。至此，你对程序设计已有初步的了解，如果想继续深入学习，不断地实践是必不可少的。不过不用担心，记得程序设计的基本思想吗？将程序设计学习这一问题"复杂问题简单化"，化繁为简，逐个击破。

学习检验

小明向石工汇报完一周的工作情况后，石工微笑着问小明："听张工说，你请教了他不少技术问题，不知道学习得怎么样了？"

"张工帮了我很多忙，通过他给我的程序源代码和学习资料，我对程序设计已有一些了解。"小明回答道。

"那我要考考你了。"说着，石工拿出一张表。

该表为本任务的完成情况评价表（见表5-9），请你根据实际情况来填写。

表5-9 完成情况评价表

任务要求	很好	好	不够好
能完成一种 Python 开发环境的搭建			
能通过交互式解释器运行程序和建立.py程序脚本文件			
能说出几个 Python 基本数据类型和语法规则			
能使用输入、输出语句来实现与程序的对话交互			
能运行脚本文件并通过注释和程序的外部表现理解程序			
能说出使用分治法和穷举法解决实际问题的思路并举例说明			
能说出3种程序控制结构的区别和使用场景			
能从生活中找到信息并转换成计算机能够处理的数据类型			
能用自己的话定义函数和对象并说出它们的区别			
能举出程序运行时可能出现的错误并给出处理办法			
能说出程序库的作用和意义			

学习小结

石工看着测试结果点了点头，说："嗯，学习得很扎实，看来你很努力。"

"谢谢石工的鼓励！"小明高兴地说。

"但是，我更想知道你自己对于程序设计的理解。"

"我自己写了一些心得，请您指导。"小明拿出学习笔记。

"好啊，快拿来给我看看。"石工高兴地说。

表5-10是小明设计的学习总结表，请你根据自己的实际情况来填写。

表 5-10　学习总结表

主要学习内容	学习方法	学习心得	待解决的问题

整体总结：

"相当不错，你很有潜质。坚持学习，假以时日你完全可以参与到我们的开发工作中。希望你能够扎扎实实从基础做起。"石工伸出手来。

小明愣了一下，紧接着明白过来，紧紧地握住石工的手，说："我一定会努力的！"

拓展学习

在生产和生活中，每天都会产生大量的数据，随着信息技术的发展，人们处理数据的能力大大地增强了。随着信息爆炸和人们越来越丰富的数字化生活的需要，"大数据"这个概念就应运而生了。随着大数据处理在网上购物、信息搜索等领域的应用，越来越多的企业意识到数据分析能给企业带来巨大的价值。

但是，除了信息化程度较高的高科技企业和大型企业，很多传统行业的中小规模企业难以参与到大数据这个热门领域中。同时，由于知识、技术的限制，很多企业在进行业务数据的处理和分析的过程中，采用更多的是传统的人工分析和处理的方式。在处理大量数据时效率很难提高。

通过搜索引擎的关键词搜索指数，如图 5-46 所示，我们发现 Python 语言的热度在近十年间是持续上升的。尤其是近几年，学习 Python 语言的广告随处可见，它最主要的应用领域就是数据处理和分析。其中一个技术就是采用 Python 对 Excel 表单中的数据进行自动化处理和分析。

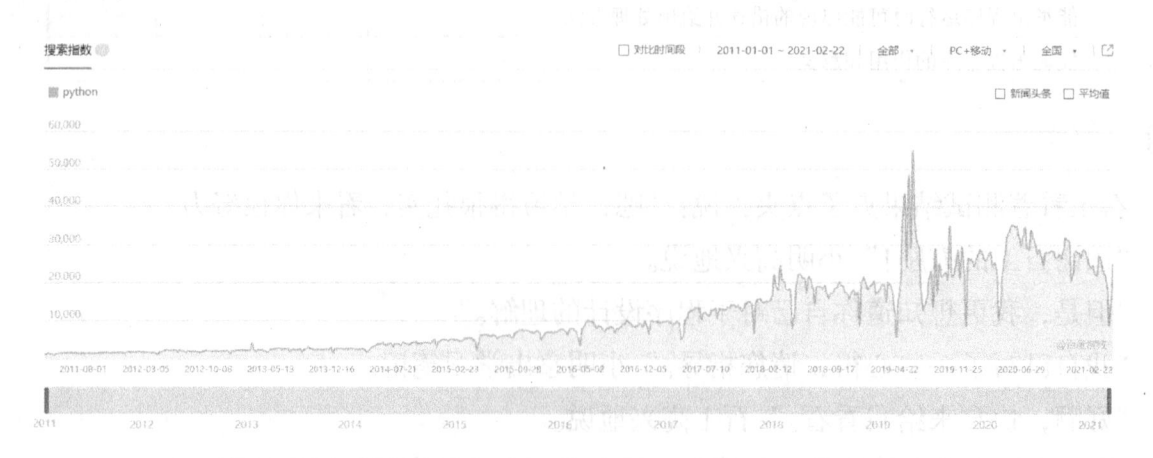

图 5-46　Python 关键词的搜索指数

现在有很多Python数据处理程序库。请尝试安装pandas第三方程序库并使用其对Excel表格中的数据进行操作，体验使用程序进行数据处理和分析的方法。

学习检测

1. 判断题：搭建开发环境可以不对操作系统进行配置。（　　）
2. 下列哪项属于完整的程序语句？（　　）
    A．#程序开始　　　　B．x=10　　　　C．print　　　　D．x>y
3. 下列哪个词不属于保留字符？（　　）
    A．print　　　　　　B．if　　　　　　C．for　　　　　　D．False
4. 关于算法，下列说法正确的是（　　）。
    A．算法是程序设计所特有的
    B．枚举法与分治法不能结合使用
    C．计算机算法需要由明确的指令组成
    D．采用尝试所有可能性的方式猜测密码不是算法
5. 关于控制结构，下列说法不正确的是（　　）。
    A．顺序结构是基本的控制结构
    B．循环结构和条件结构可以嵌套
    C．循环结构可以用来遍历序列
    D．条件结构不能实现多分支选择
6. 下列关于函数和对象的说法错误的是（　　）。
    A．必须使用函数或对象设计程序
    B．函数可以用来让程序更容易阅读
    C．面向对象和面向过程模式可以同时使用
    D．使用函数时我们可以不关心函数内的语句内容
7. 判断题：使用开源软件可以不考虑知识产权问题。（　　）

学习单元 6

数字媒体技术应用

▶ 主题项目　制作宣传短视频

📋 项目说明

以数字技术为代表的新媒体诞生以后，媒介传播的形态就发生了翻天覆地的变化，如地铁阅读、写字楼大屏幕等，都是将传统媒体的传播内容移植到了全新的传播空间。

随着抖音、快手等短视频App的火爆，短视频的全球流行已经成为互联网文化的一种新的形态。短视频作为现在应用非常广泛的一种新媒体形式，它与人们的生活息息相关，也为人们未来的工作、学习、社交、生活的变革提供了更多的可能性。

短视频不仅能够承载更多内容、传递更多信息，还有促进消费、宣传推广的作用。因此很多企业都会选择制作专属的宣传视频短片，来宣传企业，介绍企业产品。

希望你通过本项目的学习，能感受数字媒体技术在生活中的应用。

🔍 项目情境

作为小新科技公司的客户，某餐饮管理有限公司希望小新科技公司能帮助他们开展媒体宣传推广业务，实现拓展客户群体的愿景。那么小新科技公司该采用什么解决方案呢？

下面我们将和小明一起，利用数字媒体技术帮助企业以低成本方式开展公司的宣传和推广。

任务 6.1 规划宣传短视频作品

任务情境

周一一早，按公司惯例，各部门都召开例会。

"某餐饮管理有限公司计划开拓新的业务，需要先进行宣传推广。客户认为，采用传统的活动式宣传推广，投入大、受众面窄，效果未必理想。下面，大家针对客户提出的需求，发表一下各自的看法。"市场部经理张阳提出议题。

话音刚落，大家就开始你一言我一语的讨论。小明在一旁默默地听着，但脑子可没闲着，同事们的讨论给了他一些启发。

小明举手发言："我在想，是不是能以当下火热的新媒体、自媒体营销为抓手，以宣传短视频的营销手段来提升品牌认知度，吸引更多的潜在客户，为新业务的开展铺平道路。"

张经理想了一会儿，说："这个想法方向没问题。我们没承接过短视频宣传业务，可以通过这个项目为公司业务开拓新领域。可以说，这是一个双赢的项目。"

张经理问小明："这个项目交给你来完成，怎么样？"小明想了一下，说道："可我没有接触过短视频的制作，平时也就是拿手机随便拍着玩儿。"张经理笑了笑，说："你没问题的，我来和你一起规划。"

学习目标

1. 知识目标

能说出数字媒体作品的分类及短视频作品制作的基本流程。

2. 能力目标

具备简单数字媒体作品规划的能力。

3. 素养目标

具备工作的条理性。

活动要求

借助学习资料开展自主学习，完成对简单数字媒体作品的规划。

任务分析

宣传短视频的规划从哪里开始呢？

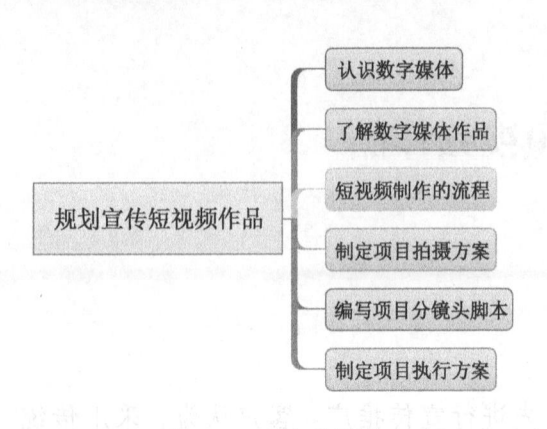

小明在张经理的指导下，通过思维导图对任务进行分析，如图6-1所示。

厘清了工作思路，小明按思维导图整理好资料，开始进行学习。

任务实施

6.1.1 认识数字媒体

提到数字媒体作品，首先让我们先来了解一下什么是数字媒体。

数字媒体，简单来说，就是指以二进制数的形式记录、处理、传播、获取过程的信息载体。这里的"信息载体"通常指的是数字化的文字、图形、图像、声音、视频影像和动画等。

以数字媒体、网络技术与文化产业相融合而产生的数字媒体产业，正在世界各地高速成长。我国拥有全球最大的网络用户群，也是世界上最大的数字媒体市场。

6.1.2 了解数字媒体作品

1. 概念

在了解什么是数字媒体后，我们可以这样来看待数字媒体作品，概括来说，数字媒体作品就是指基于数字媒体技术，将图像、文字、音视频等数字媒体形式，通过数字化处理（采集、存取、加工合成），并应用于多领域的信息载体。

2. 分类

按照呈现的形式，我们可以将数字媒体作品划分为三大类，如图6-2所示。

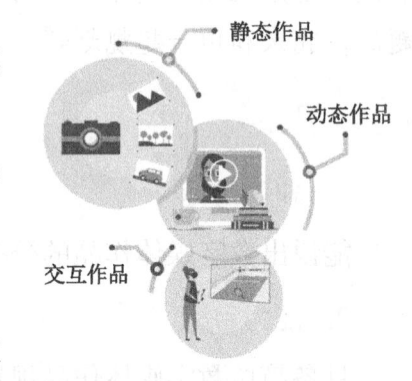

图6-2 数字媒体作品的分类

三大类的典型作品见表6-1。

表6-1 数字媒体的典型作品

分类	典型作品
静态作品	海报设计、数码照片、包装设计
动态作品	动画、影视、微电影、广告短视频
交互作品	游戏、软件、VR/AR交互产品、App交互产品、H5

其中，广告短视频是伴随网络视频的发展而兴起的一种广告形式。它的表现手法与传统的电视广告类似，都是在正常的视频节目中插入广告片段。但随着视频平台、自媒体平台的兴起，抖音、快手、B站、今日头条、微信视频号、新浪视频等转变为专门播放短视

频，种种短视频用于插播作为主体内容附属物的格局早已被颠覆。

3. 短视频

短视频是一种互联网内容传播方式，是可在各种新媒体平台上播放的、适合在移动状态和短时休闲状态下观看的、高频推送的视频内容，时长为几秒或几分钟。短视频的内容包括技能分享、幽默搞怪、时尚潮流、社会热点、事件传播、街头采访、公益教育、广告创意、商业定制等主题。由于短视频内容较紧凑，可以单独成片，也可以做成系列栏目。

企业宣传短视频是短视频中的一种常见类型。

4. 企业宣传短视频

对于一个企业，品牌形象的树立，除了商业价值，社会价值的体现也至关重要，企业宣传片则承载了这一功能。它是一种集文字、图形图像、声音、动画于一体，融合企业形象、实力、业务内容、产品展示、企业文化、经营理念、未来展望等元素，以直观的方式展示企业形象的视觉表现手法。企业宣传片的特点是全方位、大篇幅。

企业宣传短视频是短视频和企业宣传片的嫁接的产物。鉴于企业宣传片"大而全"的特点，我们可以将其中众多的诉求点拆解，利用短视频在内容形式上的多样化、融合性、趣味性等特征，将既可独立成章又可归入系列栏目的短视频集合体，进行网络投放，以达到"低能高效"的企业宣传目的。

6.1.3 短视频制作的流程

短视频的制作一般可以按照下面的流程来进行，如图 6-3 所示。

企业宣传短视频同样可以遵循这个制作流程。

1. 项目策划

拍摄方案是项目策划具体呈现的一个载体，而拍摄方案的制定则首先需要前期调研。

图 6-3 短视频制作的流程

（1）前期调研

制作企业宣传短视频之前的前期调研，是指和企业相关负责人沟通，了解企业的相关信息，如制作宣传短视频的诉求点、应用场合、目标受众等。

（2）制定拍摄方案

根据企业前期调研的结果，创作团队策划针对企业宣传短视频的应用场合、目标受众等，定制专属企业的宣传短视频创意拍摄的解决方案，并形成分镜头脚本。

2. 影音采集

根据分镜头脚本进行影音素材的采集。

3. 后期编辑

利用编辑软件将采集的影音素材按分镜头脚本进行剪辑、合成。

4. 发布推广

将定稿的成片发布至实体店、视频网站、新媒体平台。

6.1.4 制定项目拍摄方案

1. 项目拍摄方案制定的要领

（1）框架搭建

项目拍摄方案的框架包括拍摄主题、叙事手法、人物设定、场景的选取等。

（2）主题定位

整个短视频要有一个中心思想和主题的落脚点，明确短视频要表现的故事背后的深意是什么，短视频想反映的是什么主题。

宣传推广的目的不同，拍摄方案所呈现的主题定位就不同。比如用来吸引消费者的产品宣传短视频，就得呈现一种时尚有趣的观感。

（3）唯一性

每个拍摄对象都有自己的特质和亮点，拍摄方案的制定是把这些特质和亮点挖掘并呈现出来。

对于企业宣传短视频拍摄方案，要关注方案所呈现的内容，是否能传达企业所独有的品牌形象、经营理念、企业文化等。

（4）风格类型

不同风格类型的宣传短视频展现的效果是不一样的，一定要结合企业宣传推广的目的来选择合适的风格。

（5）实用性和艺术性

要在有限的成本内，实现价值最大化。

企业宣传短视频，首先承载的是宣传推广的目标，但平铺直叙的广告宣传必定会导致受众量的"折损"。所以，创意的融入，适度的艺术表现，才有可能带来受众的关注。

（6）叙事手法

简单来说，叙事手法可以理解为"讲什么，怎么讲"。

常见的叙事手法有：

①顺叙，就是按照事件发生、发展的时间先后顺序来进行叙述的手法。

②倒叙，就是把事件的结局或某一突出的片段提到前面来写，然后从事件的开头进行叙述的手法。

③插叙，就是在叙述主要事件的过程中，根据表达的需要，暂时中断主线而插入另一些与中心事件有关的内容的叙述手法。

④平叙，就是平行叙述，即叙述在同一时间内不同地点所发生的两件或两件以上的事。通常先叙述一件事，再叙述另一件事，常称为"花开两朵，各表一枝"，因此又叫作分叙。

（7）人物设定

如果在短视频中设置了几个人物，那么要明确每个人所承载主题表现的哪一部分。

比如在企业宣传短视频中，穿着整洁工服的员工面对镜头微笑，画面传达出该企业的凝聚力、员工积极向上的精神，也暗示着企业能提供优质的服务……

（8）场景设置

场景指拍摄地点与环境。场景也承载着对主题的表现。

在企业宣传短视频中，通过整体环境、小环境和环境细节的表现，甚至一个工位上物品的码放，都可以反映企业在管理上的严谨细致。

（9）影调运用

影调是指画面中影像的阶调，是摄影构图的基本要素之一。恰当的影调可以起到烘托画面氛围，调整画面构成，表达作者情感的重要作用。一般来说，情绪的主题与影调应搭配。

（10）声音的运用

在一部短视频中，符合恰当气氛的声音是渲染剧情气氛的重要手段和妙招。

2.《某餐饮管理有限公司宣传短视频——车展活动篇》拍摄方案

（1）前期调研结果

客户：某餐饮管理有限公司。

业务：提供企业活动酒会、茶歇等。

现状：北京地区餐饮行业风生水起，竞争日益激烈。受新冠疫情影响，业务量普遍下滑。

某餐饮管理有限公司以往采用的营销手段是：在原有客户圈中，通过口口相传拓宽客户群；其主要面向中高端企业。近期，因为疫情原因导致公司的业务量明显下降，所以拓宽品牌的受众群，提升目标受众对企业品牌的认知度，进而转化为潜在消费群体是一个明智的选择。

针对这一状况，小新科技公司将为客户提供什么样的宣传短视频呢？

（2）宣传推广总体策略

通过事件传播（高端活动或热点活动现场的影音展示）、技能分享（简单制作一道美味）、时尚潮流（美食品鉴）等内容，提升观者兴趣，使他们在不知不觉中强化对企业品牌的认知，并不断提升企业在潜在客户中的品牌形象，见表6-2。

表 6-2　宣传推广总体策略

品牌宽度推广阶段	
推广目的	建立品牌知名度
推广策略	强势打造，灌输式
推广方法	事件传播—技能分享—时尚潮流

续表

品牌宽度推广阶段	
推广目标	这个阶段主要是利用社交平台的推广手法，通过宣传来传播品牌，让广大网络受众了解并知晓品牌的基本内涵：产品、企业文化等，属于和潜在消费者（目标受众）的初级沟通
推广途径	网络媒体的传播方式 优点：传播速度快，信息更新快，信息传递准确且表现力丰富，形式多样，互动性强，成本低，可存储

（3）宣传短视频策略

通过与客户管理层的沟通，确定本次采用品牌宣传推广的策略，而非单一产品的推广，见表6-3。

表6-3 宣传短视频策略

事件传播	2020年北京国际汽车展览会
事件背景	北京国际汽车展览会（Auto China），即"北京国际车展"，自1990年创办以来，每逢双年在北京举行，至今已连续举办15届，成为当今具有广泛国际影响力的汽车大展，是国际汽车界具有品牌价值的、全球著名的汽车展示、发布及贸易平台之一，是中外汽车界在中国举办的重要展事
事件规模	北京国际车展从最初的17个国家和地区、不到400家展商、仅10万观众的普通专业展会，发展到现今20个国家和地区、2000余家展商、超过82万观众的国际品牌汽车专业展会
事件特色	1. 北京国际汽车展强调展会的服务、普及汽车知识及文化传播的功能。除了展示功能，车展还精心设计了汽车知识竞赛，拆装轮胎大赛，汽车摄影大赛，车展模特大赛，现车竞拍，酷车DIY等融知识性、实用性、趣味性、娱乐性为一体的现场活动。 2. 事件关注度高。 3. 人群流量庞大——潜在客户群。 4. 汽车追捧者——中青年且家庭收入稳定及高收入群体——目标客户群
客户在事件中扮演的角色	国际两大知名汽车生产品牌的餐饮服务供应商，并保持良好的长期合作关系
分析	1. 作为两大国际知名品牌的现场餐饮服务供应商，将接待众多洽谈商家和参观者，优质贴心的服务、精致可口的美食可以建立起受众的好感。 2. 车展持续的热度容易带动对宣传短视频的关注，继续推升企业品牌的认知度
作品风格定位	根据目标受众的年龄结构及收入特点，作品定位于：情怀与品质的生活态度、明快与愉悦的生活享受
作品结构	1. 时长控制在1分钟以内。 2. 视频结构：展会环境（交代事件）—服务人员+餐台（事件关联）—餐食细节（切入正题，引起关注）—陈列的车辆—餐台上整齐码放的餐食（两者的内在关联：对品质的追求，引发观者的共鸣）。 3. 声音结构：配乐（节奏明快、轻松——享受生活）+旁白（成熟男性、略带磁性——成功的象征）+音效（结尾企业名称出现时——强化关注）。 4. 文案：字幕+旁白——使作品的定位形象化

很快，拍摄方案得到了客户的认可。

6.1.5 编写项目分镜头脚本

相信大家通过前面的学习,对如何制定一个项目拍摄方案已经有足够的了解。下面,就让我们和小明一起继续学习怎样编写分镜头脚本吧。

1. 什么是分镜头脚本

分镜头脚本又称摄制工作台本,是将文字转换成立体视听形象的中间媒介,是导演将整个影片或电视片的文学内容分切成一系列可摄制镜头的剧本。

分镜头脚本一般包括镜号、画面内容、镜头、景别、音效/旁白、配乐、时长等,有些分镜头脚本还有画面设计草图(故事版)。

2. 分镜头脚本中的两个术语

(1)景别

景别大致分为大远景、全远景、远景、中远景、中景、中近景、特写、大特写,它们是非常基本的镜头语言概念,如图 6-4 所示。

图 6-4 各景别说明图

（2）镜头

我们在拍摄视频画面时，画面内容除与被摄体的运动状态有关，还受拍摄设备的机位、镜头光轴及镜头焦距的影响，即机位、镜头光轴、镜头焦距这三个因素决定了画面所依附的框架是否产生运动。

①固定镜头：在拍摄一个镜头的过程中，机位、镜头光轴和镜头焦距都固定不变，而被摄对象既可以是静态的也可以是动态的。其核心是画面所依附的框架不动，如图6-5所示。

图6-5 固定镜头示例

②运动镜头：当机位、镜头光轴和镜头焦距三个因素中仅出现一个变化时，称之为运动镜头。此时，画面所依附的框架产生运动。运动镜头一般分为推、拉、摇、移、跟，如图6-6所示。

"推"镜头：镜头焦距变长，被摄主体变大，环境范围变小，即被摄主体的景别变小。

"拉"镜头：镜头焦距变短，被摄主体变小，环境范围变大，即被摄主体的景别变大。

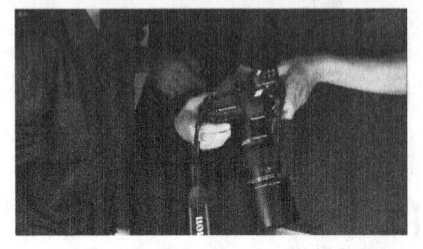

"摇"镜头：镜头光轴上移，画面所依附的框架产生向上运动的视觉感受。
"摇"镜头根据镜头光轴的运动方向，可分为横向的"左摇""右摇"，及纵向的"上摇""下摇"。

图6-6 运动镜头示例

"移"镜头:拍摄设备处于移动状态,即机位改变,而被摄主体位置不变。

拍摄设备相对被摄主体的"前移""后移",也会产生被摄主体景别的变化,这个变化与"推""拉"镜头产生的景别变化,区别在于画面透视关系的不同。

"跟"镜头:拍摄设备跟随被摄主体一起移动,即机位产生变化。

一般情况下的"跟"镜头,被摄主体在画面中的大小变化较小,而环境变化较大。

图 6-6 运动镜头示例(续)

③复合镜头:在对同一个画面拍摄时,当机位、镜头光轴和镜头焦距三个因素中出现两个及以上变化时,称之为复合镜头,如图 6-7 所示。

复合镜头:"摇"镜头(左摇)+"移"镜头(后移)

图 6-7 复合镜头示例

3. 《某餐饮管理有限公司宣传短视频——车展活动篇》分镜头脚本

在学习景别、镜头等相关知识后,小明对分镜头脚本中需要呈现的内容有了更进一步的认识。

经过团队的头脑风暴,小明在张经理的帮助指导下,根据项目拍摄方案完成了分镜头脚本的编写,见表 6-4。

表 6-4 宣传短视频分镜头脚本

撰写人	小明	片名	《某餐饮管理有限公司宣传短视频——车展活动篇》	总时长		39 秒
镜号	画面内容		镜头	景别	音效旁白	配乐	时长
1	车展车辆空镜 （字幕：2020 年北京国际汽车展）		移（左）	全景	无	节奏明快、轻松（结尾处做"淡出"处理）	2 秒
2	展示服务人员精神面貌		移（右）	近景	无		4 秒
3	食品特写 （字幕：美食）		移（左）	特写	旁白：美食 （磁性男声）		2 秒
4	食品特写 （字幕：谱写情怀）		移（后）	特写—近景	旁白：谱写情怀 （磁性男声）		2 秒
5	食品特写 （字幕：谱写情怀）		移（右）	特写	旁白：谱写情怀 （磁性男声）		3 秒
6	车展全景 （字幕：汽车诠释生活）		移（前）	全景	旁白：汽车诠释生活 （磁性男声）		4 秒
7	展示服务人员精神面貌		移（右）	全景	无		2 秒
8	食品全景 （字幕：美食）		移（左）	全景	旁白：美食 （磁性男声）		2 秒
9	高角度拍摄食品 （字幕：美食）		移（前）	中景—近景	旁白：美食 （磁性男声）		2 秒
10	食品特写 （字幕：任你品味五味杂陈）		移（前）	特写—大特写	旁白：任你品味五味杂陈（磁性男声）		2 秒
11	食品全景 （字幕：任你品味五味杂陈）		移（前）	全景—特写	旁白：任你品味五味杂陈（磁性男声）		2 秒
12	车展车辆全景 （字幕：汽车带你走遍大千世界）		摇（右）	全景	旁白：汽车带你走遍大千世界（磁性男声）		3 秒
13	黑场，字幕入： （当美食与汽车结合，便成就优雅与豪放的完美结合）		固定		旁白：当美食与汽车结合，便成就优雅与豪放的完美结合（磁性男声）		7 秒
14	黑场，字幕入： （北京某餐饮管理有限公司）		固定		音效：哗……（快速划过）	无	2 秒

6.1.6 制定项目执行方案

《某餐饮管理有限公司宣传短视频——车展活动篇》分镜头脚本经客户方李总审核并做适度调整后，市场部根据项目内容开始进行拍摄前的准备工作。

"小明，咱们的脚本经过修改，客户已经通过，准备开始推进这个项目。"张经理说道。

闻听此言，小明不禁兴奋地答道："真的吗？太好了！让我去拍摄吧。"

"先别着急呀！这个项目的执行需要一个团队来完成。"张经理说道。

1. 项目执行方案的内容与作用

项目执行方案的内容主要包括执行团队的人员构成、任务分工与岗位职责、拍摄日期/时间/地点、客户方对接人信息、拍摄场地联系人（可以和客户方对接人一致）、拍摄设备清单、各环节推进时间及节点等项。

项目执行拍摄方案的作用是让项目组的每位成员都明确自己的岗位及职责；掌握项目

实施流程及各阶段时间节点，从而使项目的推进清晰明了，责任明确，以利于项目的顺利完成，并在客户心目中树立良好的形象并产生认同感。

2. 项目执行方案的制定

经过一上午的工作，小明在张经理的指导下，完成了执行方案的制定，见表6-5。

表6-5 宣传短视频项目执行方案

《某餐饮管理有限公司宣传短视频——车展活动篇》项目执行方案		
组别	人员	工作内容及职责
导演组	张阳	1. 2020.9.25 与客户沟通摄影组人员进入活动场地相关事宜。 2. 素材审核。 3. 监督摄影组、后期制作组按时间节点推进任务。 4. 作品审核。 5. 与客户及后期制作组对接作品修改意见，直至客户认可
摄影组	小明（负责人） 小龙、柏丞	1. 2020.9.27 至 2020.9.28 利用两天时间熟悉分镜头脚本，以便理解主题，把握拍摄内容。 2. 2020.9.29 按设备清单领取拍摄器材，并检查确认设备操控是否正常。检查无误后，整理装包。 3. 2020.9.30 上午 8:30 到达北京中国国际展览中心新馆西门。 4. 到达场地，小明联系客户方对接人，安排摄影组入场。 5. 根据分镜头脚本，由小龙、柏丞负责素材拍摄。 6. 小明按分镜头脚本记录素材拍摄情况，避免遗漏画面。 7. 完成拍摄后，返回公司，对照分镜头脚本将素材整理归档，并由导演组审核。 8. 如画面有缺失，导演组第一时间与客户沟通，协商 2020.10.1 返场补拍
后期制作组	嘉文（负责人） 小明（剪辑助理）	1. 2020.9.30 与摄影组对接归档后的素材。 2. 2020.10.1 嘉文指导小明完成素材加工与粗剪，并提交导演组审核。 3. 2020.10.2 根据导演组意见，对第一版视频做修改并再次审核，直至通过（嘉文主剪，小明辅助）。 4. 2020.10.3 导演组提交第一版成片供客户审核，并听取客户的修改意见。 5. 根据客户反馈的意见，对第一版成片嘉文主剪，小明辅助。 6. 2020.10.5 提交客户视频终极版的最后时间点
设备清单		
拍摄器材	辅助拍摄器材	拍摄附件
佳能 5DIV 单反相机×1 佳能 EF 24-70mm F2.8 镜头×1 华为 Mate 40 手机×1	智云云鹤 3 相机稳定器×1 大疆 OM3 手机稳定器×1	闪迪 64GB 高速存储卡×2 佳能 LP-E6 电池×2 佳能 LC-E6 电池充电器×1 CF 读卡器×1

学习检验

完成了项目执行方案的制定，工作暂告一个段落。

又到了喝咖啡的时间。

"小明,学得怎么样?有疑问吗?"张经理喝了一口咖啡,问道。

"感谢您提供的学习资料和帮助指导,特别是真正动手撰写分镜头脚本和项目执行方案后,对学习的内容有了更深的理解。"小明认真地回答道。

"好啊,那我要考考你。"张经理微笑着拿出一张表。

该表为本任务的完成情况评价表(见表6-6),请你根据实际情况来填写。

表 6-6 完成情况评价表

任务要求	很好	好	不够好
能描述数字媒体技术的应用			
能说出数字媒体技术的特点			
能说出宣传片视频作品规划的基本流程			
能说出什么是分镜头脚本			
能说出分镜头脚本格式包括哪些内容			

学习小结

"小明,你的潜质不错啊!"张经理看起来很满意。

"谢谢张经理!学习过程中我有很多收获。"

"好啊,和我说一说。"

小明拿出学习总结,"我都记下来了,请您过目。"

表6-7是小明设计的学习总结表,请你根据自己的实际情况来填写。

表 6-7 学习总结表

主要学习内容	学习方法	学习心得	待解决的问题

整体总结:

"太棒啦!我认为你肯定能和项目团队一起完成这个任务。"张经理对小明赞赏有加。

动一动

和小明共同体验分镜头脚本的编写后,大家可以寻找适合的拍摄项目,然后根据实际需求,编写一个拍摄方案和分镜头脚本(见表6-8)。

表6-8 分镜头脚本

撰写人		片名	《		》	总时长	
镜号	画面内容	镜头	景别	音效旁白		配乐	时长

在分镜头脚本审核通过后，你可以像小明一样，开始制定项目执行方案（见表 6-9）。

表 6-9 拍摄方案

《　　　　　　　　　　　　》项目执行方案		
组别	人员	工作内容及职责
设备清单		
拍摄器材	辅助拍摄器材	拍摄附件

任务 6.2 素材采集

任务情境

小明昨天把宣传短片的设计方案发给了张经理。张经理看了以后，说："小明，宣传短片的方案设计得不错，咱们继续下面的工作吧。下一步我们要准备项目的素材采集。"张经理和小明开始商量素材采集的相关事项。

学习目标

1. 知识目标

了解数字图像、音频及视频三类常见数字媒体的相关知识。

2. 能力目标

会利用信息技术和各类拍摄设备获取图像、音频、视频等常见数字媒体素材。会进行同类数字媒体在不同文件格式间的转换。

3. 素养目标

具备运用现代信息技术和设备，按照规范流程完成素材采集的能力。

活动要求

借助学习资料开展自主学习，完成对宣传短视频作品的素材采集工作。

任务分析

小明通过思维导图对任务进行分析，如图 6-8 所示。

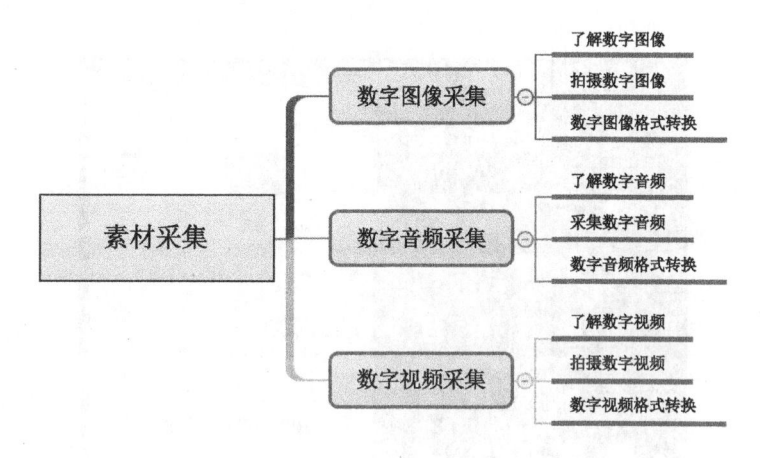

图 6-8 思维导图

任务实施

6.2.1 数字图像采集

1. 了解数字图像

在数字图像处理中，经常会遇到三个概念：像素、显示分辨率和图像分辨率。

（1）像素

我们若把数字图像放大数倍，则会发现这些连续色调其实是由许多色彩相近的小方点组成的，这些小方点就是构成数字图像的最小单元——像素（Pixel），如图 6-9 所示。

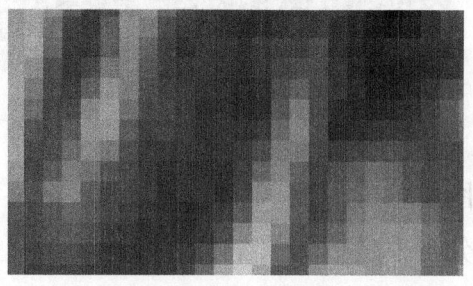

图 6-9 构成数字图像的最小单元——像素

（2）显示分辨率

显示分辨率是指显示屏水平和垂直方向上能够显示的最大像素点个数，它反映了屏幕图像的精细度。假设计算机显示器分辨率为 1024×768 像素，则说明该显示器水平方向最多能显示 1024 个像素点，垂直方向最多能显示 768 个像素点，整个显示屏最多可显示 1024×768=786432 个像素点。

当我们设置计算机屏幕分辨率为不同数值时，屏幕显示效果会存在差异。因为屏幕图像中所有的点、线和面都是由像素组成的，因此在显示分辨率一定的情况下，显示屏越小，图像显示得越精细；当显示屏大小固定时，显示分辨率越高，则图像显示得越精细，如图 6-10 所示。

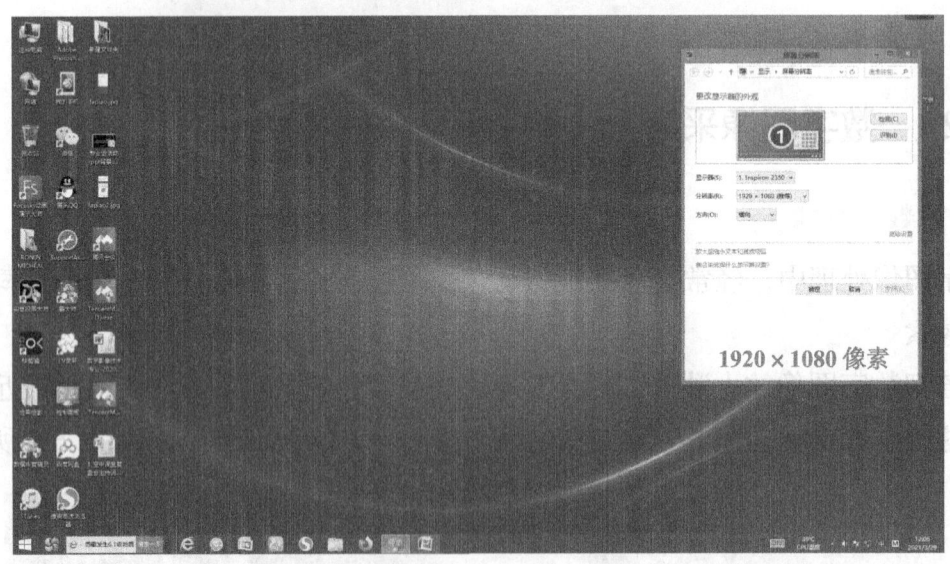

图 6-10　不同显示分辨率下的屏幕显示效果对比

（3）图像分辨率

图像分辨率是指图像在水平和垂直方向上所包含的最大像素点个数。

图像分辨率的单位一般用 ppi 表示，ppi 是 pixels per inch 的缩写，中文含义是像素每英寸，是指图像在一英寸的长度上所包含的像素点个数。

图像分辨率=图像包含的像素点个数/图像尺寸

如果图像包含的像素点个数固定，那么图像分辨率与图像尺寸成反比关系；如果图像尺寸不变，图像分辨率与图像包含的像素点个数成正比关系。

综上所述，图像在显示设备中的显示效果与图像分辨率和显示分辨率有关。我们将同一幅数字图像设置为不同图像分辨率，然后在相同显示分辨率下，做显示效果的对比，如图 6-11 所示。

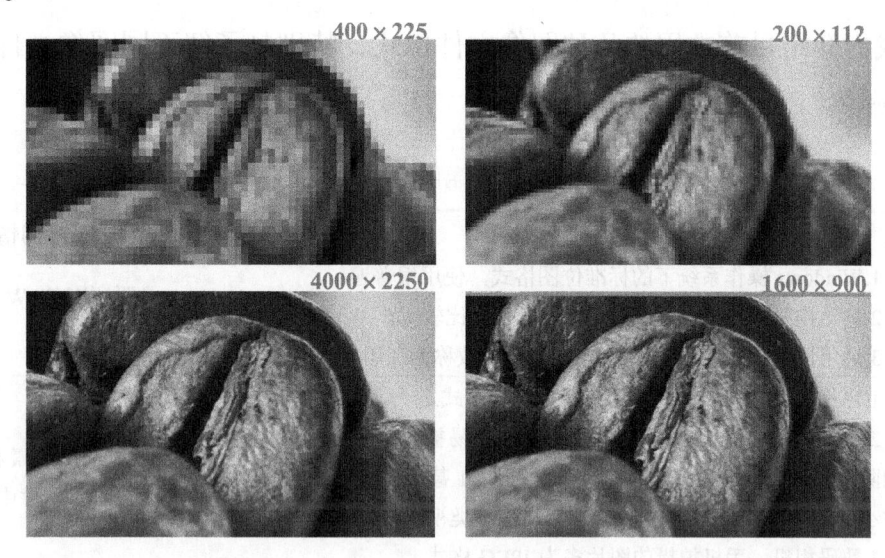

图 6-11　在相同显示分辨率下，图像分辨率对显示效果的影响

除了显示效果的差异，当图像分辨率大于显示分辨率时，屏幕只显示图像的一部分；当图像分辨率小于显示分辨率时，图像只占屏幕的一部分，如图 6-12 所示。

图像分辨率：1280×720 像素，显示分辨率：800×600 像素　　图像分辨率：1280×720 像素，显示分辨率：1366×768 像素

图 6-12　同一幅数字图像在不同显示分辨率下的显示效果对比

除此以外，在实际应用中还有如扫描分辨率、打印分辨率等与输入/输出外设硬件系统相关的分辨率，这些分辨率都会影响获取图像及输出图像的最终效果。

（4）图像大小

图像文件的大小即文件字节数=图像分辨率（高×宽）×图像深度÷8，如一幅 1024×768 的真彩色图片（24 位）所需的存储空间为：1024×768×24÷8=2359296（B）2304KB=2.25MB。

（5）常见的图像文件格式

在生活和工作中，我们会遇到很多图像的格式，每种格式各有特色，我们需要对其了解简单地说，图像格式是指计算机存储图像的方式。不同的文件格式决定着图像不同的展示效果以及运用方式，理想的文件格式可以使图像在不同的设备上都能良好地呈现，最大化地发挥图像的效用。相反，不恰当的文件格式不但无法利用图像极佳的视觉效果，反而可能会在不同设备及制作软件上出现兼容性问题，影响我们的工作进程，甚至降低用户体验的舒适度。

下面，我们介绍目前常用的几种图像文件格式，特别是了解不同图像文件格式的适用情境，见表6-10。

表6-10 常用图像文件格式

文件格式	主要特点	适用情境
BMP	1.Windows 操作系统下的标准位图格式，使用很普遍。 2.其结构简单，未经过压缩，图像文件会比较大。 3.通用性强，能被大多数软件"接受"，故称为通用格式	几乎所有的 Windows 应用软件都支持
JPEG	1.也称为 JPG 格式，是应用广泛的图像格式之一。 2.它采用一种特殊的有损压缩算法，将不易被人眼察觉的图像颜色删除，从而达到较大的压缩比（可达到2∶1甚至40∶1），所以"身材小巧，容颜姣好"，特别受青睐，能被各类视频制作软件"接受"。 3.数码相机、手机拍摄的图片多为 JPEG 格式	可作为图片素材直接导入各类视频制作软件中，编辑使用
GIF	1.分为静态 GIF 和动画 GIF 两种。 2.支持透明背景图像，适用于多种操作系统。 3."体型"很小。 4.网络中的许多小动画都是 GIF 格式的。其实 GIF 是将多幅图像保存为一个图像文件，从而形成动画。所以根到归底，GIF 格式仍然是图像文件格式	可在数字媒体作品中，作为简单动画，增添画面的趣味性和互动性
TIFF	1.也称为 TIF 格式，是一种主要用于存储包括照片和艺术图在内的图像文件格式。 2. TIFF 文件格式采用无损压缩，支持图像透明层，文件较大。 3. 几乎所有绘画、图像编辑和页面排版应用程序均支持 TIFF 格式文件。 4.大部分桌面扫描仪都可以生成 TIFF 图像文件。 5.尼康专业级数码相机可直接拍摄 TIFF 格式的图片文件	主要应用于扫描仪、桌面出版及高精度输出（大尺寸照片打印、冲印及商业广告灯箱等）
PNG	1.PNG 是 GIF 和 JPEG 的结合体。 2.支持图像透明层。网页中有很多图片都是这种格式的。 3.压缩比高于 JPEG，但可以保留与图像有关的所有细节，不降低图像质量，这也是 PNG 最大的特点所在	对图像透明层的支持，使 PNG 格式在数字媒体作品中，被广泛应用于图标（ICONS）、按钮、字幕条背景等的制作

2. 拍摄数字图像

我们除了可以在网上搜索所需的图片素材，还可以利用各种拍摄设备进行数字图像的采集。不同设备拍摄的画面，质量不同。在为企业宣传片拍摄数字图像的过程中，最好使用专业设备，以保证画面的品质。

（1）拍摄器材

能拍照的设备有很多，现在常见的是数码相机和手机。

①数码相机的分类

根据镜头结构，数码相机可以分为可更换镜头数码相机（单反和微单）、不可更换镜头数码相机（卡片机），如图6-13所示。

可更换镜头数码相机		不可更换镜头数码相机
数码单反	数码微单	数码卡片机

图6-13 数码相机的分类

为什么我们说摄影器材很重要，因为器材决定了你的拍摄内容。如果摄影器材不够好，那么很多题材是拍不好的。

数码相机有三大核心元件：镜头、影像传感器和数字影像处理器，如图6-14所示。

镜头	影像传感器（分为CCD和CMOS两种）	数字影像处理器

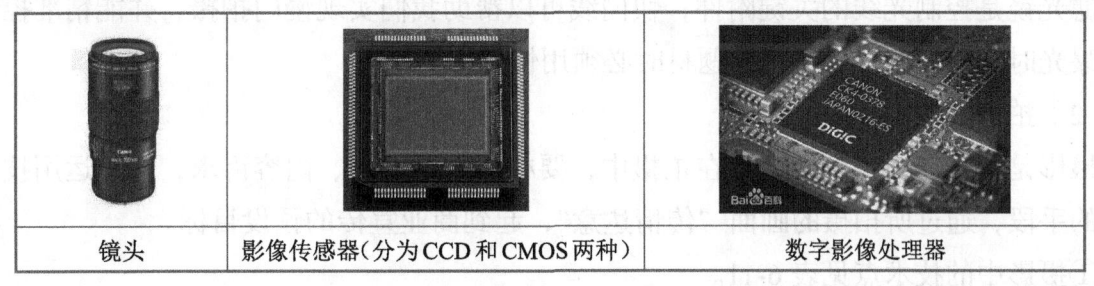

图6-14 数码相机的三大核心元件

我们选择用相机拍摄，是因为相机有比较大的传感器尺寸，而且相机使用大孔径镜头，画面质量和对画面细节的表现都比较好，特别是在低照度环境中拍摄，画面非常干净。

②数码相机光学镜头

一般把数码相机使用的光学镜头分为变焦镜头和定焦镜头两大类。变焦镜头是我们常用的镜头，它的焦距可以根据需要进行调整，适用度高，如图6-15所示。

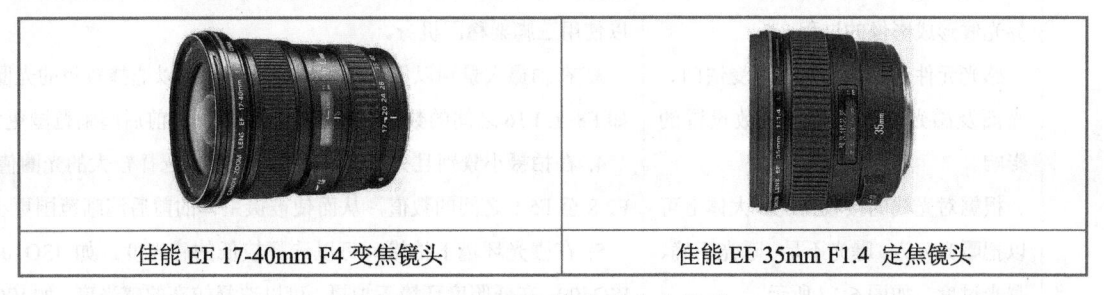

佳能 EF 17-40mm F4 变焦镜头	佳能 EF 35mm F1.4 定焦镜头

图6-15 变焦镜头与定焦镜头

③摄影附件

除了机身和镜头，还需要很多摄影附件，常用的附件包括存储卡、外置闪光灯、三脚架、滤光镜、摄影包、快门线等，如图 6-16 所示。

CF 与 SD 存储卡	外置闪光灯	三脚架
滤光镜	摄影包	快门线

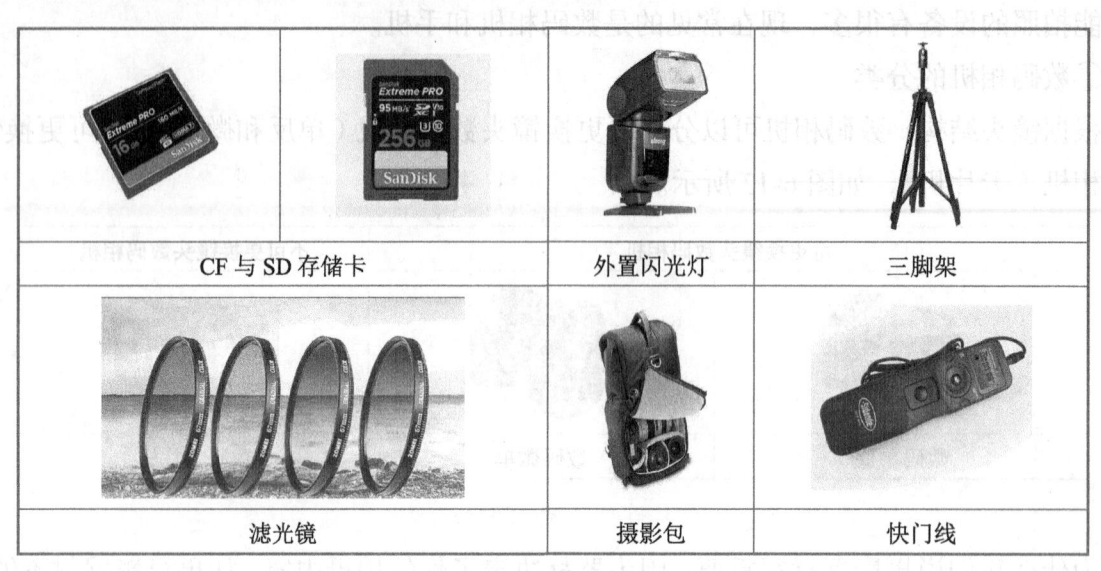

图 6-16　摄影附件

外置闪光灯一般用于拍摄时补光，或者平衡画面明暗关系；三脚架可以提供稳定的支撑；滤光镜是控制光线的关键附件；快门线可以帮助我们实现慢门拍摄，并能精准控制长时间曝光时间，如拍摄"星轨"题材时必须用快门线。

（2）拍摄

摄影是技术与艺术的融合，在拍摄中，要根据主题立意、内容诉求，合理运用技术与艺术的手段，通过所拍摄的画面"传情达意"，起到商业宣传的预设目标。

①摄影中的技术点见表 6-11。

表 6-11　摄影中的技术点

技术点	概念	操作要领
曝光	曝光是指相机的感光元件接收外界光线形成影像的过程。 感光元件对光线的接收量受快门、光圈及感光度三个相机参数设置的影响。 根据对光线的接收情况，大体上可以把曝光分为：曝光不足、曝光正确、曝光过度，如图 6-17 所示	1. 在拍摄快速运动的被摄体时，可以选择较高的快门值，如 1/250 秒，甚至更高的 1/500 秒、1/1000 秒等，以便能清晰地拍摄被摄体。 2. 在拍摄静态被摄体时，可以选择较低的快门值，如 1/100 秒，甚至更低的 1/60 秒、1/30 秒等，此时需要保持相机的稳定，也可以使用三脚架稳固机身。 3. 在拍摄大景别以便表现环境细节时，可以选择较小的光圈值，如 F8 至 F16 之间的数值，从而使被摄主体的前后清晰范围更大。 4. 在拍摄小景别且突出被摄主体时，可以选择较大的光圈值，如 F2.8 至 F5.6 之间的数值，从而使被摄主体的前后清晰范围更小。 5. 在强光环境下拍摄，可以选择较低的感光度，如 ISO100 至 ISO400；在低照度环境下拍摄，可以选择较高的感光度，如 ISO800 至 ISO3200。 6. 低照度环境下，如果感光度调节过高，拍摄出的画面容易出现"噪点"，此时应该使用闪光灯补光

续表

技术点	概念	操作要领
曝光		总结： 1. 正确的曝光是由快门、光圈和感光度三个参数的合理搭配所决定的。 2. 建议初学者在拍摄时，先将感光度设置为"Auto"（自动感光度），再配合使用 AV 挡（光圈优先：自行选择所需光圈值，快门由相机根据感光元件的受光量自行设置）或 TV 挡（快门优先：自行选择所需快门值，光圈由相机根据感光元件的受光量自行设置）或 P 挡（程序挡：用户无须设置快门、光圈值，由相机根据感光元件的受光量自行设置）等自动模式，从而简化操作程序，同时也能拍摄曝光正确的画面
色温与白平衡	色温是照明光学中用于定义光源颜色的一个物理量。其单位用 K（开尔文）表示。 白平衡的初始功能就是将在不同环境色温中的白色物体都还原成真的白色。在拍摄设备中，可以通过对"白平衡"（WB）的设置，来影响拍摄到的画面所呈现的色调	1. 色温 ①低色温（2700K~3500K）：含有较多的红光、橙光。给人以温暖、温馨的美感。如：烛光、日出、日落。 ②中色温（3500K~5000K）：所含的红光、蓝光等光色较均衡。给人以温和、舒适的美感。如：月光、中午阳光。 ③高色温（5000K~7000K）：含有较多的蓝光，给人以明亮、清晰的美感。如：闪光灯、日光灯、蓝天。 2. 白平衡 被摄体色彩还原度是拍摄画面的一个重要指标。 ①白平衡值＞光源色温值，画面偏暖； ②白平衡值＜光源色温值，画面偏冷； ③白平衡值＝光源色温值，画面色彩还原正常，如图 6-18 所示

曝光不足　　　　　　　曝光正确　　　　　　　曝光过度

图 6-17　曙光的三种情况

白平衡值＞光源色温值　　　白平衡值＜光源色温值　　　白平衡值＝光源色温值

图 6-18　白平衡值对画面色调的影响

②摄影艺术性的三个基本表现点见表6-12。

表6-12 摄影艺术性的三个基本表现点

艺术表现点	概念	操作要领
景别	景别是指由于拍摄设备与被摄体之间的距离和所用镜头焦距的长短不同,而造成被摄体在拍摄画面中所呈现范围大小的区别。 景别作为单个画面来讲,仅表达一种视觉形式,而它们一旦排列起来,并和内容相结合,必然会对作品内容和叙事重点的表现与表达产生至关重要的作用,如图6-4所示	1. 通过缩短拍摄设备与被摄主体的距离,或使用中长焦距镜头(85~200mm),可以获得小景别的画面,以突出主体细节。 2. 通过拉长拍摄设备与被摄主体的距离,或使用短焦距镜头(16~35mm),可以获得大景别的画面,以突出主体与环境的关系。 注:使用短焦距镜头贴近被摄主体拍摄时,会造成画面元素的畸变。合理运用这一拍摄手法,可以形成夸张的画面效果
构图	构图是指运用摄影镜头的成像特征和摄影造型手段,根据主题思想的要求,组成一定的画面,使客观对象比现实生活更富有表现力和艺术感染力,更充分、更好地揭示一定的内容	1. 九宫格:就是画面四边各三等分,形成一个"井"字,每条线与绘画中的黄金分割线近似,交汇点也可以视为黄金分割点。当把照片主体放在这些线或点上时,画面容易产生稳定和谐的美感。 当然,九宫格也有一些变体,比如三分法。拍摄自然风景时,水平三分,往往更能凸显和谐平静之美。 2. 对称:中国文化讲究平衡,对于对称有特殊的追求。从器物到建筑,甚至是城市布局都讲究对称之美。在摄影中,我们也可以尝试对称构图。如果你在拍摄场地发现水面,甚至仅仅是雨后的一洼积水,则可以利用水面的反射,拍出镜面的效果。这种对称,会带来别样的美感。 3. 对角线:不管是九宫格还是对称,都是为追求和谐稳定之美。而对角线或斜线构图,则追求动感,能避免画面的沉闷,如图6-19所示
景深	景深是指在聚焦完成后,在焦点前后的范围内所呈现的清晰影像的距离,这一前一后的范围,就叫作景深,如图6-20所示。 光圈、镜头焦距、焦平面到拍摄主体的距离(物距,拍摄距离)是影响景深的重要因素	1. 选用大光圈、长焦距镜头,拉开背景与被摄主体的距离,近距离拍摄,能够很好地形成小景深画面效果,从而突出主体,虚化背景,使画面干净整洁。 2. 选用小光圈、短焦距镜头,远距离拍摄,能够很好地形成大景深画面效果,从而突出环境细节,交代主体与环境的关系,如图6-21所示。 注:拍摄时,多尝试不同的机位高度和角度,可以带来意想不到的惊喜

九宫格构图　　　　　　　　对称构图　　　　　　　　对角线构图

图6-19 摄影构图的三种基本形式

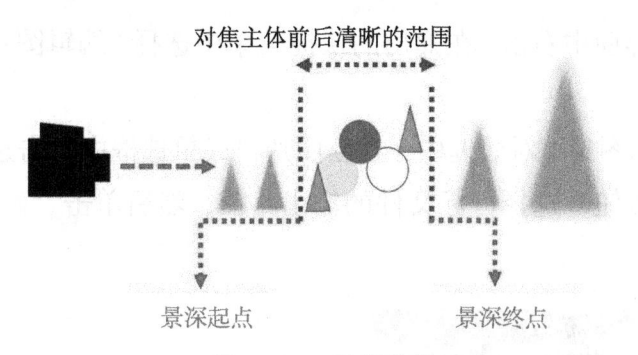

图 6-20 景深图解

小景深画面　　　　　　　　大景深画面

图 6-21 不同景深的画面效果

3. 数字图像格式转换

为适应不同应用场合，我们会对不同图像素材的存储格式进行转换。

通常，我们使用"格式工厂"进行此项操作。需要简单处理的话，可以使用更为方便快捷的"美图看看"。

（1）"美图看看"的操作流程

①在选中的图片上右击，在弹出的快捷菜单中选择"打开方式"/"美图看看"，如图 6-22 所示。

图 6-22 选择"美图看看"

②在打开的程序界面中右击，在弹出的快捷菜单中选择"编辑图片"/"批量转换格式"，如图 6-23 所示。

③在打开的"编辑图片"对话框中，在新图片格式单选框中单击选择所需转换的目标格式，单击"浏览…"按钮，选择目标文件的输出路径，然后单击"确定"按钮，如图 6-24 所示。

图 6-23 选择"批量转换格式"

图 6-24 设置格式转换参数

④程序自动完成图片格式转换操作，并弹出提示对话框，如图 6-25 所示。

图 6-25 程序自动完成格式转换并弹出提示对话框

⑤勾选"打开输出目录"复选框，然后单击"确定"按钮，在打开的目标文件夹中即可找到已完成格式转换的图片文件，如图 6-26 所示。

图 6-26 打开的目标文件夹

（2）"格式工厂"的操作流程

①双击程序图标，打开格式工厂。

②在程序主界面中，单击"图片"选项卡，选中所需的目标文件格式，如图6-27所示。

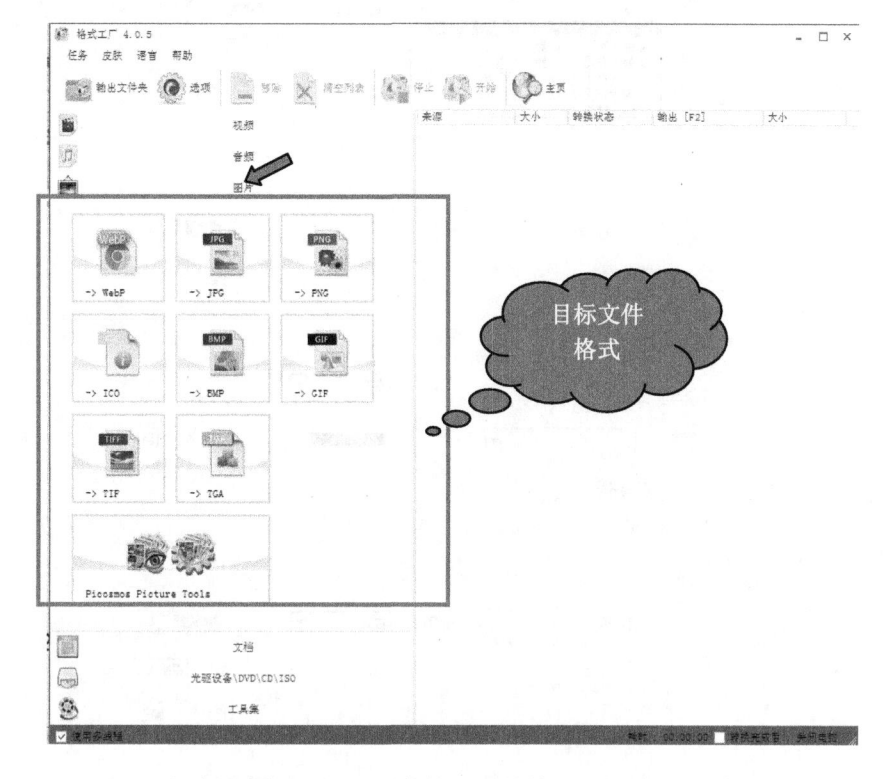

图6-27 启动程序并选择图片文件所需转换的目标文件格式

③在弹出的格式转换窗口中，添加需要转换格式的图片文件。

方法一：单击"添加文件"按钮，在弹出的窗口中按路径找到需要转换格式的图片文件，选中并单击"打开"按钮。

方法二：将需要转换格式的图片文件直接拖曳至文件列表中。

然后单击"输出配置"按钮，进行目标文件格式的参数设置，如图6-28所示。

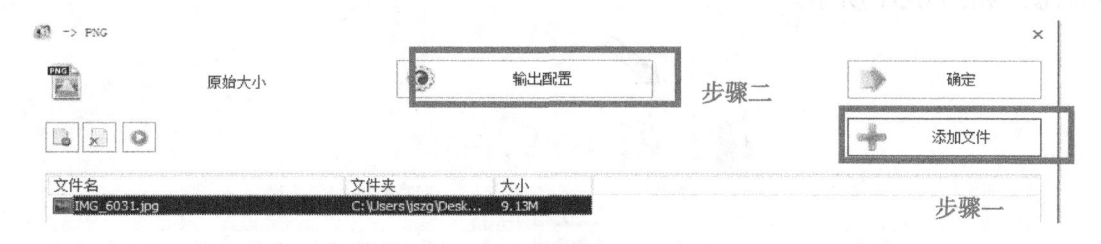

图6-28 添加图片文件

④在输出配置窗口中，可以在下拉列表中进行参数设置，或者勾选相应的复选框进行自定义参数设置，如图6-29所示。在完成设置后，若单击"另存为"按钮，可将本次设置保存为一个配置文件，方便后续使用。然后单击"确定"按钮，返回格式转换窗口。

⑤在格式转换窗口下端，可在"输出文件夹"下拉列表中选择格式转换后的文件保存的目标路径，也可通过单击"改变"按钮，修改目标路径。一般情况下，我们选择"输出

至源文件目录",即格式转换后生成的新文件与源文件在同一个文件夹中。完成设置后,单击"确定"按钮,如图 6-30 所示。

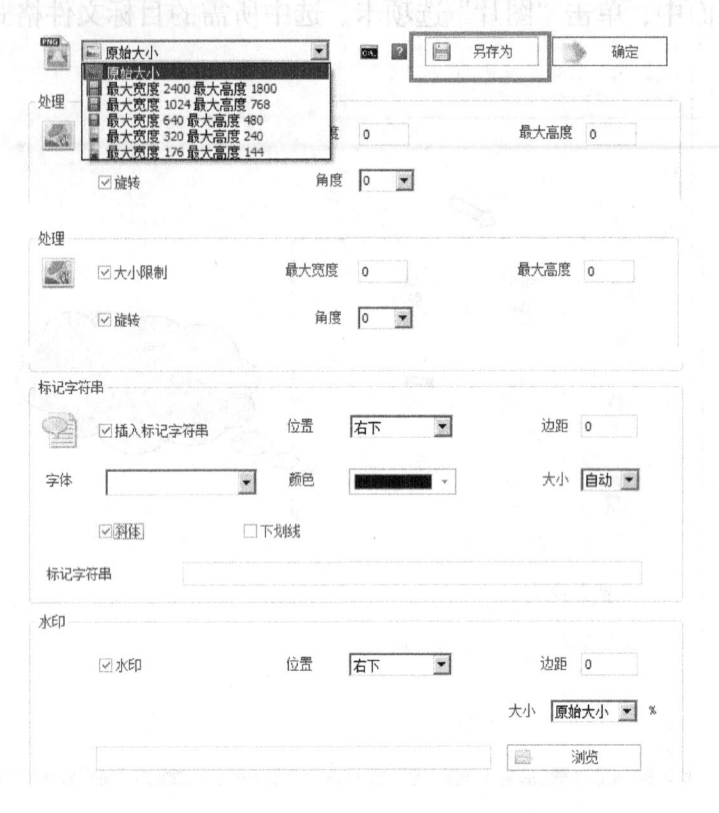

图 6-29　格式转换参数设置界面

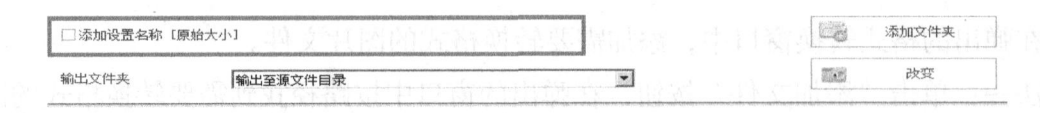

图 6-30　目标路径设置

⑥在程序主界面中单击"开始"按钮,开始进行格式转换。我们可以通过进度条了解转换状态,如图 6-31 所示。

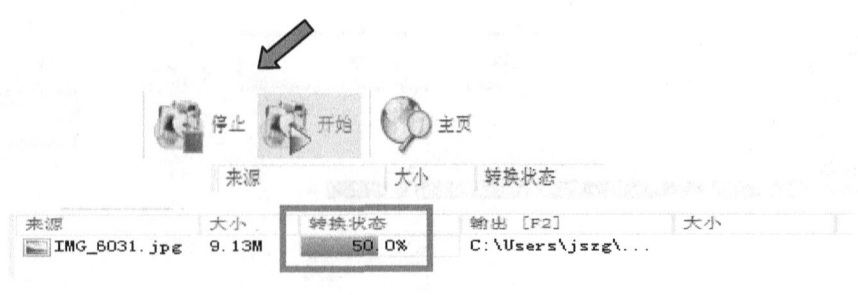

图 6-31　文件格式转换中

⑦转换过程结束后,系统发出声音提示,我们即可在目标文件夹中找到格式转换后的图片文件。

6.2.2 数字音频采集

1. 了解数字音频

数字音频是一种利用数字化手段对声音进行录制、存放、编辑、压缩或播放的技术，它是随着数字信号处理技术、计算机技术、多媒体技术的发展而形成的一种全新的声音处理手段。

计算机中的数据是以 0、1 的形式存储的，数字音频先将音频文件转化为电平信号，再将这些电平信号转化成二进制数据并进行保存，播放的时候，就把这些数据转换为模拟的电平信号，然后送到喇叭，以便播放。数字声音与磁带、黑胶唱片等传统媒介在存储、播放方式上有本质的区别，它具有存储方便、存储成本低廉、存储和传输的过程中没有声音的失真、编辑和处理非常方便等特点。

下面，我们来了解影响数字音频质量的几个技术指标。

（1）采样率

简单地说，采样率就是通过波形采样的方法，记录 1 秒钟的声音需要多少个数据，其单位为赫兹（Hz）。48kHz 采样率的声音就是要花费 48000 个数据来描述 1 秒钟的声音波形。原则上采样率越高，声音的质量越好。

常见的数字音频采样率为 44.1kHz 和 48kHz。

（2）比特率

比特率就是记录音频数据每秒钟所需要的平均比特值。比特（bit）是计算机中最小的数据单位，指一个 0 或者 1 的数。通常我们使用 kbps 作为比特率的单位。例如，我们接触最多的 MP3 格式的数字音乐，其最高比特率为 320kbps，即表示记录 1 秒钟的 MP3 音乐，需要 320Kb（320×1024bit=327680bit）的数据。原则上比特率越高，声音的质量越好。

（3）量化级

简单地说，量化级就是描述声音波形的数据是多少位的二进制数，通常用 bit 作为单位。如 16bit、24bit。16bit 量化级记录声音的数据是 16 位的二进制数，因此，量化级也是数字音频质量的重要指标。

我们描述数字音频的质量，通常就用量化级和采样率表示，比如标准 CD 音乐的质量就是 16bit、44.1kHz 采样。

常见的数字音频格式见表 6-13。

表 6-13 常见的数字音频格式

文件格式		主要特点	适用情境
无压缩	WAV	1. WAV 是微软和 IBM 共同开发的 PC 标准声音格式，文件扩展名为.wav，是一种通用的音频数据文件，也称为波形文件。 2. 优点：易于生成和编辑。 3. 缺点：在保证一定音质的前提下压缩比不够，不适合在网络上播放	1. 适合保存原始音频数据并做进一步的处理。 2. 被大部分数字媒体制作软件支持

续表

文件格式		主要特点	适用情境
有损压缩	MP3	1. 用户量众多，它是网络音乐中非常流行的文件格式。 2. MP3是利用 MPEG Audio Layer 3 的技术，将音乐以1∶10甚至1∶12的压缩率，压缩成容量较小的文件。 3. 目前，MP3编码的比特率最高可达 320kbps，从而使MP3音频文件的音质大幅提升	1.适用于移动设备的存储和使用。 2.被大部分数字媒体制作软件支持
	WMA	1. WMA（Windows Media Audio）是微软公司推出的与MP3格式齐名的一种音频格式，以.wma作为扩展名。 2. 在较低的采样率下也能产生较好的音质。 3. 除了受版权保护，WMA与MP3在文件容量和音质上的对比，可总结为： ①在同文件同音质下，WMA比MP3容量少1/3左右。 ②低比特率（＜128kbps）时，WMA比MP3文件容量小，音质好；高比特率（＞128kbps）时，MP3的音质好于WMA	适用于网络串流媒体及移动设备
	AAC	1. AAC的音频算法在压缩能力上远远超过MP3。 2. 支持多达48个音轨、15个低频音轨、多种采样率和比特率，具有多种语言的兼容能力，有更高的解码效率	1. AAC 可以在比 MP3 文件缩小30%的前提下提供更好的音质。 2. MP4 串流媒体多采用 AAC 作为其音频格式
无损压缩	FLAC	1. 音频用FLAC编码压缩后不会丢失任何信息，将FLAC文件还原为WAV文件后，与压缩前的WAV文件内容相同（与ZIP、RAR的文件压缩方式类似）。 2. 是音乐光盘存储在计算机上的最好选择之一，它会完整保留音频的原始资料，用户可以随时将其存回光盘，音乐质量不会有任何改变	可以使用移动设备、汽车及家庭音响直接播放FLAC压缩的文件
	APE	1. APE属于无损压缩音频技术，是目前流行的数字音乐文件格式之一。 2. 流行度高，易于从网络下载到该格式的音频文件	1. 既可以保持音频信号的无损，又可以采用比较高的压缩率压缩WAV文件，且无须解压而直接播放。 2. 高保真聆听和音频档案级别保存
	AIFF	一般只在苹果计算机平台上使用	苹果计算机平台上音频原始素材保存

2. 采集数字音频

（1）非原创资源采集

我们可以从网上的音频素材网站、音乐网站查找并下载适合的配乐、音效等，或者从各类影片中截取你所需要的数字音频片段。

但在使用上述资源时，需要特别提醒的是，如果你的作品涉及商业用途，必须注意资源的版权使用要求，否则，作品一旦公开发表，可能会产生法律纠纷。

（2）原创资源采集——拾音采集

拾音采集是数字音频素材极为重要的采集方式。

一方面，因为是我们亲自动手录制的，具有高度的原创性及个性化特点；另一方面，拾音采集具有极强的主动性及针对性。其缺点是极易受环境、设备、声源等制约，因此针对不同的采集对象，应采用适宜的采集方法。

①采集设备。

常用的数字音频采集设备如图 6-32 所示。

插卡式便携数字录音机	录音调音台	枪式话筒
无线领夹式话筒（小蜜蜂）	监听耳机	录音话筒防风罩（防风毛衣）
话筒挑杆	3.5mm 转卡侬口音频线（小蜜蜂接摄像机专用）	双 3.5mm 音频线（小蜜蜂接数码相机专用）	双卡侬口音频线（枪式话筒专用）

图 6-32　常用数字音频采集设备

在设备条件有限的情况下，如果采集旁白类数字音频素材，我们也可以使用拍摄设备内置的麦克风，或者高性能的录音笔、手机等，在密闭安静的环境中，贴近声源进行采集操作。

②采集技术见表 6-14。

表 6-14　不同环境下的数字音频采集

采集环境	数字音频类型	设备
外景	对白、访谈	无线领夹式话筒（或挑杆话筒）+拍摄设备+监听耳机
	环境音效、动作音效	枪式话筒+防风罩+挑杆+插卡式便携数字录音机+监听耳机
灯光棚 录音棚	对白、访谈、旁白	无线领夹式话筒+监听耳机+拍摄设备（条件允许的话，可以使用调音台+数字录音机单独采集音频）

3. 数字音频格式转换

同一个音频文件采用不同的文件格式存储后，其播放时的听觉效果不同。为适应不同应用场合，我们会对不同音频素材的存储格式进行转换。

通常，我们使用"格式工厂"进行此项操作。

（1）双击程序图标，打开格式工厂。

（2）在程序主界面中，单击"音频"选项卡，选中所需的目标文件格式，如图 6-33 所示。

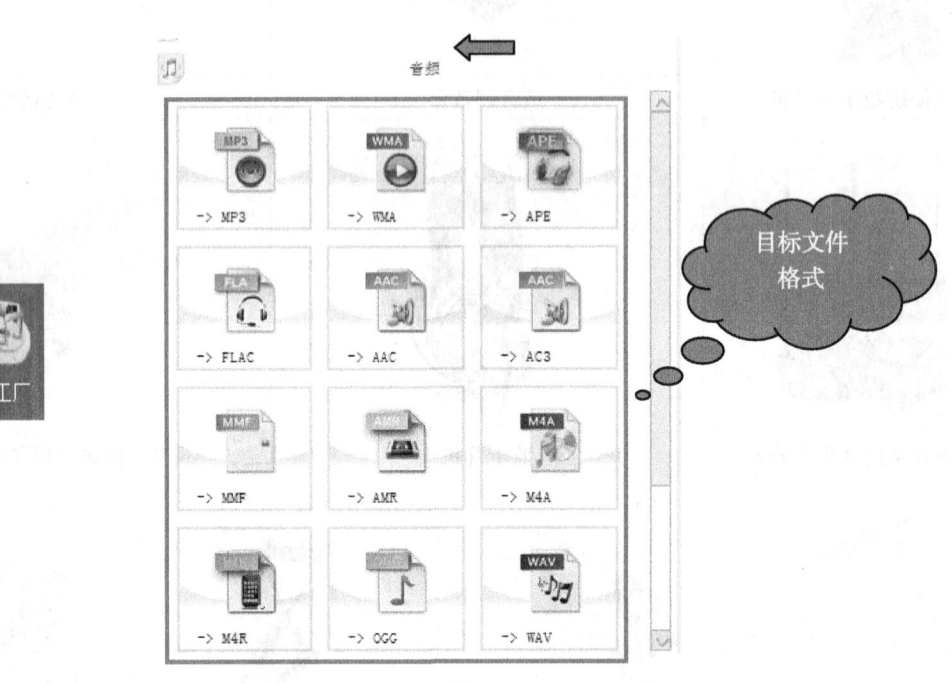

图 6-33　启动程序并选择音频文件所需转换的目标文件格式

（3）在弹出的格式转换窗口中，添加需要转换格式的音频文件。

方法一：单击"添加文件"按钮，在弹出的窗口中按路径找到需要转换格式的音频文件，选中并单击"打开"按钮。

方法二：将需要转换格式的音频文件直接拖曳至文件列表中。

然后单击"输出配置"按钮，进行目标文件格式的参数设置，如图 6-34 所示。

图 6-34　添加音频文件

（4）在输出配置窗口中，可以在下拉列表中进行参数设置，如图 6-35 所示。完成设置后，若单击"另存为"按钮，可将本次设置保存为一个配置文件，方便后续使用。然后单击"确定"按钮，返回格式转换窗口。

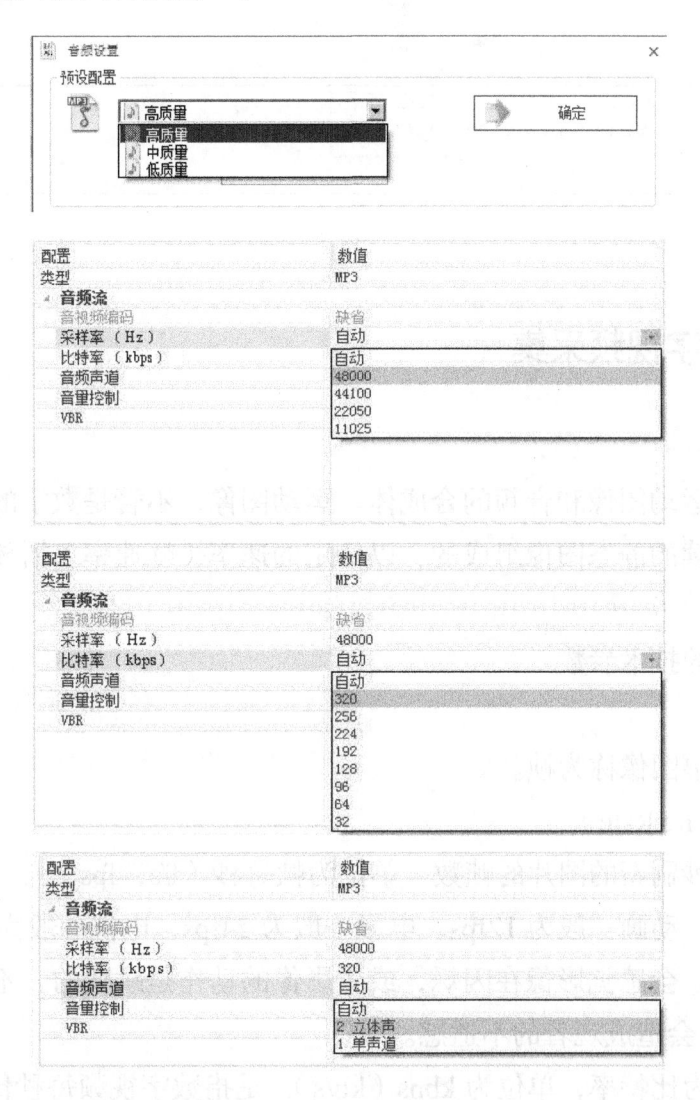

图 6-35 格式转换参数设置

（5）在格式转换窗口下端，可在"输出文件夹"下拉列表中选择格式转换后的文件保存的目标路径，也可通过单击"改变"按钮，修改目标路径。一般情况下，我们选择"输出至源文件目录"，即格式转换后生成的新文件与源文件在同一个文件夹中。完成设置后，单击"确定"按钮，如图 6-36 所示。

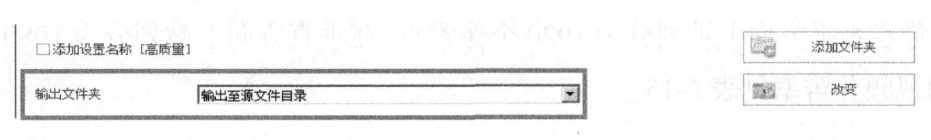

图 6-36 目标路径设置

（6）在程序主界面中单击"开始"按钮，开始进行格式转换。我们可以通过进度条了解转换状态，如图 6-37 所示。

（7）转换过程结束后，系统发出声音提示，我们即可在目标文件夹中找到格式转换后的音频文件。

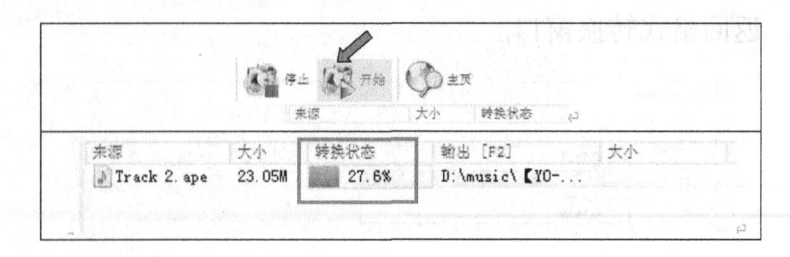

图 6-37 文件格式转换中

6.2.3 数字视频采集

1. 了解数字视频

视频本质上是运动图像和音频的合成体。运动图像，不管是数字的还是模拟的，实际上都是由一系列连续的静态图像组成的，以一定的速率（帧速率）播放这些图像就会产生运动感。

（1）数字视频的技术参数

①帧（Frame）

视频中的每一幅图像称为帧。

②帧速率（Frame Rate）

帧速率是指每秒刷新的图片的帧数，单位为帧每秒（f/s，fps）。

帧速率的设置：动画一般为12fps，电影一般为24fps，电视一般为25fps。

帧速率过低时，会感觉影像在闪烁，或者影像的动作是跳跃的、不连贯的，俗称"跳帧"。这一视觉现象会造成观者的不适感。

③码率：也称为比特率，单位为 kbps（kb/s），是指数字视频每秒传输的二进制位数。没有经过压缩的视频，其每秒钟需要传输的数据量是固定的；而压缩的数字视频，可以选择不同的码率，以适应不同的播放环境。

④视频分辨率

视频在数字化时需要对每帧图像进行像素划分，划分的精细程度就称为视频的分辨率。它是用视频在水平和垂直方向划分的像素点个数来描述的。例如，1920×1080 像素的影像，就是每帧图像在水平方向上被划分为1920个像素点，在垂直方向上被划分为1080个像素点。

常见的视频分辨率见表 6-15。

表 6-15 常见的视频分辨率

清晰度（画质）	标清（SD）	高清（HD）	全高清（FHD）	超高清（4K UHD）
分辨率（屏幕大小）	720×576 像素	1280×720 像素（720P）	1920×1080 像素（1080P）	3840×2160 像素（2160P）
宽高比	4∶3 和 16∶9	16∶9	16∶9	16∶9

（2）常见的数字视频格式

数字时代的特点就是多样化的数字产品层出不穷，常见的视频格式有很多，不同格式的文件是与不同的播放器对应的。下面介绍几种常见的数字视频格式，见表6-16。

表 6-16　常见的数字视频格式

文件格式	主要特点	适用情境
AVI	AVI 是由微软公司开发的一种将音频和影像同步组合在一起的文件格式。AVI 格式调用方便，图像质量好，压缩标准可任意选择，是应用广泛且应用时间很长的格式之一，但是文件容量过于庞大	采集原始模拟视频时可以采用不压缩的 AVI 格式存储，这样可以获得优秀的影像质量
MP4	MP4 格式以视听媒体对象为基本单元，采用基于内容的压缩编码，以实现数字视音频、图形合成应用及交互式多媒体的集成	1. 网络流媒体、光盘、语音发送（视频电话），以及电视、广播等。 2. 高清摄像机、安卓手机拍摄的视频多为 MP4 格式。 3. 应用领域广泛
MOV	MOV 格式是由美国苹果公司开发的一种将音频和影像同步组合在一起的文件格式，默认的播放器是苹果的 Quick Time Player。Quick Time Player 以其领先的多媒体技术和跨平台特性、较小的存储空间要求、技术细节的独立性以及系统的高度开放性，得到业界的广泛认可	1. 被众多的多媒体及视频编辑软件支持，用 MOV 格式来保存影片是一个非常好的选择。 2. 数码相机及苹果手机拍摄的视频为 MOV 格式
WMV	1. WMV（Windows Media Video）是微软开发的一系列视频编解码和其相关的视频编码格式的统称，是微软 Windows 媒体框架的一部分。 2. WMV 的主要优点：是可扩充的、可伸缩的媒体类型，可本地或网络回放，具有流的优先级化、多语言支持、扩展性等特点	网络流媒体及交互式媒体

2. 拍摄数字视频

（1）拍摄器材（如图 6-38 所示）

拍摄设备		
数码单反	数码微单	拍照手机
家用手持 DV	手持式摄像机	肩扛式摄像机

图 6-38　常用数字视频采集设备

拍摄辅件		
三脚架	摄像机存储卡	LED 外拍灯
摄像机电池	手机稳定器	相机稳定器

图 6-38 常用数字视频采集设备（续）

（2）注意事项

①准备阶段

要按照拍摄方案中的器材清单核对设备，并检查、调试，尤其是电池、电源适配器和存储卡。

②拍摄阶段

首先要"清场"。何谓清场呢？其一，保证拍摄场景干净清爽，排除破坏画面的因素，如台面上的杂物、巨大物品、光线干扰等。其二，要在取景器上过一遍场景，调整拍摄设备白平衡，再一次确定没有破坏画面的因素，确定摄像设备的运动轨迹。其三，要对照分镜头脚本，在景别上排除影响构图的不利因素。

其次是"走位"，即指若被摄者需要在不同的位置走动，要提前确定他们的运动轨迹。确定在运动的过程中，不越界，不出界，不出现不稳定的摆幅，不出现镜头跟丢、跟错、跟过。

（3）拍摄技法

视频拍摄和平面拍摄在曝光、取景构图、景别选取等方面其实是相通的，它也是技术与艺术的融合体。在数字图像采集部分我们学习过，此处不再赘述。

视频拍摄和平面拍摄的不同之处在于，它是用一组连续的画面来交代主题和叙述内容的。运用好技术与艺术的手法，才能起到商业宣传的目的。

下面，我们就来看一看视频拍摄时需要注意哪些拍摄要领，见表 6-17。

表 6-17 拍摄要领

要点	技法
视点	以人眼观察事物的视觉特征作为参考，整个取景效果也应以相对平稳的状态去呈现。所以摄像师在拍摄过程中要根据内容诉求，随时调整被摄主体的大小远近，引导观者视线，满足观者探究欲

续表

要点	技法
视角	视角不同，表达的意思就不同。 1. 平拍：分为正面、侧面和斜面三种。 ①正面平拍：画面显得端庄，构图具有对称美。 ②侧面平拍：有利于勾勒被摄主体的侧面轮廓。 ③斜面平拍：能够在一个画面中同时表现对象的两个侧面，给人以鲜明的立体感。 2. 俯拍：适合在大场面拍摄，这样容易表现环境的宏大和层次感，同时增加画面的立体感、纵深感。 3. 仰拍：适合拍摄高处的景物，能够使景物显得更高大雄伟。由于透视关系，仰拍使画面中水平线降低，前景和后景中的物体在高度上的对比随之发生变化，使处于前景的物体被突出和夸大，从而获得特殊的艺术效果
运动镜头	1. 运动镜头速度要与整个片子的立意表达相匹配，并要充分考虑和后期配音的旋律节奏相一致。 2. 运动镜头的一个动作=起幅+镜头运动+落幅。 起幅、落幅是指镜头运动前和后，镜头应保持固定不动至少3秒的一个固定镜头
光效	1. 作为企业宣传片，整个画面的明暗对比不宜过大，要避免出现过亮或阴影过于浓重的区域。 2. 活动现场拍摄，受环境中光的不可控因素影响，我们可以使用LED外拍灯对较暗区域补光，以平衡明暗对比，从而使整个画面明亮干净
细节表现	1. 典型的细节能以少胜多，以小见大，起到"画龙点睛"的作用，从而给观者留下深刻的印象。 2. 作为企业宣传片，产品、服务的细节表现是拍摄时不可忽略的关键点
画面稳定性	1. 作为企业宣传片，每个画面的平稳呈现至关重要。 2. 为避免画面的"抖动"，在拍摄时可以使用三脚架、稳定器等，以增加画面拍摄的稳定性

3. 数字视频格式转换

并非所有视频格式都能被后期视频编辑制作软件识别。因此，在编辑操作前，必须先对此类视频进行格式转换。

一般情况下，我们可以使用"格式工厂"对视频进行格式转换操作。

（1）双击程序图标，打开格式工厂。

（2）在程序主界面中，单击"视频"选项卡，选中所需的目标文件格式，如图6-39所示。

（3）在弹出的格式转换窗口中，添加需要转换格式的视频文件。

方法一：单击"添加文件"按钮，在弹出的窗口中按路径找到需要转换格式的视频文件，选中并单击"打开"按钮。

方法二：将需要转换格式的视频文件直接拖曳至文件列表中。

然后单击"输出配置"按钮，进行目标文件格式的参数设置，如图6-40所示。

（4）在输出配置窗口中，可在下拉列表中进行参数设置，如图6-41所示。完成设置后，若单击"另存为"按钮，可将本次设置保存为一个配置文件，方便后续使用。然后单击"确定"按钮，返回格式转换窗口。

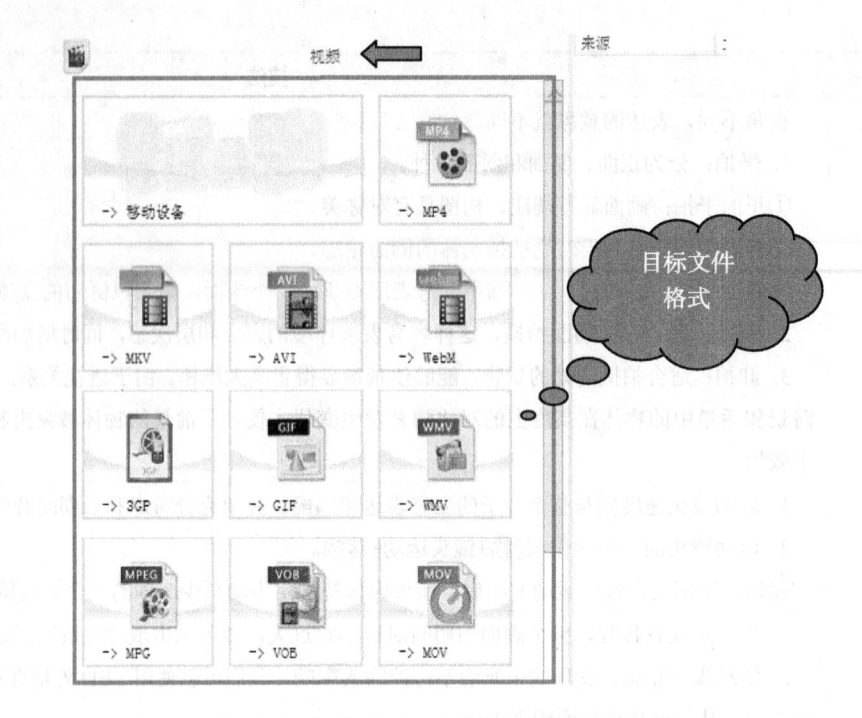

图 6-39　启动程序并选择视频文件所需转换的目标文件格式

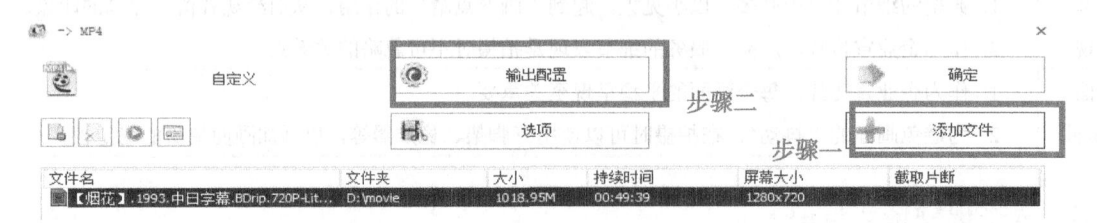

图 6-40　添加视频文件

图 6-41　格式转换参数设置

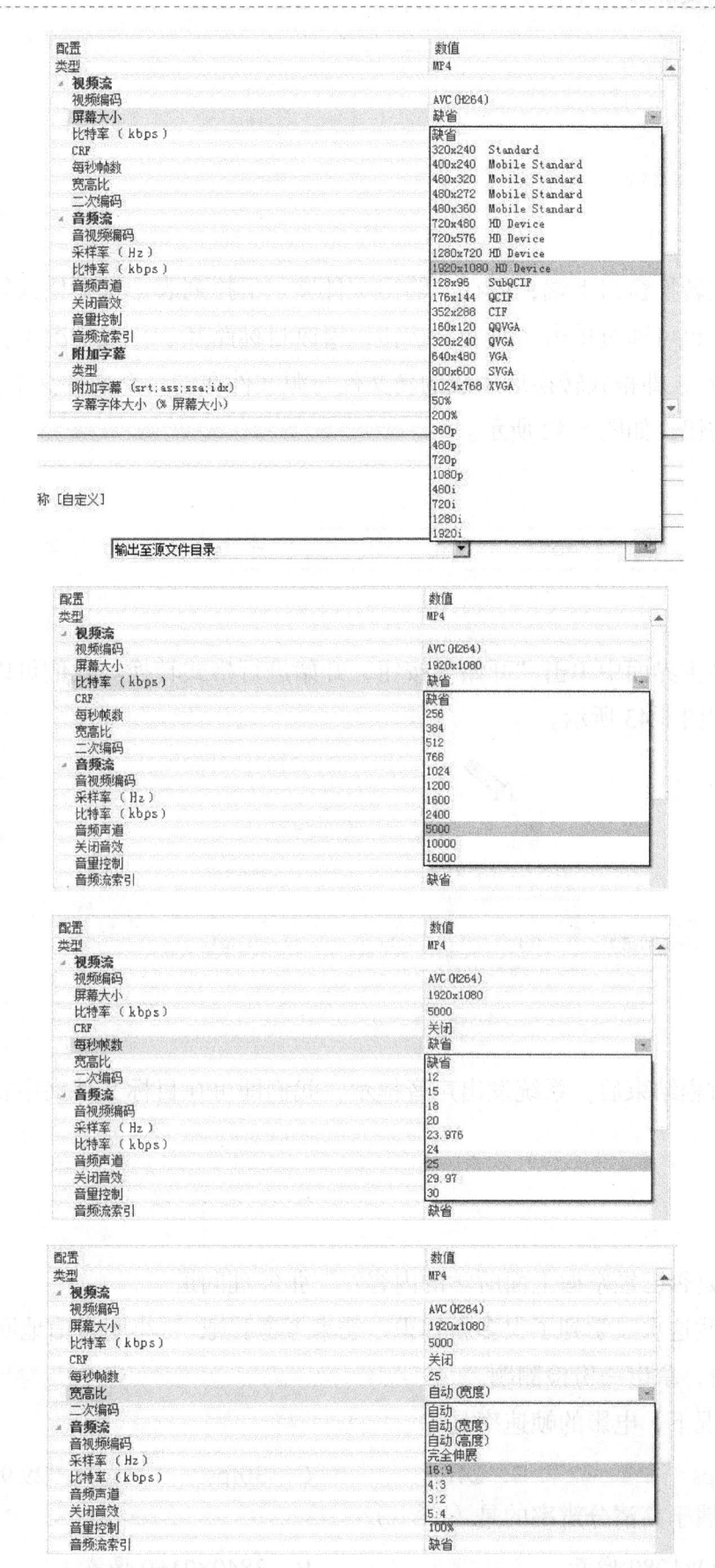

音频流的参数设置，与我们学习过的音频格式转换方式一样，也涉及音频采样率（Hz）、比特率（kbps）、声道数的设置。

图 6-41 格式转换参数设置（续）

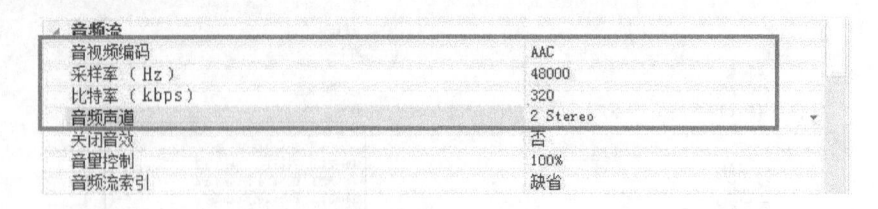

图 6-41 格式转换参数设置（续）

（5）在格式转换窗口下端，可在"输出文件夹"下拉列表中选择格式转换后的文件保存的目标路径，也可通过单击"改变"按钮，修改目标路径。一般情况下，我们选择"输出至源文件目录"，即格式转换后生成的新文件与源文件在同一个文件夹中。完成设置后，单击"确定"按钮，如图 6-42 所示。

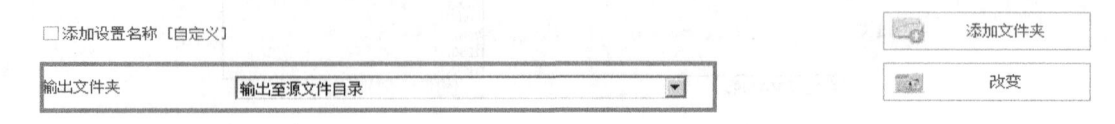

图 6-42 目标路径设置

（6）在程序主界面中单击"开始"按钮，开始进行格式转换。我们可以通过进度条了解转换状态，如图 6-43 所示。

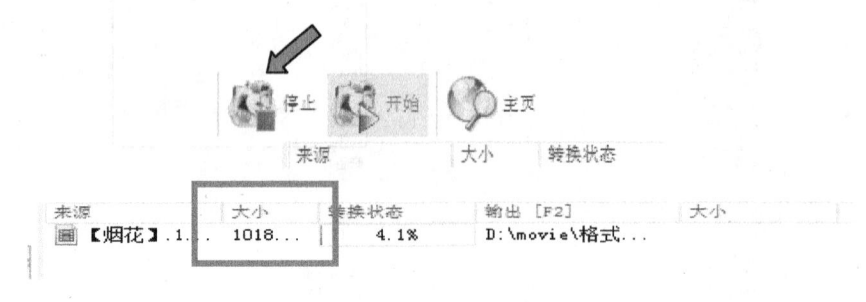

图 6-43 文件格式转换中

（7）转换过程结束后，系统发出声音提示，我们即可在目标文件夹中找到格式转换后的视频文件。

学习检测

"小明，你是否已经掌握上面所学的内容？"张经理问道。

"张经理，我这次又学到了很多新知识，您来考考我吧。"小明自信地回答道。

张经理笑着，拿出一份检测题。

1. 一般情况下，电影的帧速率是（　　）。

    A. 48fps   B. 24fps   C. 30fps   D. 29.97fps

2. 以下不属于高清分辨率的是（　　）。

    A. 1920×1080 像素   B. 3840×2160 像素

    C. 720×576 像素   D. 1280×720 像素

> 说一说
>
> 1. 影响画面景深的因素有哪些？这些因素与景深大小的关系是什么？
> 2. 音视频文件的关键技术指标有哪几个？

学习小结

表 6-18 是小明设计的学习总结表，请你根据自己的实际情况来填写。

表 6-18　学习总结表

主要学习内容	学习方法	学习心得	待解决的问题

整体总结：

任务 6.3　素材加工与合成制作

任务情境

在张经理的大力支持和部门同事的协助下，小明按照宣传短片的设计方案，与团队的伙伴们顺利完成了各类素材的采集工作。

坐在工位上，喝着咖啡，看着自己采集的各种素材，回想拍摄时自己像是片场的一名摄影师兼导演，小明心中不免有一些激动，禁不住脸上也露出了笑容。

"小明，完成素材采集后，该准备加工处理了。"

张经理的话把小明拉回了现实，不知什么时候张经理已经站在小明面前。"是呀，光有素材，也不能直接合成一个宣传短视频，有些素材还需要处理一下才能使用。"小明喃喃自语道。

"我和咱部门的嘉文说好了，你现在就去找他，他可是公司里的一位高手啊！好好跟他学。"张经理说道。

"好嘞。"小明欣然应允。

随后，小明拿起存有全部素材的设备，兴冲冲地奔向嘉文的工位……

学习目标

1. 知识目标

了解数字媒体作品加工与合成制作的基本规范。

2. 能力目标

会加工数字媒体素材，并按照脚本进行合成，能制作简单的数字媒体作品。能在分镜头脚本框架的基础上，表达自己的创作思想。

3. 素养目标

具备运用现代信息技术并按照规范流程完成任务的能力。培养学生的创新能力、表达能力。

活动要求

借助学习资料开展自主学习，完成对数字媒体作品的制作。

任务分析

根据分镜头脚本设计内容，在完成各类素材采集后，要对获取的素材进行分类整理，并进行筛选，特别是对拍摄的视频、图片素材及录制的音频素材。

不同的编辑软件可能还存在对各类素材格式的识别与兼容性的问题。这就需要我们在正式开始合成制作前，先对此类素材做格式转换及参数的调整。

合成制作是形成数字媒体作品的最后一个环节，这个过程主要涉及将加工好的音视频素材、图片及文字（字幕），按照分镜头脚本设计的画面，用视频制作软件（本教材以 Windows 10 操作系统下的 Movie Maker 2020 为范例进行讲解学习）将它们组接在一起，并根据宣传视频表达的主题，依托视听语言原理，做进一步精细加工，然后按技术指标要求输出，得到成片。

小明通过思维导图对任务进行分析，如图 6-44 所示。

图 6-44 思维导图

任务实施

6.3.1 素材管理

素材管理至关重要，具体包括素材整理、文件夹结构的建立、分级文件夹的命名。

1. 素材整理

按照分镜头脚本设计方案，在素材采集的过程中，结合现场的实际情况，经常需要对素材内容进行调整，采集的素材可能存在如画面晃动、失焦，有闯入画面的干扰元素，有干扰杂音等问题。所以，我们在现场经常听到这样一句话"保一条！"。

因此，我们最终采集的素材总量会超出分镜头脚本预期的素材数。这也是我们在正式开始编辑前，需要对所有采集的素材进行筛选整理的原因。

一般情况下，对存在问题的素材，不要急于删除，可留存当作备用的，如图6-45所示。

图 6-45 素材整理

扫一扫

《某餐饮管理有限公司宣传短视频——车展活动篇》视频素材
大家可以通过扫描右侧二维码，观看案例视频素材。
在"备用素材"文件夹中，大家找一找各个视频中存在的失误点。

视频素材

2. 文件夹结构的建立

文件夹结构也可称为分级目录结构。建立分级目录结构，可体现素材管理的清晰明了和工作的条理性，方便后期编辑时素材的查询与调用，如图6-46所示。

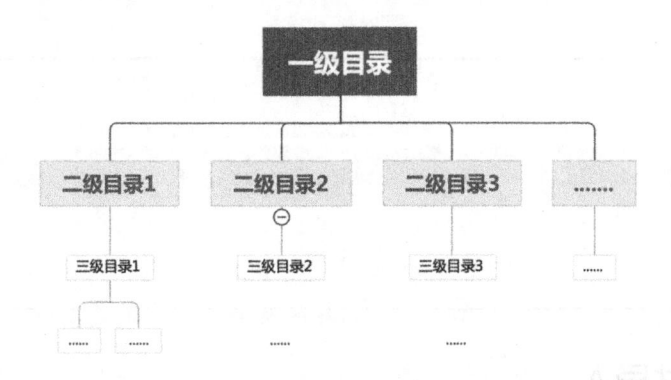

图 6-46 分级目录结构

3. 分级文件夹的命名

分级文件夹的命名方式有多种，为了文件管理的规范化和后续文件的查找检索，我们采用如表6-19所示的命名法则。

表6-19 分级文件夹命名法则

层级	命名法则	示例
一级	拍摄日期（用阿拉伯数字呈现，单数数字前面加数字0；年月日之间用.分隔）-活动全称-客户名称	2020.09.30-2020年北京国际汽车展-北京某餐饮管理有限公司
二级	按文件夹存储内容类型命名	素材，工程，成片
三级		视频，图片，文本，音频等
四级	用更为细化的存储内容命名	备用视频，选用视频，配乐，配音等

在嘉文的指导下，小明将采集的所有素材进行筛选、分类归档后，按文件类型及命名法则建立了分级目录结构，如图6-47所示。

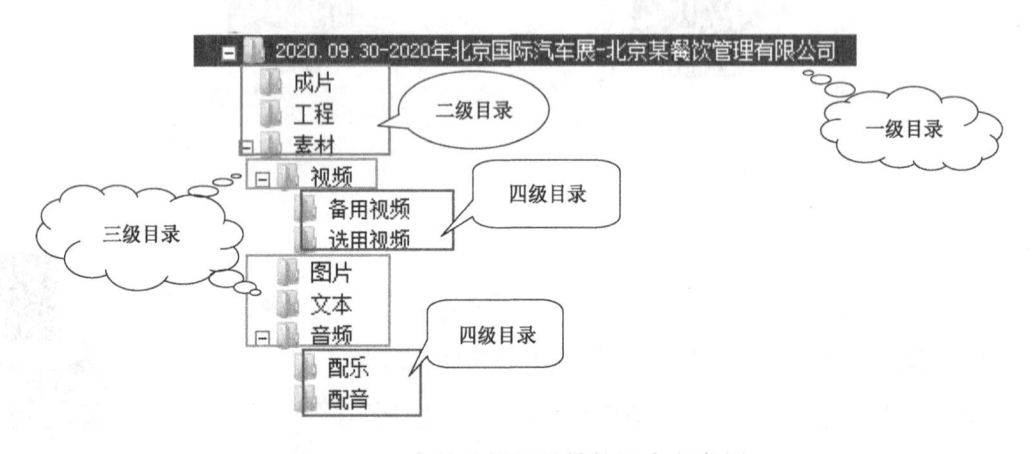

图6-47 文件分级目录结构及命名案例

请根据所要制作的视频作品，按照上面所学习的文件夹结构和分级文件夹的命名法则，开启你的首作之旅。

动一动

大家在下面的方框中画出结构图，待老师审核通过后，大家就可以在计算机上实际动手做一做了。

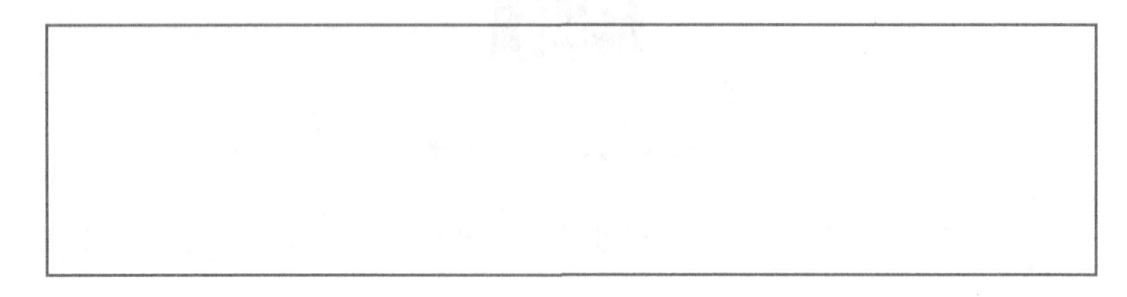

6.3.2 素材导入

在嘉文的帮助指导下，小明掌握了对素材管理的方法和技巧，并把所有素材按规范进行了分类整理。接下来，要把这些素材按照分镜头脚本设计方案导入编辑软件中。

想到马上要开启处女作的创作之旅，小明暗下决心：抓紧时间多学多问，决不辜负公司的信任，加油！

1. Movie Maker 2020 的特点

Movie Maker 2020 是 Windows 10 版本附带的一款视频创作编辑工具，拥有简洁明了的主界面，功能一目了然，并且对于新手而言操作简单，轻松几步即可制作出一部个性化的数字视频作品，并可分享至各个流行社交网络或视频共享网站上，因此用户体验十分友好。

2. Movie Maker 2020 的特色功能

（1）使用 AutoMovie 主题

只需选择要使用的照片和视频素材，剩下的工作都可交给 Movie Maker 2020 来完成。这相当于套用软件提供的模板来自动生成数字媒体作品。

（2）分享

数字媒体作品制作完成后，可以轻松将其发布到流行的社交网络和视频共享网站上。

（3）添加

从计算机、移动存储设备或各类拍摄设备中，将照片、视频、音频等素材导入 Movie Maker 2020，便可以开启数字影片制作的过程。

如果软件不能识别素材文件的格式，我们可以在导入素材前，先完成软件可识别格式的转换操作。

（4）编辑视频

使用编辑工具可以轻松地剪切、分割以及加快或减慢视频的播放速度，以达到我们所需要的画面效果。

（5）编辑音频

添加并编辑影片中的音频素材，并调整音频的音量、淡入/淡出的效果等。

3. 启动 Movie Maker 2020

双击 Movie Maker 2020 图标，即可进入其操作界面，如图 6-48、图 6-49 所示。

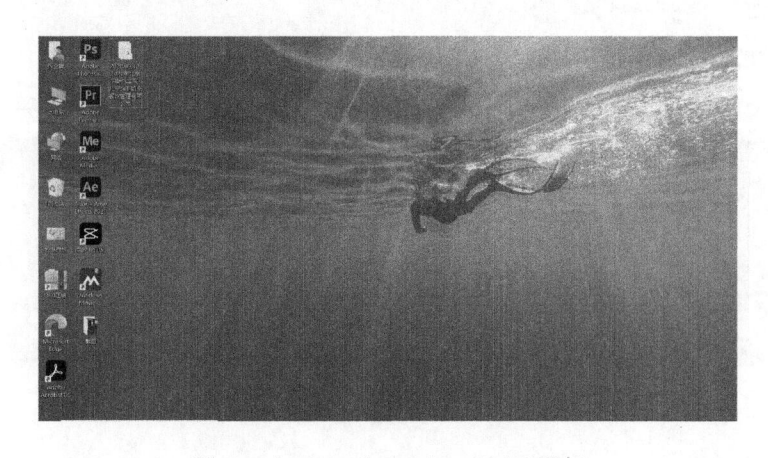

图 6-48　Movie Maker 2020 图标

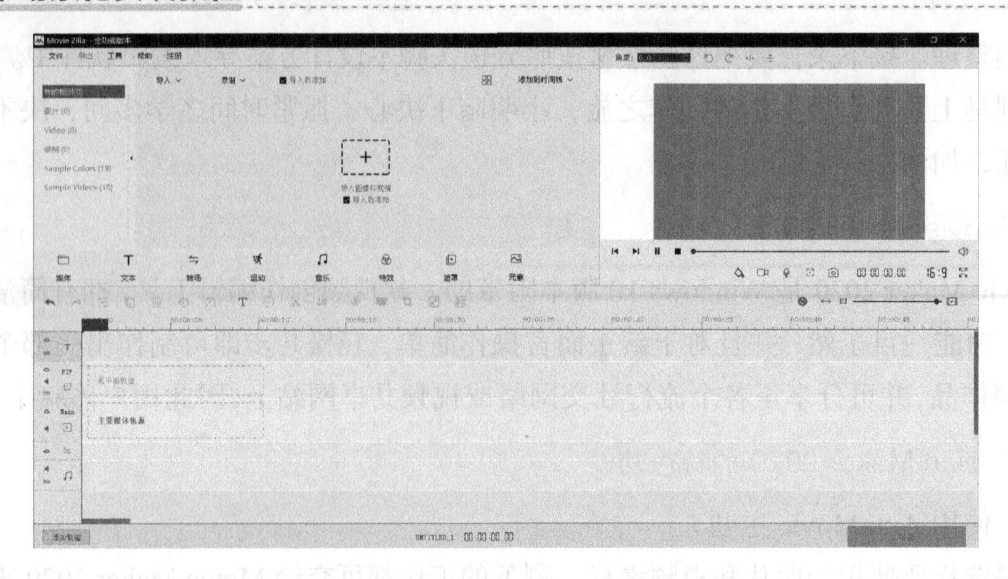

图 6-49　Movie Maker 2020 操作界面

4. 导入素材

程序启动后，我们就可以按照素材类型依次将素材导入程序中，如图 6-50 所示。

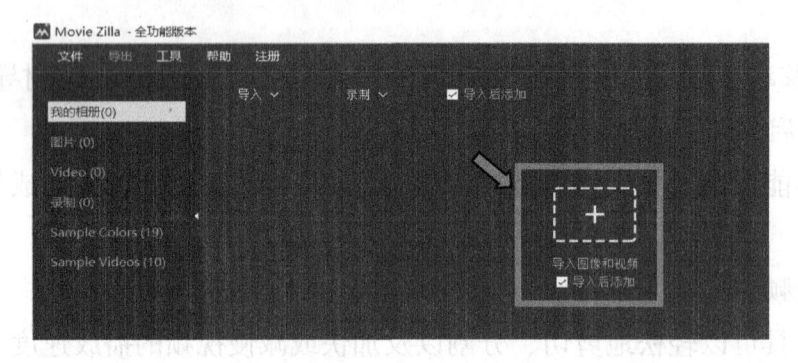

图 6-50　导入素材

单击"导入图像和视频"按钮后，即可弹出"导入照片和视频剪辑"对话框，如图 6-51 所示。

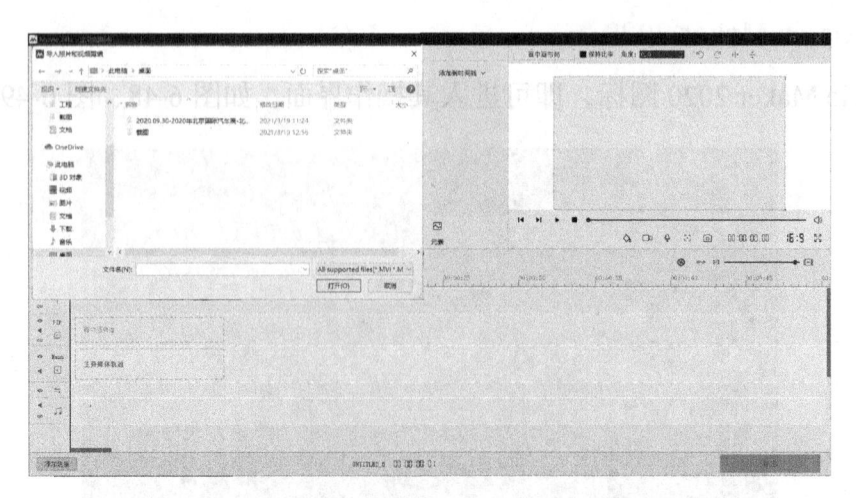

图 6-51　"导入照片和视频剪辑"对话框

在该对话框中，依次双击打开分级文件夹："2020.09.30-2020 年北京国际汽车展-北京某餐饮管理有限公司"/"素材"/"视频"/"选用视频"，便可显示"选用视频"文件夹中的所有素材图标。我们可以选择所需素材，或者选择所有素材，然后单击"打开"按钮，如图 6-52 所示。

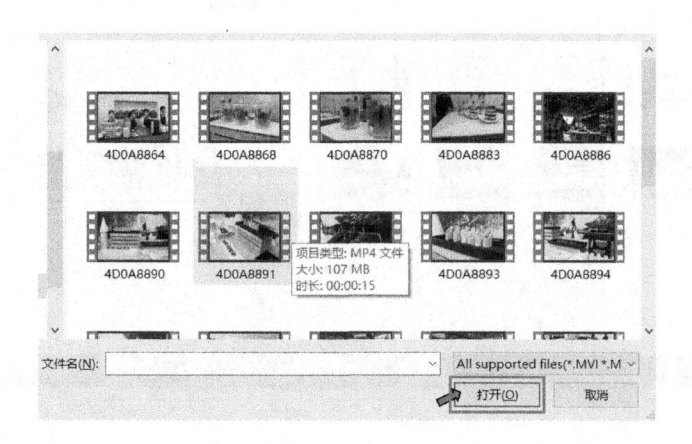

图 6-52　显示"选用视频"文件夹中的所有素材

素材导入后，就可以按照分镜头脚本中镜号的排列顺序，将相应画面的素材拖曳至素材轨道上，如图 6-53 所示。

图 6-53　导入后的素材及素材轨道上的素材

6.3.3　素材剪切

根据分镜头脚本顺序排列镜头，实现作品的粗剪。在该环节可解决镜头内容的逻辑性。

在实际操作中，一个素材往往在最终的视频中仅呈现部分所需的内容。这时，我们可以单击要剪切的素材，然后将时间线拖动到希望素材在视频中开始或停止播放的位置，然后利用"切分"将素材分割开，从而实现对分割素材的重新排列或删除多余部分等操作。

1. 分割视频

我们可以将一个视频素材分割成两个较短时长的视频，然后继续进行编辑。例如，分割视频素材后，可以将其中一个视频素材放到另一个视频素材前面，以改变其在影片中的播放顺序。也可以将一个视频素材中不需要的画面内容，通过分割予以删除。

操作步骤：单击视频，然后将时间线拖动到要分割视频的位置，如图 6-54 所示。

图 6-54　拖曳时间线在素材上定位

在"视频工具"下的"编辑"选项卡的"编辑"组中，单击"切分"，原有视频素材即可被分割成两段，如图 6-55 所示。

图 6-55　被分割后的视频素材

2. 轨道静音

在后期编辑时，如果我们不需要素材中原有的声音，可以通过静音操作使视频素材处于无声状态，如图 6-56 所示。

图 6-56 视频素材静音操作

6.3.4 画面组接

画面组接又称为"蒙太奇"组接，即把多个镜头按一定规律接续起来，传达一定的意义。画面组接既要符合事物发展的逻辑顺序，同时又要注意画面的统一感。

> **扫一扫：影视剪辑拓展知识**
>
> 内容涵盖：编辑的概念与蒙太奇，画面编辑的基本方法，常见的非线性编辑工具，非线性编辑流程和核心概念等。
>
> 大家可以通过扫描右侧二维码，获取相关学习资源。

影视剪辑拓展知识

6.3.5 加入转场

在视频素材之间添加"转场"，可以实现画面与画面间的过渡，以营造一定的视觉氛围。但"转场"的添加，要根据影片的类型和主题表达合理选择，否则容易造成观者的视觉审美疲劳和文不对题。例如，纪录片和专题片很少使用"转场"效果。

操作步骤：单击"转场"按钮，在"转场"模板库中选择一种合适的转场模板，如图 6-57 所示。

将选中的"转场"模板拖曳至转场轨道，并放在需要"转场"效果的两个视频素材之间，如图 6-58 所示。

再次拖曳时间线时我们发现，在两个视频素材之间不再是画面的"硬切"，而是有了一种不同的视觉效果，如图 6-59 所示。

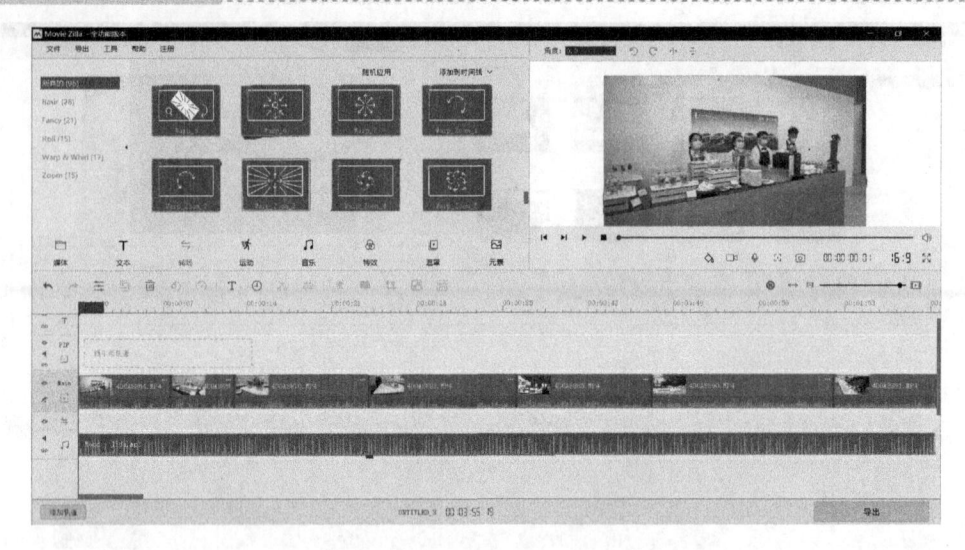

图 6-57 打开"转场"模板库

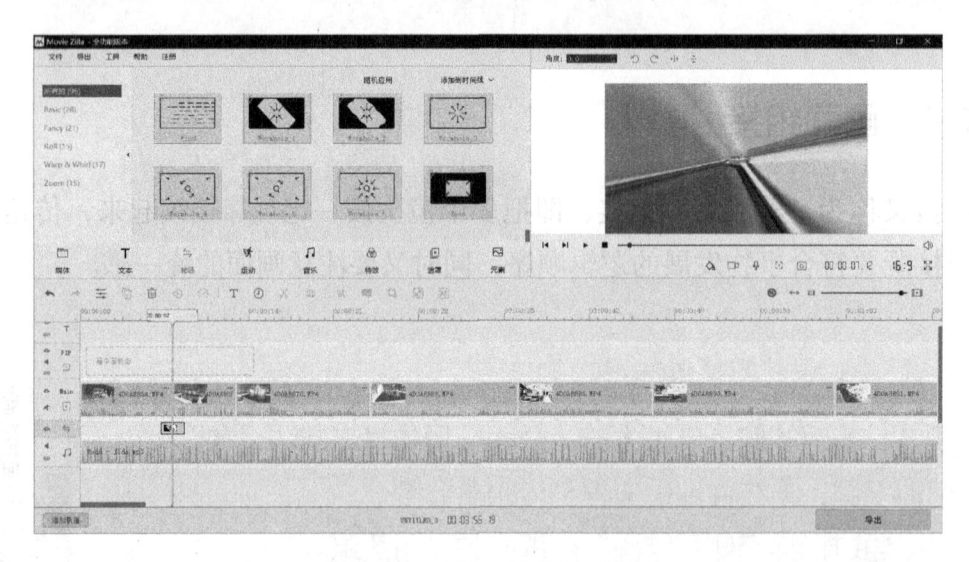

图 6-58 添加"转场"效果

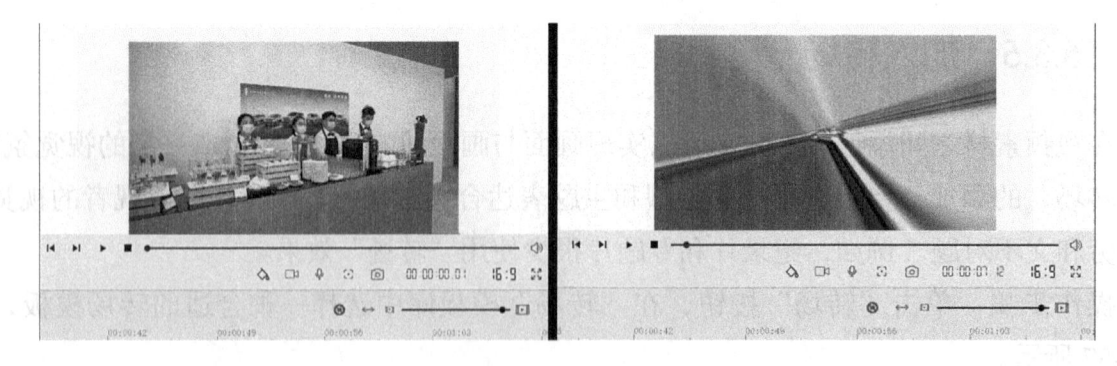

图 6-59 添加"转场"效果后的画面对比

6.3.6 添加字幕

字幕一般分为片头片尾字幕、标题字幕、解说字幕等。

字幕制作的一般性规范：字体为黑体，字色为白色嵌黑边，字号为不宜过大，对齐方式为居中。

但在一些娱乐性或个性化较强的影片中，字幕的设计相对活跃，并有特点。

操作步骤：单击"文本"按钮，打开"文本"样式库。在"文本"样式库中选择字幕显示的样式，如图6-60所示。

图 6-60　打开"文本"样式库并选择字幕样式

将选择的"文本"样式拖曳至字幕轨道，并放在需要出现字幕的位置，如图6-61所示。

图 6-61　拖曳"文本"样式至字幕轨道

在输入框内编辑文字内容，然后单击右侧按钮，设置文本参数，如图6-62所示。

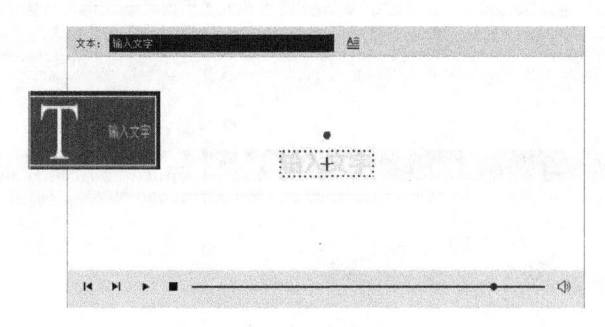

图 6-62　编辑文字内容

6.3.7 处理声音

声音包括语音、音乐（配乐）和效果声（音效）。语音分为同期声和解说。同期声与画面一同剪辑。解说、音乐和效果声可以单独配置。

下面以音乐的编辑为例进行讲解。

1. 添加音乐素材

操作步骤：单击"我的音乐"选项卡，然后单击"在这里导入音乐"按钮，如图6-63所示。

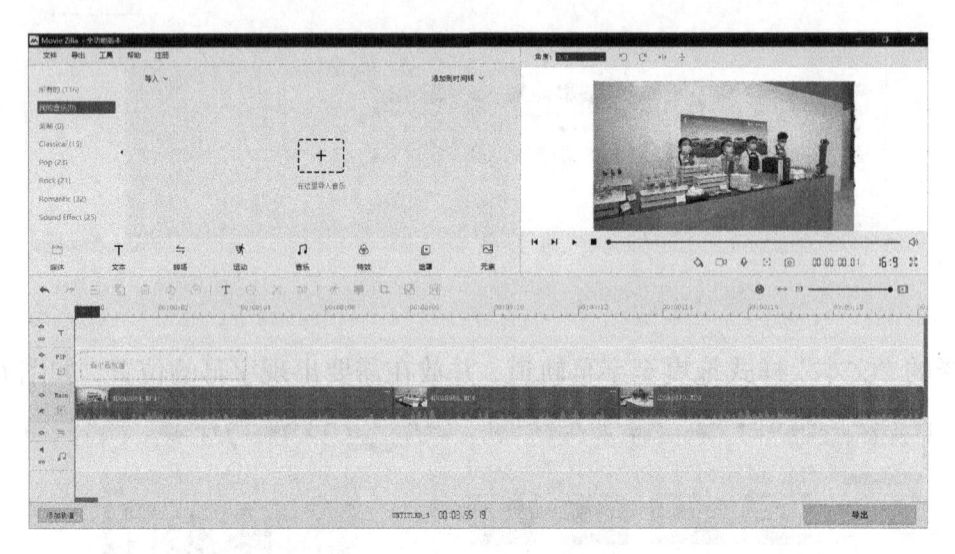

图 6-63 导入音乐素材

在弹出的对话框中，依次双击打开分级文件夹："2020.09.30-2020 年北京国际汽车展-北京某餐饮管理有限公司"/"素材"/"音频"/"配乐"，即可显示"配乐"文件夹中的所有素材图标。选择所需素材后，单击"打开"按钮，将音乐素材导入音乐库中，如图6-64所示。

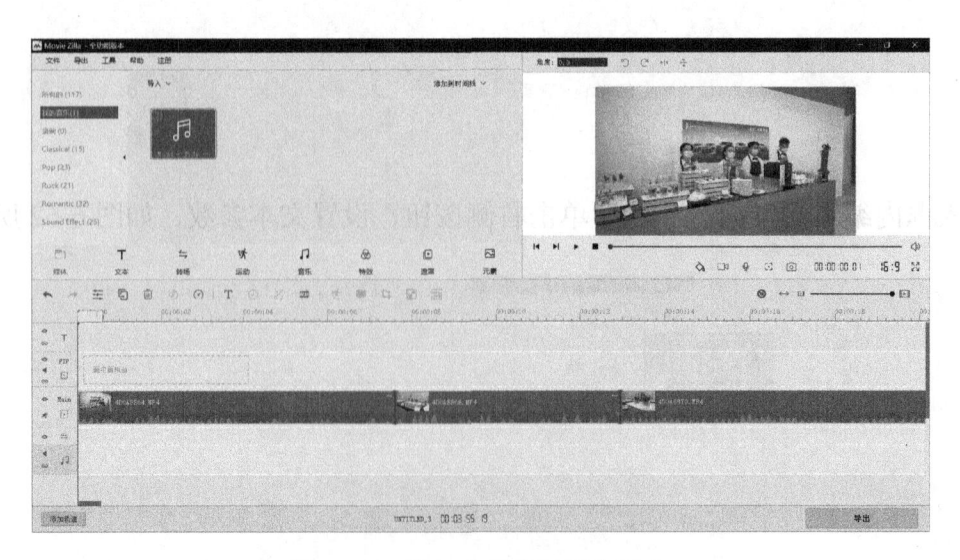

图 6-64 添加音乐素材至音乐库

将所需音乐素材从音乐库中拖曳至音乐轨道,并放在需要配乐的位置,如图 6-65 所示。

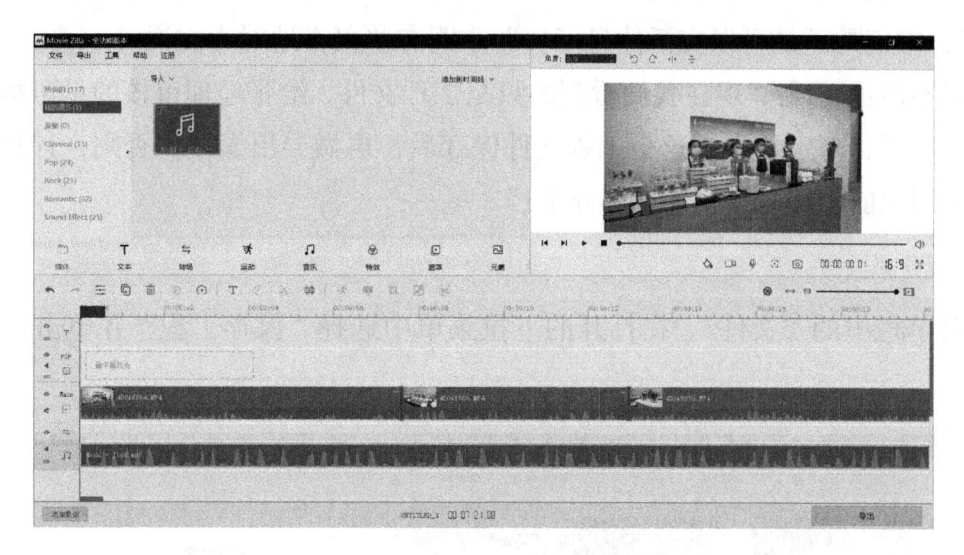

图 6-65 拖曳音乐素材至音乐轨道

2. 音乐编辑

音乐素材的时长往往不能与需要配乐的视频画面时长匹配,这就需要我们对导入的音乐素材做分割处理。其操作方式与视频的分割一样,利用时间线定位,通过"切分"完成音乐素材的分割操作。分割后的音乐片段,可以进行复制、位置调整及删除等操作,如图 6-66 所示。

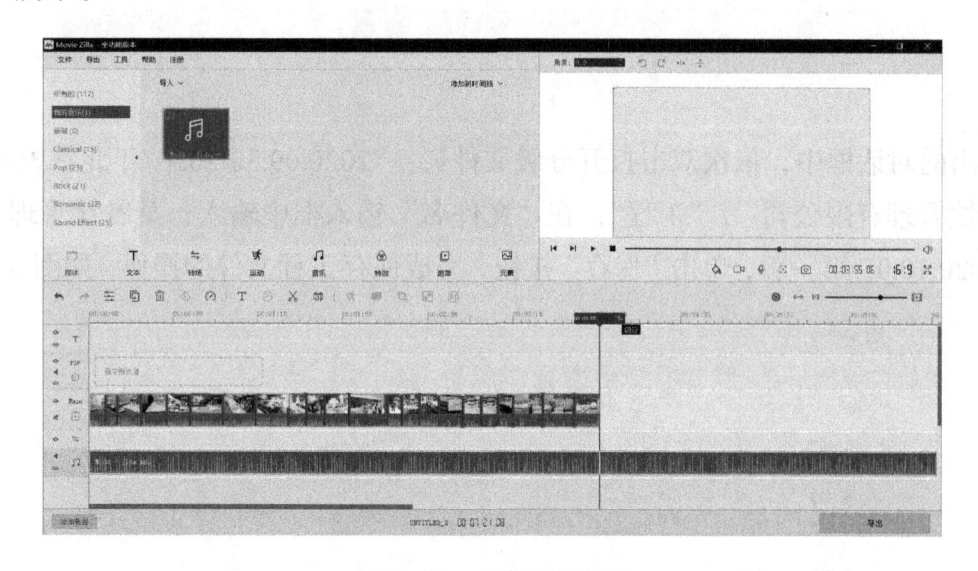

图 6-66 分割音乐素材

6.3.8 生成视频

经过一番努力,嘉文带领小明终于完成了宣传视频的第一轮剪辑。

"做后期真不容易啊!"小明感慨道。

"一个好的剪辑师不仅要有娴熟的技术,还要有一定的艺术修养。"嘉文意味深长地对小明说道。

"文哥，咱们是不是可以交活休息了？"小明有些兴奋地对嘉文说。

嘉文回答道："不行，现在我们看到的只是工程文件，给张经理审核的是可播放的视频媒体文件。对了，一定要先把这个工程文件保存后，再做导出操作，否则，计算机一旦出现故障，咱俩之前的努力可就前功尽弃了！"

1. 保存工程

单击菜单栏中的"文件"，在打开的下拉菜单中选择"保存工程"并单击，如图 6-67 所示。

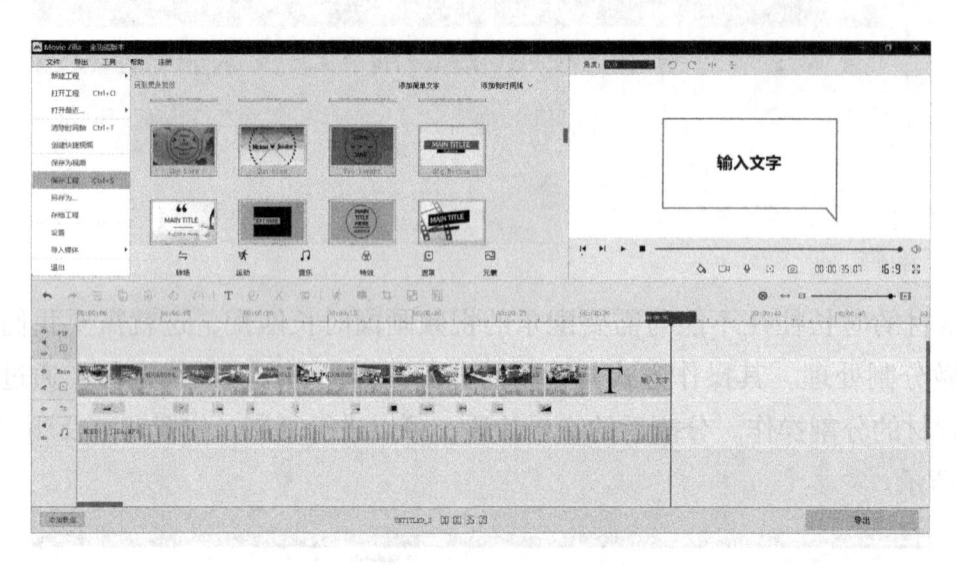

图 6-67 保存工程

在弹出的对话框中，依次双击打开分级文件夹："2020.09.30-2020 年北京国际汽车展-北京某餐饮管理有限公司"/"工程"，在"文件名"输入框中输入：某餐饮管理有限公司宣传片-2020.10.01-第一版，单击"保存"按钮，完成保存工程文件的操作，如图 6-68 所示。

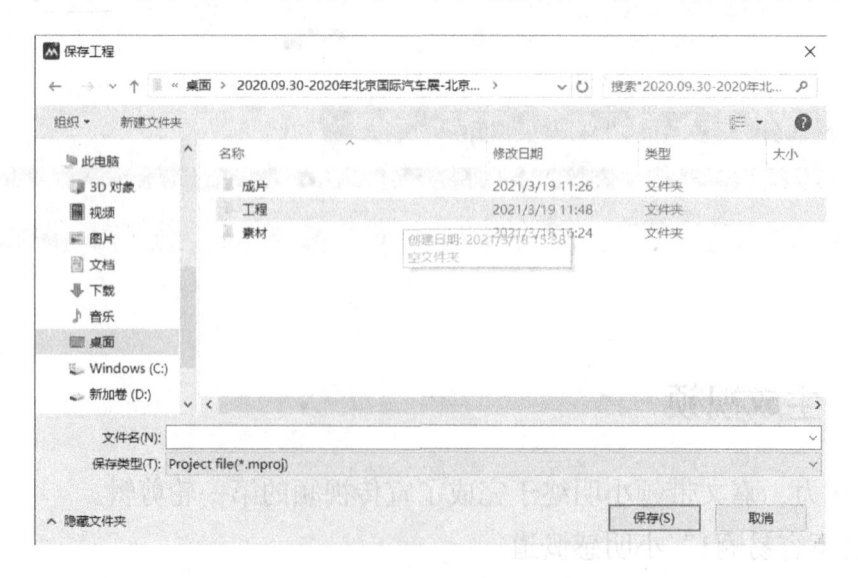

图 6-68 保存工程文件的路径

2. 导出视频成片

单击菜单栏中的"导出",如图 6-69 所示。

在弹出的对话框中,根据视频的用途对选项卡、列表、下拉列表及输入框进行选择和输入,以完成视频成片参数的设置。

视频成片的存盘路径应选择:"2020.09.30-2020 年北京国际汽车展-北京某餐饮管理有限公司"/"成片"。

完成设置后,单击"导出"按钮,如图 6-70 所示。

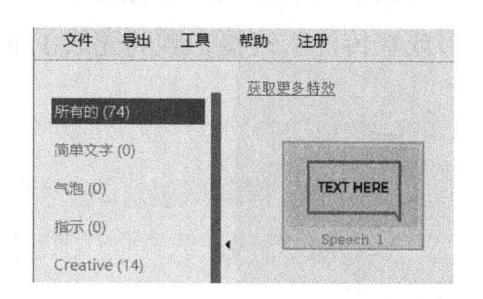

图 6-69 导出视频

图 6-70 参数设置

随后,程序进入工程渲染导出阶段。导出需要一段时间,如图 6-71 所示。

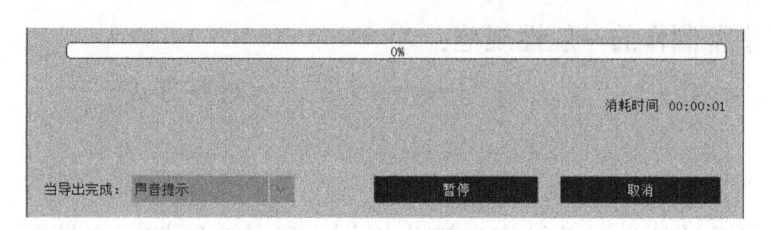

图 6-71 导出进度条

渲染导出结束后,进度条会自动消失。此时,我们打开"成片"文件夹,就能看到一个导出的可供播放的视频媒体文件。

到此,一个完整的视频加工、合成制作的流程就结束了。

"现在,咱们就可以把这个视频媒体文件复制出来,送到张经理办公室,请他进行审核了。"嘉文笑着对小明说道。

"文哥,这项工作就交给我吧。"小明用充满敬佩的眼光看着嘉文,说道。

"好的,复制好了咱们一起去张经理办公室。"嘉文回答道。

经过张经理及客户方李总的审核,根据他们反馈的改进意见,嘉文带领小明又对工程文件做了几次修改。在他们的不懈努力下，终于在拍摄方案规定时限内通过了李总的审核，形成宣传片的终稿，顺利完成了本次项目最后环节的制作。

扫一扫

《某餐饮管理有限公司宣传短视频——车展活动篇》

对照表 6-4，大家可以通过扫描右侧二维码，观看完成后的宣传短视频成片。

分镜头脚本属于拍摄前的一个策划，所以在最后呈现的视频成片中，我们会发现两者在画面内容、镜头/景别运用、时长等方面存在差异，这属于实际操作中的正常现象。因为在拍摄过程及后期剪辑中，项目团队会根据现场的实际情况及客户需求做适度调整。

车展成片

学习检验

在项目结束的第二天，"小明，你是否已经掌握上面所学的内容？"张经理问道。

"张经理，您是不是要考考我？我这次学到了不少东西，如后期编辑要遵循的流程标准、剪辑软件的使用，特别是明白了为什么要按照规范化流程去工作。因为这样能使工作进程有条理，还能提高效率。"小明回答道。

张经理笑着，拿出一份检测题。

1. 根据数字视频后期制作的标准，请按工作流程写出后期制作的八个环节。

（1） （2） （3） （4）
（5） （6） （7） （8）

2. 写出以下字幕制作的一般性规范：

字体— 字色— 字号— 对齐方式—

学习小结

表 6-20 是小明设计的学习总结表，请你根据自己的实际情况来填写。

表 6-20 学习总结表

主要学习内容	学习方法	学习心得	待解决的问题
整体总结：			

几天后，"文哥，谢谢你在这个项目后期给予我的指导，让我提升了不少。"小明说着，递给嘉文一杯咖啡。

"谢谢小明！"嘉文接过小明递过来的咖啡，喝了一口，接着说道："其实大家都是这么过来的。对一个项目来说，只要用心去做，在业务上肯定都会有提升的。"

"文哥，我看你在后期精剪时，对快捷键的使用特别熟练，透着一种专业范儿，我也想学。"小明充满期待地说。

"就冲你这股好学的劲头儿，没问题，等我把手头的事情处理完，就把常用快捷键整理好发给你。"嘉文回应道。

嘉文发给小明的 Movie Maker 2020 常用快捷键一览表见表 6-21。

表 6-21　Movie Maker 2020 常用快捷键一览表

功能	快捷键	功能	快捷键
创建新项目	Ctrl+N	打开已有项目	Ctrl+O
保存项目	Ctrl+S	另存项目	F12
剪切	Ctrl+X	复制	Ctrl+C
粘贴	Ctrl+V	删除	Delete
显示帮助主题	F1	清除情节提要/时间线	Ctrl+Delete
撤销上一个操作	Ctrl+Z	恢复上一个操作	Ctrl+Y
放大时间线	PAGE Down	缩小时间线	PAGE UP
导入选定数字媒体文件	Ctrl+I	将选定的剪辑添加到情节提要/时间线	Ctrl+D
前进	Ctrl+Alt+右方向键	后退	Ctrl+Alt+左方向键
移动时间线至上一帧	Alt+左方向键	移动时间线至下一帧	Alt+右方向键
向左微移素材	Ctrl+Shift+B	向右微移素材	Ctrl+Shift+N
设置起始剪裁点	Ctrl+Shift+I	设置终止剪裁点	Ctrl+Shift+O
清除剪裁点	Ctrl+Shift+Delete	选择所有剪辑素材	Ctrl+A
播放情节提要/时间线内容	Ctrl+W	分割	Ctrl+L
转到第一项（在时间线轨道上、情节提要上或在"内容"窗格中）	Home	转到最后一项（在时间线轨道上、情节提要上或在"内容"窗格中）	End
选择以上项（在时间线轨道上或在"内容"窗格中）	上方向键	选择以下项（在时间线轨道上或在"内容"窗格中）	下方向键
选择上一项（在时间线轨道上、情节提要上或在"内容"窗格中）	左方向键	选择下一项（在时间线轨道上、情节提要上或在"内容"窗格中）	右方向键
倒回情节提要/时间线内容	Ctrl+Q	显示或隐藏情节提要/时间线	Ctrl+T
停止播放情节提要/时间线	Ctrl+K	播放或暂停剪辑	空格键
全屏播放视频	Alt+Enter	合并连续的剪辑素材	Ctrl+M
重命名收藏或剪辑	F2	保存电影	Ctrl+P
捕获视频	Ctrl+R		

任务 6.4 虚拟现实技术在媒体中的应用

虚拟现实技术是近年来发展起来的高新技术，目前已广泛应用在虚拟人体、医学教育、虚拟外科手术、远程医疗、健康保健、医疗培训、临床诊断和医学干预等领域。在媒体中应用虚拟现实技术，通过将虚拟现实技术与多媒体技术融合，创造亦真亦幻的虚拟景象，带来视觉震撼。通过本任务的学习，了解虚拟现实技术和增强现实技术，并使用移动终端、穿戴式设备等体验应用效果。

任务情境

小明把制作好的短片交给客户，并按照公司要求及时对客户进行回访。

客户方经理说："宣传短片效果挺不错，但我有点儿想法。"

"有什么您尽管说。"小明马上回应道。

"就是传统的宣传片不能带来身临其境的感觉，有没有什么技术可以更好地表现现场感？"

"您说的是虚拟现实技术和增强现实技术吧，这个可是新技术，您确实能抓到时代的脉搏。"小明竖起大拇指。

"好的，我们以后还找你们公司做能带来这样效果的宣传短片。"客户方经理看起来对小明很满意。

对于虚拟现实技术和增强现实技术，小明也是一知半解，于是小明赶紧找资料，开始学习。

学习目标

1. 知识目标

能说出虚拟现实技术的基本特征和工作原理。

2. 能力目标

了解利用全景相机等工具制作虚拟现实媒体作品的一般方法。

3. 素养目标

能够认识到虚拟现实技术对媒体的影响，并积极思考虚拟现实技术如何造福人类。

活动要求

借助学习资料开展自主学习，了解虚拟现实技术，并进行体验。

任务分析

小明收集了相关资料，通过思维导图对任务进行分析，如图 6-72 所示。

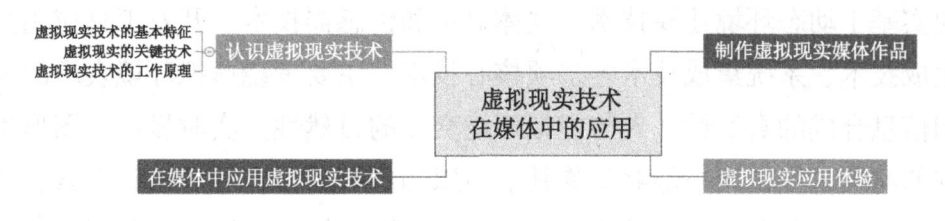

图 6-72 思维导图

小明厘清了思路，按思维导图整理好资料，开始对"虚拟现实技术在媒体中的应用"进行学习。

任务实施

6.4.1 认识虚拟现实技术

虚拟现实技术是指以计算机技术为核心，融合计算机仿真、图形、传感、人工智能、显示、网络并行处理等技术，同时借助传感头盔、数据手套等设备，让用户在虚拟构造的三维动态环境中体会实体行为的仿真性技术。该技术突破了原有的视觉和听觉感知系统，使得人们能够产生味觉、触觉等感官体验，这也正是虚拟现实技术能够被广泛应用的原因所在。我们经常谈论的增强现实技术、混合现实技术也是基于虚拟现实技术发展而来的。

虚拟现实技术的应用很广泛，如图 6-73 所示。

1. 虚拟现实技术的基本特征

虚拟现实技术具有以下基本特征：

（1）多感知性，通过视、力、触、味、嗅等感官系统进行体会。当前由于受技术的限制，只能模拟视、力、触、运动、味、嗅等感知系统，而完全模拟现实中所有的感官，是虚拟现实技术发展的趋势。

（2）沉浸性，指用户以第一人称存在于虚拟世界中的真实体验。当前，虚拟现实技术还需要借助头盔、眼镜等设备进行体验，还远远谈不上真实性。

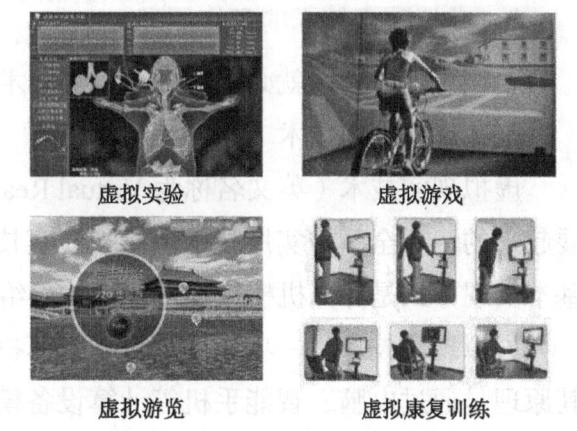

图 6-73 虚拟现实技术的应用

（3）交互性，指让用户在虚拟世界中如同在现实世界一样，通过对物体的触摸和使用等，感受物体的形体、重量、颜色等互动信息。

（4）构想性，指虚拟现实技术可拓宽人类认知范围，不仅可以再现真实存在的环境，还可以随意构想客观不存在的环境，甚至不可能发生的事件。

2. 虚拟现实的关键技术

虚拟现实基于动态环境建模技术、立体显示和传感器技术、开发工具应用技术、实时三维图形生成技术、系统集成技术等多项核心技术，主要围绕虚拟环境表示的准确性、虚拟环境感知信息合成的真实性、人与虚拟环境交互的自然性，实时显示、图形生成、智能技术等问题的解决，使得用户能够身临其境地感知虚拟环境，从而达到探索、认识客观事物的目的。在虚拟现实中要模拟视觉、听觉、触觉等，让用户体验，还要依托计算机科学、力学、声学、光学、机械学、生物学等学科。虚拟现实的关键技术为：

（1）实物虚化

实物虚化主要是指把现实中的物体或构想的事物通过虚拟世界呈现出来，主要包括构建模型、空间跟踪、声音定位、视觉跟踪等关键技术，这些技术的应用使得虚拟世界更加真实。其中，通过三维制作软件来进行模型的构建，通过硬件设备进行空间、视觉和声音跟踪的制作。

（2）虚物实化

要进入虚拟现实环境，通常需要戴上特制的头盔和数据手套，让你看到和感受计算机生成的整个人工世界，并在虚拟世界中操作各种对象。实现虚物实化主要是通过视觉、触觉、听觉和力学等各种传感器的共同作用，如数据手套、数据衣、头盔显示器等。但现有的虚拟现实技术依然无法满足虚拟现实系统的要求，存在许多缺点，例如，数据手套存在分辨率低、延时长、使用范围小等问题。因此，要研发更先进的传感器。

3. 虚拟现实技术的工作原理

要谈工作原理，就必须将虚拟现实技术与增强现实技术区别开。

（1）虚拟现实技术

虚拟现实技术（英文名称为 Virtual Reality，缩写为 VR）又称灵境技术，是 20 世纪发展起来的一项全新的实用技术。虚拟现实技术集计算机、电子信息、仿真技术于一体，其基本实现方式是计算机模拟虚拟环境从而给人以环境沉浸感。

虚拟现实技术是一项允许用户在计算机仿真环境进行实时交互的人机界面综合技术。其原理是通过电脑、智能手机等计算设备模拟生成一个可交互的、完全封闭的三维虚拟空间，为用户提供视觉、听觉、触觉等感官沉浸模拟，如同身临其境一般。虚拟现实技术的工作原理如图 6-74 所示。

在虚拟现实领域里，被大家熟知的有 VR 眼镜。VR 眼镜是"虚拟现实头戴式显示器设备"的简称，也可称为 VR 头显。

VR 眼镜的主要配置就是两片透镜，能修正进入晶状体的光线的角度，使其被人眼读取时，能产生增大视角、将画面放大、增强立体效果的效果，让人有身临其境的感觉。典型的 VR 眼镜外观如图 6-75 所示。

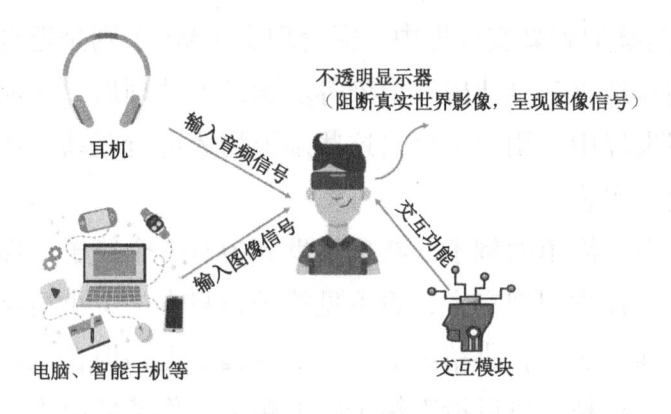

图 6-74 虚拟现实技术营造出封闭的、虚拟的世界

图 6-75 典型的 VR 眼镜

（2）增强现实技术

增强现实技术（英文名称为 Augmented Reality，缩写为 AR）是一种将虚拟世界和现实世界相互融合的技术，一种实时地计算摄影机影像的位置及角度并加上相应图像的技术。这种技术可以通过全息投影，在镜片的显示屏幕中把虚拟世界叠加在现实世界，用户可以通过设备进行互动。

一个典型的 AR 系统结构由虚拟场景生成单元、透射式头盔显示器、头部跟踪设备和交互设备构成。其中，虚拟场景生成单元负责虚拟场景的建模、管理、绘制和其他外设的管理；透射式头盔显示器负责显示虚拟和现实融合后的信号；头部跟踪设备用于跟踪用户视线变化；交互设备用于实现感官信号及环境控制操作信号的输入输出。增强现实技术的工作原理如图 6-76 所示。

眼镜外观的 AR 系统也被称为 AR 眼镜，AR 眼镜不仅能展现真实世界中的信息，而且能将虚拟的信息同时显示出来，两种信息相互补充、叠加。在视觉化的增强现实中，用户利用 AR 眼镜，把真实世界与电脑图形多重合成在一起，获取更丰富的信息。目前，AR 眼镜在城市导游、导览、导购中都有较成熟的应用。AR 眼镜的外观如图 6-77 所示。

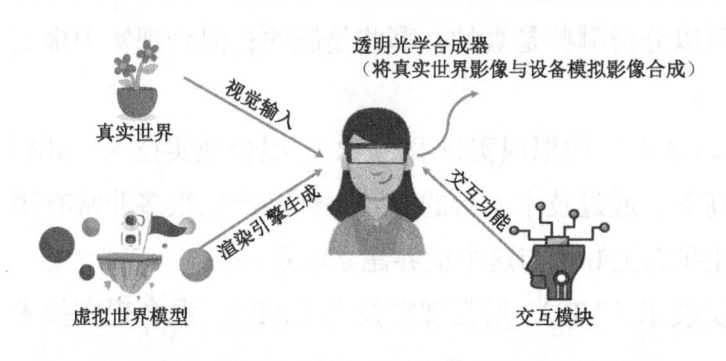

图 6-76 增强现实技术营造出与现实混合的世界

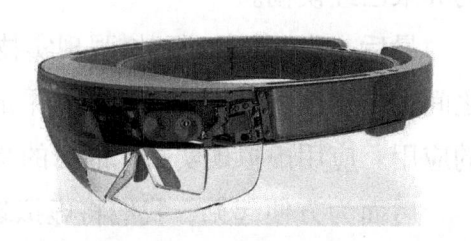

图 6-77 典型的 AR 眼镜

（3）混合现实技术

混合现实技术（英文名称为 Mix Reality，缩写为 MR），既包括增强现实，也包括虚拟现实，指的是合并现实和虚拟世界而产生的新的可视化环境。利用混合现实（MR）技术，用户可以看到真实世界（增强现实的特点），同时也可以看到虚拟的物体（虚拟现实的特点）。

相对于增强现实（AR）是把虚拟的东西叠加到真实世界中，混合现实（MR）则是把真实的物体经过三维建模、渲染等步骤进行处理后，叠加到虚拟世界中，用户可以与这些虚拟物体进行互动，从而产生真实感。

举个简单的例子，在现实世界中有一个箱子，你面向它。在虚拟现实中，看不见箱子，只有一个小精灵；在增强现实中，小精灵能"站"在箱子上；但在混合现实中，小精灵可以沿着箱子爬上爬下，你若伸出手，它甚至可以直接爬到你的手心上，这就让虚拟和现实之间开始"真假难辨"，如图6-78所示。

混合现实技术的原理是融合增强现实技术与虚拟现实技术，目前的趋势是与智能终端联系得更加紧密。

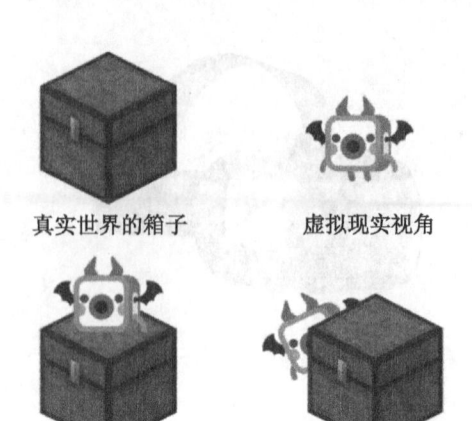

图6-78 不同视角下画面的比较

> **说一说：虚拟现实技术的应用**
>
> 现在，大家可以查找虚拟现实技术的相关应用，并辨别该应用属于增强现实技术（AR）、虚拟现实技术（VR），还是混合现实技术（MR）。
>
> 然后大家畅想一下，利用虚拟现实技术可以做哪些好玩的事？

让我们用一句话总结虚拟现实（VR）、增强现实（AR）、混合现实（MR）：虚拟现实是指通过VR设备给用户营造一个完全虚拟的空间；增强现实是指将真实的环境和虚拟的物体实时地叠加在同一个画面或空间中；混合现实是指在虚拟环境中引入现实物体信息，它集合了VR与AR的优点。

简单来说，虚拟现实把真实的你带进虚拟世界中，看到的一切都是假象；而增强现实则将虚拟影像在真实世界中呈现，你可以分辨哪些是真的，哪些是假的；混合现实中虚实的界限已经模糊。

最后，我们要知道，增强现实技术（AR）、虚拟现实技术（VR）、混合现实技术（MR）之间，不存在技术的优劣，或效果的高下，通过技术人员的开发，都能产生很多非常有用的应用。应用虚拟现实技术的目的是让我们更好地与这个世界建立联系。

后面为方便起见，我们将虚拟现实技术（VR）、增强现实技术（AR）、混合现实技术（MR）统称为虚拟现实技术。

6.4.2 在媒体中应用虚拟现实技术

新技术对媒体的发展方向往往起着至关重要的引领作用，这已经在媒体的发展史中得到充分体现。随着虚拟现实技术的不断发展，它已俨然成为一种新的传播方式和交流工具，它颠覆了用户的感官体验，塑造了一种全新的"沉浸式传播"的交互模式。作为一种极有潜力的、可实现跨时空在场交流的新型传播媒介，虚拟现实技术将对媒体的发展产生巨大的影响，目前传播界已利用虚拟现实技术做出许多尝试，且取得较好的传播效果。

1. 网络游戏

传统的网络游戏技术，往往注重游戏世界的设定，而忽视玩家体验。虚拟现实类游戏提高了玩家体验，实现了逼真的虚拟现实景观和三维视觉效果，使玩家通过交互界面及装置，轻松直观地与虚拟世界进行沟通和体验，使玩家产生身临其境的感觉，甚至直接感受到虚拟环境中对象的反馈作用。

2. 虚拟旅游

随着三维网络技术的发展，越来越多的旅游景点设置景点虚拟网络，通过这些生动的三维图像，满足人们对旅游目的地的了解需求，或者供没有去旅游景点的游客享受虚拟旅游、异国旅游。同时，也可以超越现实的虚拟旅游景观，再现已经不存在或将不复存在的旅游景观。

3. 远程教育

网络虚拟教室以及虚拟实验室的产生开拓了传统教学无法达到的区域，给学生提供了更多学习和实践的机会。同时，在表现三维空间的一些知识，如分子结构、分子结合过程等方面，与传统的教学方法相比，三维交互的独特性表现出更强的生命力。

4. 电视节目

虚拟现实技术逐渐应用于电视节目中，其主要应用于虚拟演播室、新闻现场模拟以及综艺节目。在现场直播的节目中，使用这种虚拟植入技术无须后期进行制作合成，就能实现植入后的全景模拟效果，给传统的电视节目制作提供了更广泛的制作可能。例如，在《天气预报》等节目中，可以实时对天气场景进行虚拟；在体育赛事的直播中，可以显示与运动员相关的数据；在大型晚会上，可以营造与演出节目相关的虚拟场景或唯美的光效；在军事节目中，可以加入相关的飞机、军舰和战事沙盘等特效；在综艺节目中，可以引进虚拟角色与真人进行互动。虚拟现实技术丰富了电视节目的视觉表现，能给观众耳目一新的视听体验。

5. 影视作品

虚拟现实技术的应用为虚拟影像生成提供了新的技术依托，从类别来看，包括三类：

（1）完全由虚拟现实技术营造的虚拟影像，在制作此类电影时，不需要拍摄真实素材，也不需要真人演员与拍摄场地，电影中的画面、角色、场景等，均是应用虚拟现实技术模拟的，只要进行简单的计算机模拟，尽管是通过技术生成的，但影像却非常真实，如《玩具总动员》，其中的玩具角色都是利用虚拟现实技术生成的。

（2）真实影像与虚拟现实技术结合的影像，将真实场景与虚拟现实技术结合，营造出真实、震撼的效果，如《侏罗纪公园》。

（3）利用虚拟现实技术模拟传统拍摄方式，在电影拍摄中，很多场景无法用传统摄影技术拍摄而成，此时即可利用虚拟现实技术，如《阿凡达》中的奇幻星球画面采用虚拟现实技术制作而成，提高了影片艺术表现力，增添了奇幻色彩。

6.4.3 制作虚拟现实媒体作品

从前面内容我们了解到，采用虚拟现实技术可以制作种类繁多的媒体作品。其中，三维全景就是一种比较容易掌握的形式。

1. 认识三维全景

三维全景是基于全景图像的真实场景虚拟现实技术。全景是指把相机环 360° 拍摄的一组照片拼接成一个全景图像，也可以用全景相机拍摄一次，就可以获得全景图像。在拼接或者通过全景相机成像后，使用专业三维平台建立数字模型，可以得到其全景的矩形投影图，然后用全景工具软件即可实现全方位互动式观看的真实场景还原展示。在制作过程中添加功能键，如拉近距离、放大、左右移动键等，可以使用浏览器或播放软件在普通电脑上观看，并用鼠标控制观看的角度，可任意调整远近，仿佛置身于真实的环境中，获得全新的感受，如图 6-79 所示。

图 6-79　故宫博物院的三维全景界面

2. 三维全景的特点

由于三维全景具有真实性、全视角等特点，因此得到普遍应用。特别是随着网络技术的发展，其优越性更加突出。它改变了传统网络图片交互差的状况，让人们在网上能够进行 360° 即全视角观看，并且通过交互操作可以实现自由浏览，从而体验虚拟现实般震撼的视觉效果。

三维全景具有以下几个特点：

（1）制作技术简单、制作周期短、成本低。

（2）全景图片文件采用先进的图像压缩与还原算法，文件较小，一般只有 100～150K，利于网络传输。

（3）全景图片是真实场景的三维展现，信息量大，360°无死角，具有超强立体感和沉浸感。

（4）有一定的交互性，用户可以通过鼠标任意放大或缩小自己的视角，能如亲临现场般环视、俯瞰和仰视。

（5）不受时间、空间的限制，可以随时随地全景观看。

（6）能使用多平台展示，如PC、手机、触摸屏等。

（7）可以加入提示语、场景热点、地图、交互的指南针、文字描述、声音介绍和音乐背景等，多媒体形式丰富。

3. 三维全景的制作

三维全景的制作看似高深，其实对于普通用户来说，只要掌握一定技巧，也是可以轻松搞定的。简单来说，三维全景的制作流程首先是拍摄全景照片，就是将相机固定在某一点上，以该点为圆心在一个平面内旋转相机，通过改变镜头的拍照角度，将影像分段连续拍摄下来，然后把所拍的照片进行拼接，形成一张完整的全景照片，最后对全景照片进行处理就可以发布了。整个制作流程如图6-80所示。

（1）全景照片的拍摄

全景照片的拍摄目前主要有以下三种方法。

①拍摄方法一

拍摄设备：单反相机+鱼眼镜头+全景云台+三脚架。

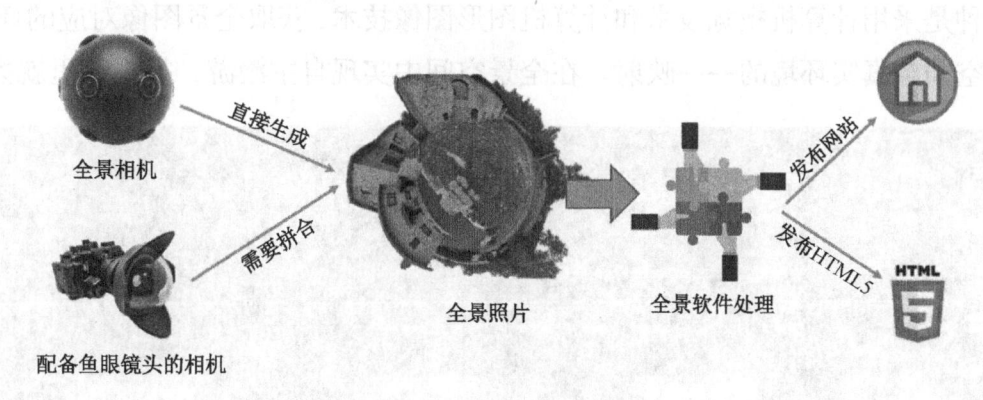

图6-80 三维全景的制作流程

拍摄方式：将配备鱼眼镜头的单反相机通过全景云台安装在三脚架上，焦距调至8mm以获得最大拍摄画幅，水平旋转全景云台，每转60°拍摄一张照片，转一周共拍摄6张照片；特定场景需要再对天、地各补拍一张照片，用于细致度要求较高的全景展示在制作2:1全景图时的补天补地。

②拍摄方法二

拍摄设备：全景相机等一次性成像设备。

拍摄方法：通过全景相机，可以一次性拍摄多张照片并自动合成一张2:1的全景照片。可以把全景相机安装在三脚架上拍摄，某些小型全景相机还可通过手持自拍杆拍摄。

③拍摄方法三

拍摄设备：航拍无人机。

拍摄方法：常规的 VR 全景航拍，需要让无人机在拍摄区域上空定点拍摄一组照片，一般得有几十张，然后合成一张 2∶1 的航拍全景图。由于无人机自带镜头拍摄的照片清晰度有限，在特殊情况及要求下，可以外挂全景相机及全景云台来进行更专业的空中全景拍摄。

以上三种方法各有利弊，大家请量力而行，初学者使用手机也是可以体验的。

（2）全景照片的合成

把拍摄好的照片导入全景图拼接软件（如造景师、VR 漫游大师），然后单击"拼接"按钮，仅需几分钟即可轻松拼出一幅高质量的 360°全景图，如图 6-81 所示。

图 6-81　全景照片的合成

（3）全景照片的处理

全景软件可对全景照片进行处理，以便进行全景漫游编辑。三维全景漫游是指在由全景图像构建的全景空间里进行切换，达到浏览各个不同场景的目的，如图 6-82 所示。

目前，实现三维全景漫游的技术有两种：

一种是在三维全景或地图中添加其他三维全景的链接，链接可以是箭头或者脚印等形式，浏览者在单击其他三维全景的链接时，会切换到其他三维全景，进行浏览。

另一种是采用计算机视觉技术和计算机图形图像技术，获取全景图像对应的环境模型，实现全景空间与真实环境的一一映射。在全景空间中实现自主漫游，想去哪里就去哪里。

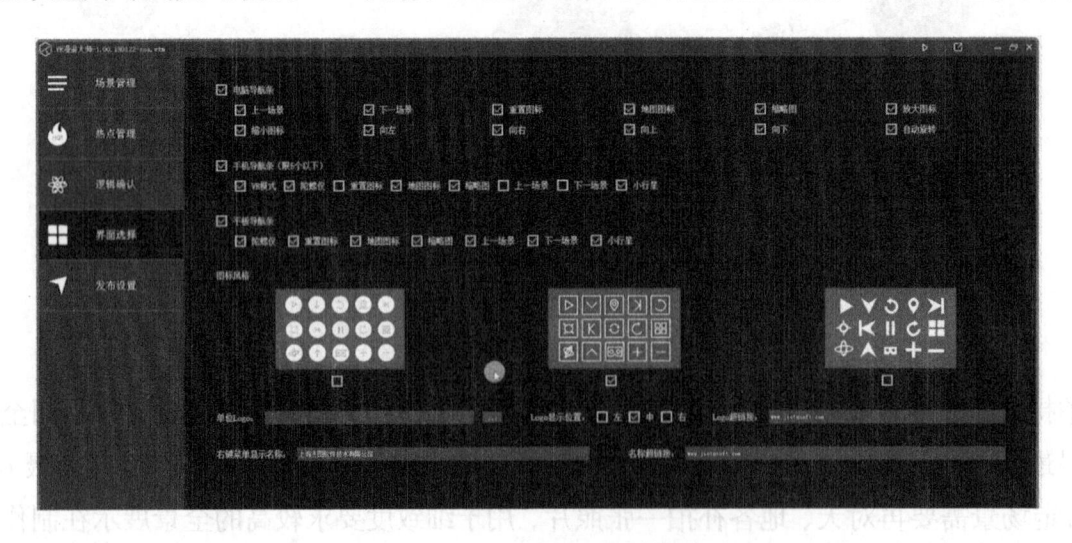

图 6-82　全景照片的处理

采用这种漫游技术的优点是浏览者可以单击或者双击三维全景中的地面来实现场景切换，可大大简化漫游的操作。同时该方法一般在场景中采集尽可能多的视点，所以浏览者想去哪里，只要单击该处的地面就可以实现，能够浏览该场景中的任意细节，增强了漫游的真实感与沉浸感。

（4）全景照片的发布

当我们完成全景图的处理后，就需要进行发布了，这也是至关重要的一步，发布时用不同的格式，有不同的用途。接下来我们就来介绍发布中常见的几种格式。

第一种是 Flash VR 格式，这种格式适合用 PC 观看，也是我们推荐的格式，它拥有分级分块机制，因此当我们在网络上在线观看时，打开速度非常快。

第二种是 HTML5 格式，该格式适合用手机观看，并且默认开启分级分块，用户不必担心发布文件过大导致打开慢，或者产生过多的数据流量。

第三种是 Flash VR（swf）格式，同样适合用 PC 观看，与 Flash VR（exe）文件相似，发布的是一个单独的 swf 文件，也适合本地观看不适合打包过大的漫游作品，但需要安装 Flash 插件。

如今，三维全景在各行各业中的应用越来越多，例如，我们大家所熟悉的全景看车、全景看房均是由三维全景技术实现的。三维全景在景区、展会、餐饮、酒店、博物馆等行业中同样备受欢迎，随着技术的不断进步，解决方案也越来越完善。三维全景中所嵌入的各种应用功能是解决某些行业痛点的关键。

> **试一试：三维全景我会拍**
>
> 请大家利用现有的设备，如相机、拍照手机等，拍摄多张照片并利用工具进行拼合，也可以使用手机的全景照相功能拍摄全景图。然后通过软件处理，使之实现漫游效果。
>
> 小提示：由于设备限制，这样完成的三维全景可能不能实现 360° 无死角的漫游。

6.4.4 虚拟现实应用体验

小明通过前面的学习，已经全面了解虚拟现实技术。虚拟现实技术的应用让他越来越想赶紧体验一下。

小明把自己的想法告诉张经理，张经理说："刚好，我认识一家公司，主要开展虚拟现实技术的体验和推广，这样吧，我们整个部门组织一次体验活动。"

"太棒了！"小明兴奋地跳起来。

"不过有两点要求，第一，你要打前站，掌握器材的应用方法和注意事项；第二，你要完成本次活动的策划和组织。"

"没问题，交给我吧。"小明信心满满地说。

> **试一试：虚拟现实体验主题活动策划**
>
> 请你利用身边可使用的虚拟现实设备，设计主题体验活动，与朋友们共同体验虚拟现实技术的魅力。
>
> 请参考下面的活动提示，完成活动策划。

完成一项活动的策划并不容易，一套完整的策划案中一般包括活动目的、活动主题、活动规模、活动场地、活动时间、活动形式、活动流程、活动推广、花销预算。

1. 活动目的

在举办一项活动之前，首先要明确此次活动的目的，如交流、学习、体验等。其次要调查活动的背景，定位本次活动的参加人员。做好活动调查，才能为成功举办活动做好准备。针对活动的可实施性进行再次讨论，确保活动的目的不会轻易改变。

2. 活动主题

明确活动的目的后，需要一个主题来驱动整个活动的筹备。活动主题应该通过一句话来概括，让参加人员明白活动内容，并能达到吸引参加人员的效果，所以文案得精炼，直击痛点。如本次活动的项目主题，小明就确定为"亦真亦幻，感知新体验"。

3. 活动规模

参加人员通常包括现场布置人员、活动主持人、技术支持人员、邀请的嘉宾及一般参与者等。如本次活动，就需要小明先进行探场，不仅要掌握各种虚拟现实设备的操作方法，还要根据参会人数，配置相应的技术指导员和安全员。

4. 活动场地

场地的选择主要取决于活动的规模，要考虑参会人数，以及有可能出席活动的来宾的身份，还要考虑活动内容与场地是否匹配。场地的位置和设施也很重要，应该找有专人负责的场地，确保安全性、设施和服务都不会出现问题。另外，在做决定之前，应该多找几个场地，并亲自检查它们的位置、服务、环境以及价格，比较之后再做决定。必要时，应该有场地的备选方案。

5. 活动时间

如果你希望预设的参加人员尽可能地出席，则必须合理设置活动时间，吸引重要嘉宾和主要参加人员。若活动时间安排在周末休息时间，可能导致参加人员积极性不高。

6. 活动形式

活动可在线上和线下进行，在形式上也要多种多样。线上形式可以是测试、抢答、视频展示、打卡、助力、积分、集赞、抽奖、小游戏、收集、竞猜等，线下形式可以是体验馆、比赛、论坛沙龙、讲座、音乐节、展会、嘉年华、发布会、运动会等。本次活动在现场开展，主要形式为虚拟现实体验和项目竞技。

7. 活动流程

所有的活动，基本上 80% 的工作都在计划和准备阶段，相比而言，活动当天的几个小时要轻松得多。在活动开始的前一天，你需要提前探查场地，确保一切都已安排就绪，包括麦克风、投影仪、视频系统、活动物料，都必须在你的检查范围内，你最好准备一个清单，以确保所有需要的东西都已经运到活动场地。现场活动中，人员分组是一个非常关键的问题，一般现场活动要由各组人员的共同努力才能衔接得如行云流水。通常可以分成几个组，如舞台组、后勤组、接待组、保安组等。你还需要关注活动当天每个执行岗位上人员的调度，以及活动当天视频、灯光、音响、表演走位，活动流程衔接与意外情况处理，活动的收尾检查。

8. 活动推广

活动推广包括前期宣传和后期传播。

活动需要宣传和推广。在活动前应采用邀请函、海报等形式进行活动邀请和宣传，制造热度，以便活动当天参加人员的规模能达到预期。在活动后，可以通过公众号、朋友圈、短视频平台等形式对活动进行展示和总结，扩大活动效果。

9. 花销预算

大部分活动都需要预算支撑。预算要略有富余。

活动费用预算包括交通费用、场地费用、餐饮费用、虚拟现实设备租金、工作人员聘请费、临时性费用。

较大的活动通常预算也较高，应该由专人负责核算和审批。

以上就是活动策划需要提前了解的知识。现在，请围绕虚拟现实技术体验活动设计一个方案吧（见表6-22）。

表6-22 虚拟现实体验主题活动方案设计

虚拟现实体验主题活动方案	
	策划者：
活动主题	
活动目的	
活动规模	
活动场地	
活动时间	
活动形式	

续表

虚拟现实体验主题活动方案	
	策划者：
活动流程	物品清单：
	人员分工：
	活动步骤：
活动推广	
花销预算	

如果身边没有虚拟现实设备，可以询问当地科学馆或社区的相关人员，主动寻找体验场所。

学习检验

小明完成了本任务的学习。

"评价是个好习惯。"小明自言自语道，并设计了一张评价表。

该表为本任务的完成情况评价表（见表6-23），请你根据实际情况来填写。

表 6-23 完成情况评价表

任务要求	很好	好	不够好
能说出虚拟现实技术的基本特征			
能描述虚拟现实技术和增强现实技术的工作原理			
能说出虚拟现实技术对传统媒体的影响			
能说出三维全景制作的流程			

学习小结

测试完成了，小明很满意。

接下来，小明又拿出学习总结表，进行总结和积累。

表 6-24 是小明设计的学习总结表，请你根据自己的实际情况来填写。

表 6-24 学习总结表

主要学习内容	学习方法	学习心得	待解决的问题
整体总结：			

小明总结后，感觉自己对虚拟现实技术的兴趣越来越大，他决定继续学习相关知识。

学习检测

1. 虚拟现实技术与下列哪些技术相关？（　　）

    A．计算机技术　　　B．生物技术　　　C．网络技术　　　D．人工智能

2. 虚拟现实技术具有以下哪些基本特征？（　　）

    A．多感知性　　　B．沉浸性　　　C．交互性　　　D．构想性

3. 下列说法中错误的是（　　）。

    A．虚拟现实是指看到的一切都是真的

    B．增强现实是指将虚拟影像在真实世界中呈现

    C．混合现实中，虚实的界限已经模糊

    D．虚拟现实设备与增强现实设备不同

学习单元 7 信息安全基础

▶ 主题项目　创建安全的网络信息环境

📋 项目说明

　　随着信息化时代的到来，我们所憧憬的信息开放、共享、高效等需求得到了满足，极大地改变了我们的工作、学习和生活方式。网络环境为信息共享、信息交流、信息服务创造了理想空间。然而，网络带来的负面影响也越来越多地引起人们的关注，互联网具有的开放性、交互性和分散性特征使得信息安全问题日渐凸出。

　　网络安全已成为信息时代人类共同面临的挑战，面对错综复杂且日益严峻的互联网环境，大量有毒有害信息如同癌细胞一样，不断吞噬着我们健康的细胞。这些有害信息麻痹我们的防范意识，谋取我们的钱财，危害我们的生活。

　　无论你将来从事什么行业，维护信息安全和保护网络环境健康发展，都是我们义不容辞的责任和义务。希望你通过本项目的学习，能了解信息安全的常识，并掌握防范信息系统恶意攻击的方法，为信息安全事业贡献自己的力量。

👥 项目情境

　　小新科技公司的业务不断拓展，客户也从本地发展到其他地区，甚至国外，但随着业务的不断拓展，各种安全风险也相应增加。为了保障公司的利益，保护客户的隐私，不给不法分子可乘之机，公司特成立信息安全技术小组，为公司信息安全保驾护航。

　　小明很荣幸成为小组成员，他将如何应对危机重重的网络攻击，又将如何保障公司的数据安全？接下来，请读者跟小明一起，担任一次信息安全员吧。

任务 7.1 了解信息安全常识

通过"了解信息安全常识"的学习，能了解信息安全的基础知识与现状，能列举信息安全面临的威胁，能了解与信息安全相关的法律法规，并具备信息安全和隐私保护意识。

任务情境

刚来到公司信息安全技术小组的小明，带着很多疑问来到张工办公室，说："张工，刚来到这个组，我该做些什么呢？"张工笑了笑，示意小明坐下，说："小明，来到新的岗位不要着急。我给你一些资料，你先掌握信息安全相关知识和近几年的网络安全事件，知己知彼，才能百战不殆。"小明拿着资料走向自己的工位，开始认真研读……

学习目标

1. 知识目标

了解生活中的信息安全问题及防范方法，了解信息安全的基础知识与现状，能列举信息安全面临的威胁，了解与信息安全相关的法律法规。

2. 能力目标

通过对信息安全知识的了解，具备信息安全和隐私保护意识。

3. 素养目标

了解信息安全与国家安全的关系，培养学生良好的信息安全防范意识。

活动要求

借助学习资料开展自主学习，了解信息安全常识。

任务分析

面对全新的工作岗位，陌生的知识领域，小明无从下手……看着张工给的资料，小明眼前一亮，身边的各种安全事件，就像演电影一样在脑海中浮现。小明通过思维导图来整理学习资料，如图7-1所示。

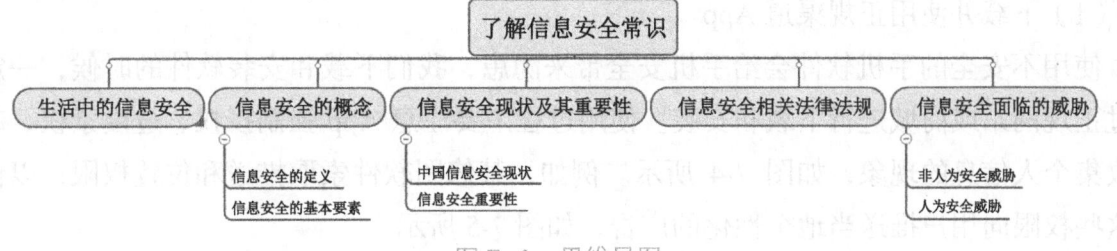

图 7-1 思维导图

任务实施

7.1.1 生活中的信息安全

小明突然想起前两天爷爷接到的恐吓电话，不法分子居然对小明家的家庭成员了如指掌，并对爷爷进行敲诈勒索，幸亏爷爷及时醒悟，给小明打了电话，这才没有造成经济损失。小明心想爷爷足不出户，不法分子是怎么知道全家人信息的呢？

原来，爷爷近两年学会使用智能手机浏览各大网站，并喜欢在网上购物，爷爷在享受信息化社会带来便捷的同时，手机安全隐患也随之而来。

如今，智能手机已经成为我们生活中不可或缺的一部分，它早已不是当年的移动电话，它能打，能刷，能拍，能玩，能扫。但你可知，在你手机里的个人信息，就在你不经意地使用手机的瞬间，你的位置在哪里，你看过什么网站，你买过什么产品等，也给一些不法分子有了可乘之机，如图7-2所示。

在大数据时代，虽然我们希望利用互联网分享快乐或扩大社交圈，但与此同时，个人信息也需要保护。我们的个人信息都包括哪些呢？姓名、电话、身份证号、家庭住址、学校、父母姓名、工作单位，还有我们的行踪轨迹、个人收入、兴趣爱好、作息规律、喜欢的食物等，都是我们重要的个人信息。个人信息泄露，会对我们的生活带来诸多麻烦，甚至带来人身伤害，或者财产损失，如图7-3所示。

图7-2 使用手机带来的安全隐患　　　图7-3 手机中个人信息的泄露所带来的安全隐患

试想，如果我们手机中的信息被不法分子截获，那岂不是我们在网络中"裸奔"了？所以，手机信息安全问题不容小觑。

那么，我们应该如何保护我们手机中的信息安全呢？

（1）下载并使用正规渠道App

使用不安全的手机软件会给手机安全带来隐患，我们下载和安装软件的时候，一定要通过正规网站或商城进行下载和安装。使用过程中要注意App强制授权、过度索权、超范围收集个人信息的现象，如图7-4所示。例如，某修图软件索取推送和位置权限，以便利用这些权限向用户推送当地个性化的广告，如图7-5所示。

图 7-4　App 超范围收集用户信息 　　　　图 7-5　App 过度采集个人信息及推送广告

2019 年 1 月，中央网信办、工业和信息化部、公安部、市场监管总局四部门联合发布《关于开展 App 违法违规收集使用个人信息专项治理的公告》，在全国范围组织开展 App 违法违规收集使用个人信息专项治理，并成立 App 违法违规收集使用个人信息专项治理工作组。一年来，专项治理工作成效显著。《App 违法违规收集使用个人信息行为认定方法》《个人信息安全规范》等相继出台，用户规模大、与生活关系密切、问题反映集中的千余款 App 经深度评估后进行了有效整改，无隐私政策、强制索权、无注销渠道等问题明显改善，App 运营者履行个人信息保护责任义务的能力和水平明显提升。

为维护广大消费者的个人信息安全，中国消费者协会于 2018 年开展了 App 个人信息保护情况测评活动。本次活动邀请消费维权志愿者对 10 类（通信社交、影音播放、网上购物、交易支付、出行导航、金融理财、旅游住宿、新闻阅读、邮箱云盘和拍摄美化）100 款 App 进行现场体验，同时邀请专家对 App 用户协议、隐私政策进行审核，综合反映 App 个人信息保护中存在的问题。测评后发现，"位置信息""通讯录信息"和"手机号码信息"等是用户个人信息过度收集或使用较多的内容，如图 7-6 所示。因此，在使用手机 App 时要小心谨慎，不轻易同意 App 获取个人信息权限，不轻易使用手机 App 支付软件，尽量避免在不熟悉的手机 App 上输入银行账号及密码等重要个人信息。一旦个人信息遭到侵害，应及时向有关部门投诉举报。

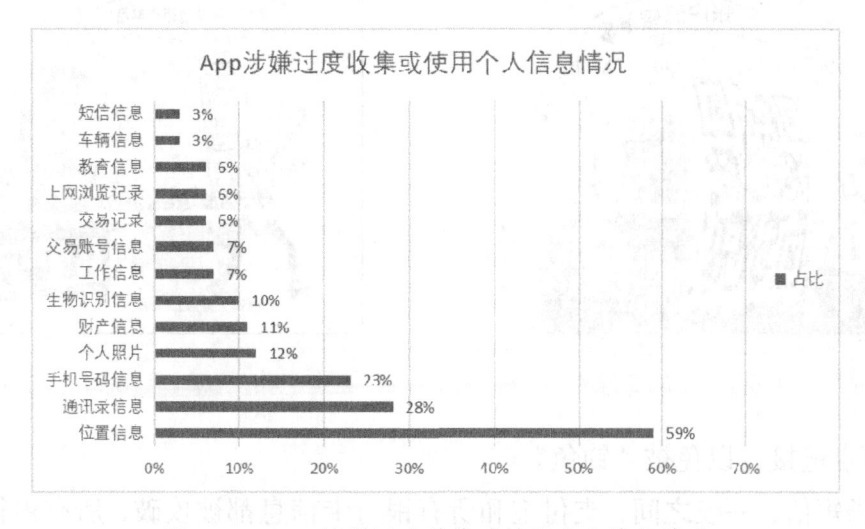

图 7-6　App 涉嫌过度收集或使用个人信息情况

（2）加强手机密码安全

不使用密码锁定手机是非常不安全的，一旦手机被盗，犯罪分子就能马上查看你的信息，且密码需要定期更换。密码尽量不使用手机号、生日、身份证号等个人信息，以及比较容易猜测的123456、000000、123123等作为手机密码，如图7-7所示。

手机中的应用程序、支付密码，不要使用同一组账号密码，以免造成损失。

（3）不定期进行系统更新

厂商发布的新版本，往往会修复大量的bug和漏洞，更新系统软件有助于抵御新的病毒，如图7-8所示。

图7-7　设置手机锁屏密码

图7-8　不定期进行系统更新

（4）不扫来历不明的二维码

二维码看起来都一样，但并不是所有的二维码都是安全的。有些恶意程序会悄悄藏身在二维码中，轻轻一扫，不法分子就获得了你手机的最高权限，获取你的账号信息，从而掌控你的个人信息，盗取你的财产，如图7-9所示。有的商家会利用部分人贪小便宜的心理，以扫码领奖、送礼物为诱饵获取个人信息，诱骗网民扫码加好友或订阅微信公众号，非法获取公民真实个人信息，进而开展诈骗等违法活动。大家要提高警惕，千万别为了小便宜最终造成大损失，如图7-10所示。

图7-9　"盗取信息"的二维码

图7-10　免费领奖的二维码暗藏玄机

（5）谨慎点链接，以免被"钓鱼"

"因为一条短信，一夜之间，支付宝和所有银行卡信息都被攻破，所有银行卡中的资金全部被转移",这样的案例,在实际生活中比比皆是,如图 7-11 所示。这些惨痛案例告诉我们,一定要对不明短信、不明网站链接和页面,以及不明手机 App 提高警惕,尤其是在被要求提供个人银行账户敏感信息时,要多看多思,防范被诈骗风险,如图 7-12 所示。

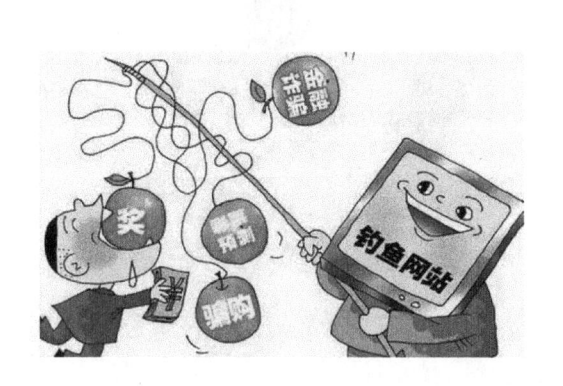

图 7-11　网络"钓鱼"

图 7-12　"钓鱼"短信

向广大手机用户发送短信钓鱼链接是电信诈骗的常用手法之一,受骗对象多为风险防范意识较弱、对手机银行或网上银行登录操作不熟悉的人员,此类诈骗一般是有组织的专业诈骗,目的主要是窃取人们的银行账户敏感信息或盗取账户中的资金。

如何判定是否为钓鱼信息?

一看短信是否真实。诈骗短信假冒银行名义会降低公众的警惕性。我们在收到目标银行发送的信息时,要注意辨别真假,尤其不能盲目相信异常号码发送的短信。

二看网站链接和页面是否为官方渠道。诈骗短信提供的网页链接可能是假冒手机银行或网上银行网页的钓鱼链接,也可能是病毒,不要轻易单击和操作。建议大家登录手机银行或网上银行时,从银行官方手机 App 或网站等正规渠道进入,尽量不要单击第三方提供的网站链接,以免被不法分子诱骗。

三看对方索要信息是否为个人重要敏感信息。身份证号、银行卡号、账户密码、短信验证码、付款码等均为个人重要且敏感信息,当有第三方要求提供或输入上述信息时,需提高警惕。

(6)慎用公共场所免费 Wi-Fi,防止用户名、密码泄露

在信息时代,人们日常生活中的各个方面都离不开无线网络,很多人通过 Wi-Fi 来保证工作和娱乐活动的正常进行。但是,事物都有两面性,Wi-Fi 为人们带来便利的同时也会造成一些问题。人们连接网络时,若将个人信息放在一个不安全的平台上,一些不法分子就会通过共享网络和黑客技术窃取个人信息。

通常黑客自己搭建一个"山寨 Wi-Fi",取一个与附近 Wi-Fi 相似的名字,不设登录密码,诱使人们连接,用户使用时,传输的数据就会被黑客监控,个人隐私、账号和密码等相关信息就会被他们轻易盗取。不少人喜欢将手机的无线网自动连接功能始终保持打开状态,这样无疑存在巨大风险,如图 7-13 所示。

为此,大家在公共场合连接 Wi-Fi 时请同商家确认好 Wi-Fi 名称,没有密码的公共 Wi-Fi

请慎用，使用支付 App 时请使用运营商的 4G/5G 网络，不要使用公共 Wi-Fi，如图 7-14 所示。

图 7-13 免费 Wi-Fi 非法获取用户信息 　　　图 7-14 黑客利用虚假 Wi-Fi 盗取用户信息

（7）带有个人信息的纸张单据需谨慎处理

网购已经成为我们生活中的一部分，收到的快递包装你是如何处理的？随手丢弃还是销毁？你可知一张小小的快递单上包含我们很多个人信息，如姓名、电话、家庭地址，甚至可以分析出你的消费习惯和消费能力，被不法分子利用，如图 7-15 所示。

因此，含有我们任何信息的单据、快递单，都要谨慎处理，不给不法分子可乘之机，如图 7-16 所示。

图 7-15 快递单上的个人信息 　　　图 7-16 不法分子收集有个人信息的单据

（8）谨慎微信骗局

微信已经成为我们社交方式之一，你是否收到过砍价、测试星座运势、转发得红包等微信，这些看似诱人的活动，实质上都是不法分子盗取我们信息的途径，如图 7-17 所示。因此，大家在使用微信时，一定要提高警惕，"天上掉红包"的"好事"不要参与，任何需要输入个人信息的链接都要谨慎点入，如图 7-18 所示。

在现代社会，信息安全与我们的个人隐私、财产安全息息相关，作为新时代的公民，我们必须了解信息安全常识，认识信息安全的重要性，并将这些知识传递给身边的家人和朋友，以提高大家的信息安全意识。

接下来，我们就跟小明一起，了解信息安全的概念、特征，了解信息安全面临的威胁及信息安全的现状，了解信息安全相关的法律、政策法规，提高信息安全意识。

图 7-17 微信红包陷阱

图 7-18 微信转发可得现金陷阱

7.1.2 信息安全的概念

1. 信息安全的定义

在《中华人民共和国计算机信息系统安全保护条例》中将计算机信息安全系统定义为：计算机信息系统的安全保护，应当保障计算机及其相关的和配套的设备、设施（含网络）的安全；保障运行环境的安全；保障信息的安全；保障计算机功能的正常发挥；维护计算机信息系统的安全运行。

从本质上讲，所谓信息安全是指网络系统的硬件、软件和系统中的数据受到保护，不受偶然的或者恶意的攻击而遭到破坏、更改、泄露，系统连续可靠正常地运行，网络服务不中断。从广义上讲，凡是涉及信息的保密性、完整性、可用性、真实性和可控性的相关技术和理论都是信息安全所要研究的领域。

从定义中可以看出，安全所涉及的面很广，它的具体含义会随着重视"角度"的变化而变化。从用户角度来看，更关心的是对个人隐私数据的机密性、完整性和真实性的保护；从网络运行和管理者的角度来看，更关心的是对本地网络信息的访问、读、写等操作的保护，避免受到非法攻击。

2. 信息安全的基本要素

信息安全工作的目的可以形象地用图 7-19 来表示，保障网络中心的信息安全，防止非授权用户的进入以及事后的安全审计。下面介绍信息安全的 5 个基本要素。

图 7-19 信息安全工作的目的

（1）保密性

即保证信息为授权者享用而不泄露给未经授权者。

（2）完整性

即保证信息从真实的发信者传送到真实的收信者手中，传送过程中没有被非法用户添加、删除、替换等。

（3）可用性

即保证信息和信息系统随时为授权者提供服务，保证合法用户对信息和资源的使用不会被不合理地拒绝。

（4）可控性

即出于国家和机构的利益和社会管理的需要，保证管理者能够对信息实施必要的控制管理，以对抗社会犯罪和外敌侵犯。

（5）不可否认性

即人们要为自己的信息行为负责，提供保证社会依法管理需要的公证、仲裁信息证据。

7.1.3 信息安全现状及其重要性

1. 中国信息安全现状

当今社会，计算机网络已经深入政府、军事、文教、金融、商业以及我们生活的方方面面，与此同时，信息安全所涉及的面也不断扩大，大到如国家军事政治等机密安全，小到如防范商业企业机密泄露、防范青少年对不良信息的浏览、防范个人信息的泄露等。当今社会信息安全越来越受到重视，是因为它已经成为影响国家安全的一个重要因素，它直接关系到国家的经济发展、社会稳定、公众利益等各个方面，信息安全无忧，国家安全和社会稳定也就有了可靠的保障。

据第 45 次《中国互联网络发展状况统计报告》显示，截至 2020 年 3 月，我国网民规模达 9.04 亿人，较 2018 年底增长 7508 万人，互联网普及率达 64.5%，较 2018 年底提升 4.9 个百分点，如图 7-20 所示。我国手机网民规模达 8.97 亿人，较 2018 年底增长 7992 万人，我国网民使用手机上网的比例达 99.3%，较 2018 年底提升 0.7 个百分点，如图 7-21 所示。我国网民使用电视上网的比例为 32.0%；使用台式计算机上网、笔记本电脑上网、平板电脑上网的比例分别为 42.7%、35.1% 和 29.0%。

图 7-20　网民规模及互联网普及率

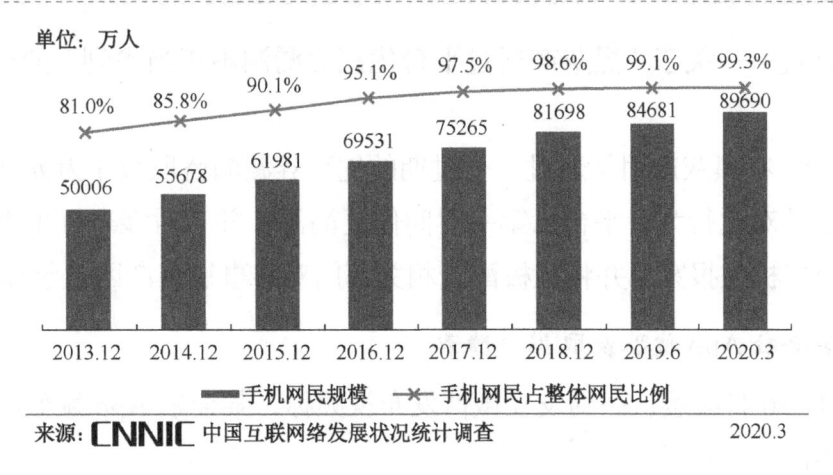

图 7-21　手机网民规模及其占网民比例

以互联网为代表的数字技术正在加速与经济社会各领域的深度融合，也深度改变了我们的生活方式。

2. 信息安全重要性

信息技术在给我们提供便利生活方式的同时，也带来了很多信息安全问题。据360发布的《2020上半年度中国手机安全状况报告》显示，2020年上半年度，在360安全大脑的支撑下，360手机卫士累计为全国手机用户拦截恶意程序攻击约19.8亿次，平均每天拦截手机恶意程序攻击约1089.8万次；360安全大脑在PC端与移动端共为全国用户拦截钓鱼网站攻击约435.8亿次，PC端拦截量约为429.1亿次，占总拦截量的98.5%，平均每日拦截量约2.4亿次；移动端拦截量约为6.7亿次，占总拦截量的1.5%，平均每日拦截量约369.6万次。2020年上半年度，360安全大脑收获用户主动标记各类骚扰号码（包括360手机卫士自动检出的响一声电话）约837.3万个，平均每天标记约4.6万个。结合360安全大脑收获骚扰电话基础数据，360手机卫士共为全国用户识别和拦截各类骚扰电话约98.3亿次，平均每天识别和拦截骚扰电话约0.5亿次。

2019年，随着我国数字化转型的深入发展，云安全成为互联网经济运转的基石，数据安全面临着前所未有的威胁。数据泄露、高危漏洞、网络攻击以及相关的网络犯罪呈现新的变化，个人安全意识缺乏、企业安全投入不足，也加重了网络安全事件所带来的损失和影响。下面我们就来看一下在2019年发生的几个信息安全事件。

事件一：某电商平台现优惠券漏洞，遭黑灰产团伙盗取数千万元

2019年1月20日凌晨，某电商平台被曝出现重大bug，用户可领100元无门槛优惠券。网友称"有大批用户开始'薅羊毛'，一晚上200多亿元都是话费充值"。

当天上午9点，平台已经把100元无门槛优惠券的领取方式全部下架，之前领到未使用的优惠券也全部下架。

在"薅羊毛"事件发生几个小时后，1月20日中午12点，某电商平台微博客服对此事发布了官方回应——关于"黑灰产通过平台优惠券漏洞不正当牟利"的声明，声明全文如下：

1月20日晨，有黑灰产团伙通过一个过期的优惠券漏洞盗取数千万元平台优惠券，进行不正当牟利。针对此行为，平台已第一时间修复漏洞，并正对涉事订单进行溯源追踪。同时我们已向公安机关报案，并将积极配合相关部门对涉事黑灰产团伙予以打击。

事件二：某金融App被曝获取用户隐私

2019年2月16日凌晨，一网友在微博发布视频称，某金融App疑似能获取用户的截图和照片并上传。

该微博网友发布的视频显示，某金融App在手机后台运行期间，该网友打开手机中的一个银行App并进行了页面截图。随后，该网友在手机文件管理器中，打开某金融App的文件目录，在一个文件夹中找到了刚保存的银行App页面截图。不久后，该网友再次发布一个视频称，某金融App在手机后台运行期间，用手机其他应用拍摄照片，也在某金融App的文件目录中找到。该网友发布视频后，多位网友使用同样的操作，也得到相似的结果。

上述事件在微博获得广泛关注。2月17日，该金融客服官方发布声明称，图片缓存是为方便客户投诉或提建议使用，不会上传至金融后台，不会未经允许获取手机用户隐私。经排查，发现安卓系统上的App 5.0.5以后版本存在该问题，并已定位问题且下线修复，该功能属于需求错误开发。

事件三：某短视频App千万级账号遭撞库攻击，牟利百万元的黑客被捕

2019年2月，某科技公司向警方报案，其公司旗下某短视频App，遭人拿千万级外部账号密码恶意撞库攻击，其中上百万账号密码与外部已泄露密码吻合。

某科技公司系统实时监测到攻击后，为防止黑客利用撞出账户实施不法行为，通过安全系统，实时对所有疑似被盗账号设置了短信二次登录验证。

经警方侦查，将嫌疑人汪某在家中抓获。据了解，汪某毕业后一直无业，便利用其掌握的计算机知识，控制了多个热门网络平台的大量账号，随后通过在网上承接点赞刷量、发布广告等业务牟利。同时汪某还编写了大量撞库代码，对目前网络上比较热门的网络平台进行撞库，然后控制撞库获取的账户，累计获利上百万元。

事件四：某网约车公司服务器遭攻击，黑客勒索巨额比特币

事件发生在2019年5月，某网约车公司服务器遭到连续攻击，核心服务器被入侵，攻击导致公司核心数据被加密，服务器宕机，绝大部分服务功能受到波及，给用户使用带来严重的影响。攻击者以删除数据、曝光司乘隐私信息向公司勒索巨额比特币。公司官方发布微博严厉谴责这种不法行为，并向网警中心报案，保留通过一切法律途径追究攻击者责任的权利。

某网约车公司作为一家互联网企业，遭到黑客恶意攻击，不仅对企业的运营发展带来难以估计的影响，而且对消费者也带来不利影响，消费者投诉"无车可用"。网络安全风险关乎企业生死存亡。

随着计算机网络的日益普及和信息技术的迅速发展，信息安全问题尤为突出，信息安全已经渗透现代生活的各个方面，甚至影响国家安全、社会稳定。因此，重视信息安全问题，学习相应的信息安全防护技术，是非常必要的。

7.1.4 信息安全相关法律法规

信息安全空间已经成为传统的国界、领海、领空三大国防和基于太空的第四国防之外的第五国防，成为 Cyber-Space，只要掌握信息，控制网络，就能拥有全世界。

信息安全的发展经历了一个漫长的过程，但信息安全问题直到 20 世纪 90 年代以后才得到人们的高度重视。进入 21 世纪，随着信息技术的不断发展，信息安全问题日益凸显。信息安全是防止对知识、事实、数据或能力进行非授权使用、误用、篡改或拒绝使用所采取的措施。信息安全关系到网络系统的正常使用，以及用户资产和信息资源的安全，也关系到企事业单位的信息化建设与发展，甚至关系到国家安全与社会稳定。因此，信息安全不仅成为各国关注的焦点，也成为热门研究和人才需求的新领域。

我国从国家层面提升对信息安全的重视，成立国家安全委员会、中央网络安全和信息化领导小组。

党的十八大以来，国家高度重视网络安全和信息化工作，统筹协调涉及政治、经济、文化、社会、军事等领域的信息化和网络安全重大问题，做出了一系列重大决策和举措，用法律保护我们的信息安全，如图 7-22 所示。

2016 年 11 月 7 日，全国人民代表大会常务委员会颁布了《中华人民共和国网络安全法》，这是为保障网络安全，维护网络空间主权、国家安全和社会公共利益，保护公民、法人和其他组织的合法权益，促进经济社会信息化健康发展而制定的法律，自 2017 年 6 月 1 日起施行，如图 7-23 所示。

图 7-22 用法律手段为我们的信息安全保驾护航

图 7-23 《中华人民共和国网络安全法》是我们网络安全的"保护伞"

《中华人民共和国网络安全法》是我国网络空间法治建设的里程碑，我国网络信息安全法律及行政法规见表 7-1。

表 7-1 我国网络信息安全法律、行政法规一览表

网络信息安全法律、行政法规	发布时间	制定目的
《中华人民共和国计算机信息系统安全保护条例》	1994-02-19	为了保护计算机信息系统的安全，促进计算机的应用和发展，保障社会主义现代化建设的顺利进行，制定本条例
《中华人民共和国计算机信息网络国际联网管理暂行规定》	1996-02-06	为了加强对计算机信息网络国际联网的管理，保障国际计算机信息交流的健康发展，制定本规定
《中华人民共和国电信条例》	2000-09-30	为了规范电信市场秩序，维护电信用户和电信业务经营者的合法权益，保障电信网络和信息的安全，促进电信业的健康发展，制定本条例
《互联网信息服务管理办法》	2000-09-30	为了规范互联网信息服务活动，促进互联网信息服务健康有序发展，制定本办法
《全国人民代表大会常务委员会关于维护互联网安全的决定》	2000-12-29	我国的互联网，在国家大力倡导和积极推动下，在经济建设和各项事业中得到日益广泛的应用，使人们的生产、工作、学习和生活方式已经开始并将继续发生深刻的变化，对于加快我国国民经济、科学技术的发展和社会服务信息化进程具有重要作用。同时，如何保障互联网的运行安全和信息安全问题已经引起全社会的普遍关注。为了兴利除弊，促进我国互联网的健康发展，维护国家安全和社会公共利益，保护个人、法人和其他组织的合法权益，特做此决定
《中华人民共和国电子签名法》	2004-08-28	为了规范电子签名行为，确立电子签名的法律效力，维护有关各方的合法权益，制定本法
《外商投资电信企业管理规定》	2008-09-13	为了适应电信业对外开放的需要，促进电信业的发展，根据有关外商投资的法律、行政法规和《中华人民共和国电信条例》，制定本规定
《全国人民代表大会常务委员会关于加强网络信息保护的决定》	2012-12-29	为了保护网络信息安全，保障公民、法人和其他组织的合法权益，维护国家安全和社会公共利益，特做此决定
《计算机软件保护条例》	2013-02-08	为了保护计算机软件著作权人的权益，调整计算机软件在开发、传播和使用中发生的利益关系，鼓励计算机软件的开发与应用，促进软件产业和国民经济信息化的发展，根据《中华人民共和国著作权法》，制定本条例
《信息网络传播权保护条例》	2013-02-18	为保护著作权人、表演者、录音录像制作者的信息网络传播权，鼓励有益于社会主义精神文明、物质文明建设的作品的创作和传播，根据《中华人民共和国著作权法》，制定本条例
《国务院关于授权国家互联网信息办公室负责互联网信息内容管理工作的通知》	2014-08-28	为促进互联网信息服务健康有序发展，保护公民、法人和其他组织的合法权益，维护国家安全和社会公共利益，国务院授权重新组建的国家互联网信息办公室负责全国互联网信息内容管理工作，并负责监督管理执法
《计算机信息网络国际联网安全保护管理办法》	2014-10-08	为了加强对计算机信息网络国际联网的安全保护，维护公共秩序和社会稳定，根据《中华人民共和国计算机信息系统安全保护条例》《中华人民共和国计算机信息网络国际联网管理暂行规定》和其他法律、行政法规的规定，制定本办法

续表

网络信息安全法律、行政法规	发布时间	制定目的
《互联网上网服务营业场所管理条例》	2016-07-06	为了加强对互联网上网服务营业场所的管理，规范经营者的经营行为，维护公众和经营者的合法权益，保障互联网上网服务经营活动健康发展，促进社会主义精神文明建设，制定本条例
《中华人民共和国网络安全法》	2016-11-07	为了保障网络安全，维护网络空间主权和国家安全、社会公共利益，保护公民、法人和其他组织的合法权益，促进经济社会信息化健康发展，制定本法
《中华人民共和国电子商务法》	2018-09-01	为了保障电子商务各方主体的合法权益，规范电子商务行为，维护市场秩序，促进电子商务持续健康发展，制定本法
《中华人民共和国密码法》	2019-10-27	为了规范密码应用和管理，促进密码事业发展，保障网络与信息安全，维护国家安全和社会公共利益，保护公民、法人和其他组织的合法权益，制定本法

7.1.5 信息安全面临的威胁

信息安全面临的威胁主要来自以下两个方面。

1. 非人为安全威胁

（1）技术局限性

国家重要的信息系统和信息基础网络是我们信息安全防护的重点，是社会发展的基础。我国的基础网络主要包括互联网、电信网、广播电视网，重要的信息系统包括铁路、政府、银行、证券、电勘、民航、石油等关系国计民生的国家关键基础设施所依赖的信息系统。虽然我们在这些领域的信息安全防护工作中取得了一定的成绩，但是安全防护能力仍然不强。

随着企业及个人数据累计量的增加，数据丢失所造成的损失已经无法计量，机密性、完整性和可用性都可能随时受到威胁。在当今全球一体化的大背景下，窃密与反窃密的斗争愈演愈烈，特别是在信息安全领域，保密工作面临的新问题越来越多，越来越复杂。信息时代泄密途径日益增多，如互联网泄密、手机泄密、电磁波泄密、移动存储介质泄密等，新的技术发展也给信息安全带来新的挑战。

（2）自然灾害

信息大多存储在硬件设备中，因此会对硬件设备造成破坏的因素也是信息安全面临的威胁。例如，水灾、火灾、地震等自然灾害会引起数据丢失，设备失效、线路中断等安全事件的发生。

2. 人为安全威胁

相对于非人为安全威胁而言，精心设计的人为恶意攻击所带来的安全威胁更大。人的因素非常复杂,具有主观能动性,不能用静止的方法和法律、法规加以防护,这是信息安全所面临的最大威胁。人为恶意攻击可以分为主动攻击和被动攻击。主动攻击的目的是篡改系统中信息的内容,以各种方式破坏信息的有效性和完整性;被动攻击的目的是在不影响网络正常使用的情况下,进行信息的截获和窃取。总之,不管是主动攻击还是被动攻击,都会给信息安全带来巨大损失。攻击者常用的攻击手段有木马、黑客后门、网页脚本、垃圾邮件等。

信息安全面临的各种威胁如图 7-24 所示。

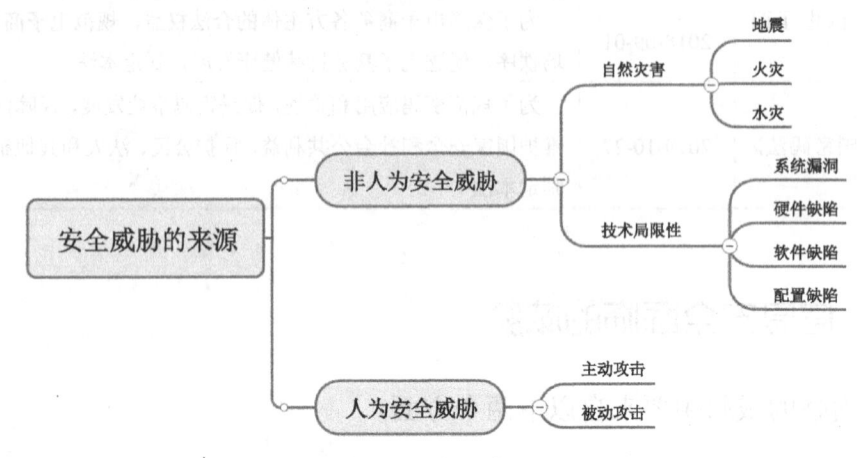

图 7-24 安全威胁的来源

在信息安全面临的主要威胁中,人为因素占 52%,如图 7-25 所示。

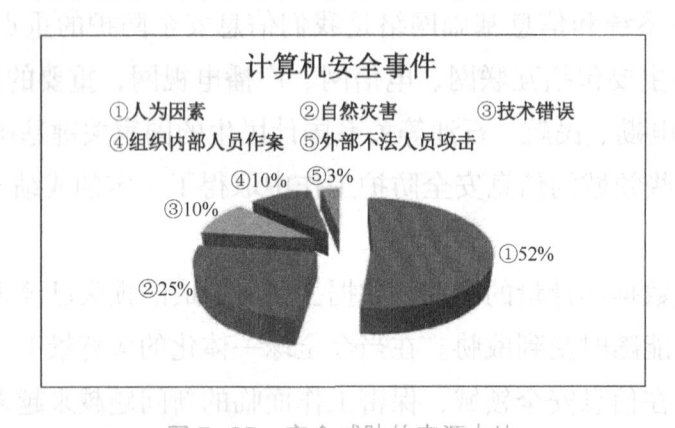

图 7-25 安全威胁的来源占比

学习检验

张工拍了拍小明的肩膀,说:"对信息安全,你了解得怎么样了?"

小明兴奋地回答道:"信息安全博大精深,学习后才知道,我现在的岗位太重要了!"

"看来进入角色了,我来考考你。"张工微笑着说,并递过一张表。

该表为本任务的完成情况评价表(见表 7-2),请你根据实际情况来填写。

表 7-2　完成情况评价表

任务要求	很好	好	不够好
能描述什么是信息安全			
能说出我国信息安全的现状			
能说出信息安全面临的威胁			
能描述生活中的信息安全问题			
了解与信息安全相关的法律法规，并具备信息安全保护意识			

学习小结

测试完成了。

"看来你对信息安全有自己独到的见解。"张工说。

"谢谢张工！学习过程中我有很多收获。"

"好啊，和我说一说。"

小明拿出学习总结，"我都记下来了，请您过目。"

表 7-3 是小明设计的学习总结表，请你根据自己的实际情况来填写。

表 7-3　学习总结表

主要学习内容	学习方法	学习心得	待解决的问题
整体总结：			

"非常好，我认为你能胜任信息安全员这份工作。"张工拍了拍小明的肩膀，满意地说。

拓展学习

手机病毒的防范

手机病毒是一种具有传染性、破坏性的手机程序，可用杀毒软件进行查杀，也可手动卸载。其可利用发送短信、彩信、电子邮件，浏览网站，下载铃声，蓝牙等方式进行传播，会导致用户手机死机、关机、个人资料被删、因向外发送垃圾邮件而泄露个人信息，自动拨打电话、发短信等进行恶意扣费，甚至会损毁 SIM 卡、芯片等硬件，导致用户无法正常使用手机。历史上最早的手机病毒出现在 2000 年。

那么，我们自己该如何判断手机是否中了病毒呢？人中毒了会出现头晕、呕吐等不适症状，手机也一样，会给我们发送"不舒服"的信号，当手机出现以下"症状"时，说明手机可能感染病毒了。

1. 手机异常卡顿

在网络正常的情况下，手机突然变得非常卡，运行速度明显比往常慢得多，打开一个页面总要等待很久，甚至需要反复刷新几次才会跳转出来。查看手机后台数据，发现存储空间明显减小，这可能是手机病毒的运行在消耗大量存储空间。

2. 手机出现莫名扣费

当手机出现莫名扣费，几天内的费用是正常费用的好几倍时，可能是病毒在搞鬼。有两种可能，一种是恶意扣费病毒，你不小心点某个链接就会自动扣费，另一种是病毒在后台运行，因消耗大量流量，导致费用增加。

3. 手机耗电速度加快

在同样的使用频率下，手机耗电速度比往常快得多，如以前充满电可以持续使用一整天，但是最近只能使用半天，说明手机里可能有病毒，手机病毒正在进行暗箱操作，导致电池损耗加快。

4. 通话被莫名中断

在跟别人通话时，手机经常出现莫名中断的情况，我们先排查是不是手机信号和运营商的问题，如果之后还是反复中断，则很可能是手机感染病毒了，病毒会对通话质量造成不良影响。

5. 手机里出现莫名软件

手机里突然出现一些来历不明的软件，还时不时弹出各种广告，这很可能是手机在浏览非正规网站时，连带自动下载了一些垃圾软件，这些垃圾软件往往携带病毒。

6. 手机自动关机重启

如果你正在玩手机游戏或者聊天，手机突然黑屏并自动关机了；有时候玩着玩着，手机却自动重启了，如果这些情况经常发生，则说明手机感染病毒了。

7. 手机发热异常

恶意病毒会给手机性能带来更大的负担，如果手机在低速运行或不使用的情况下，发热严重，摸起来发烫，则手机很可能感染病毒了。

8. 手机经常弹出广告

如果登录浏览器时，手机经常弹出广告，或者经常收到一些附带链接的广告短信，那么手机感染病毒的可能性就很大了。

如果你的手机出现以上症状，那么很可能是手机中病毒了，想进一步确认是否中毒，可以使用第三方杀毒软件检测一下。

我们知道了手机病毒的危害，那么我们应该如何预防手机病毒呢？

1. 谨慎扫码、连接 Wi-Fi

手机扫一扫功能非常方便，但是对于来历不明的二维码，尤其是广告二维码，就不要随便扫了。同样地，不要随便连接公共场合的免费 Wi-Fi，Wi-Fi 功能用完后，要及时关闭，避免手机自动连接上免密 Wi-Fi。

2. 规范应用

做到"三不要"，不要浏览非正规网站，不要随便点网站弹出的广告链接，不要在上面下载来历不明的软件。需要下载软件时，应该通过手机自带的应用商店或正规第三方软件网站下载安装。

3. 定期杀毒

在手机里安装安全靠谱的杀毒软件，定期清理手机垃圾，检测手机是否感染病毒，及时保护手机免受病毒袭击。一旦发现来历不明的软件或短信，第一时间卸载或删除。

那么，手机感染病毒后应该如何处理呢？可以试一试以下方法。

（1）将手机格式化，或者恢复出厂设置，这样手机里的资料数据都会被彻底清除，也很大程度地处理掉了病毒。

（2）如果恢复出厂设置后没有解决问题，那么就只能刷机了，建议到手机专业售后服务中心去刷机。

学习检测

1. 简述什么是信息安全。
2. 简述生活中如何保护个人信息安全。

任务 7.2 防范信息系统恶意攻击

通过"防范信息系统恶意攻击"的学习，能了解网络安全等级保护制度及标准，能了解常见恶意攻击的形式及特点，能初步掌握信息系统安全防范的常用方法。

任务情境

小明正在绞尽脑汁地想如何确保公司信息系统的安全，张工来到小明的工位前，笑着问："小明，有头绪了吗？"小明深有感触地说："我通过学习已经知道信息系统安全的重要性，张工，我应该怎么才能管理好信息资源，避免信息系统受到破坏呢？"张工满意地点点头，回答道："是啊，我们作为信息安全从业人员，对信息安全威胁更应该有辨识能力，懂得防范信息系统恶意攻击的方法，这样才能有备无患啊。"小明迫不及待地说："您快给我讲讲。"张工说："好，今天我们就好好聊一聊。"

学习目标

1. 知识目标

了解信息安全事件的分类，了解信息安全等级，了解信息系统安全防范的常用方法。

2. 能力目标

掌握保护个人信息系统安全的常用方法，提高信息安全防范能力。

3. 素养目标

掌握网络信息安全的防护措施，提高信息安全保护意识。

活动要求

借助学习资料开展自主学习，掌握防范信息系统恶意攻击的相关知识和方法。

任务分析

已掌握信息安全相关基础知识的小明，对新的工作岗位有了初步认识，意识到自己作为一名信息安全员，对企业的信息安全起着至关重要的作用。小明暗下决心，一定要做好本职工作，为公司的利益保驾护航。

张工来到小明的工位前，对认真学习的小明说："小明，学习得怎么样？"小明叹了一口气，说："张工，信息安全最大的风险之一就是人为因素，大多数信息安全事件都是由于人员疏忽、恶意程序和黑客的主动攻击造成的，人为因素对网络安全的危害最大，也是最难防御的。"张工点了点头，说："你说得很对，那么如何防范呢？"

接下来，我们就跟小明一起，将信息系统恶意攻击事件分一分类，有针对性地了解常见恶意攻击的形式及特点，从而掌握信息系统安全防范的常用技术和方法。小明打开计算机，通过思维导图来整理要掌握的防范信息系统恶意攻击的知识点，如图 7-26 所示。

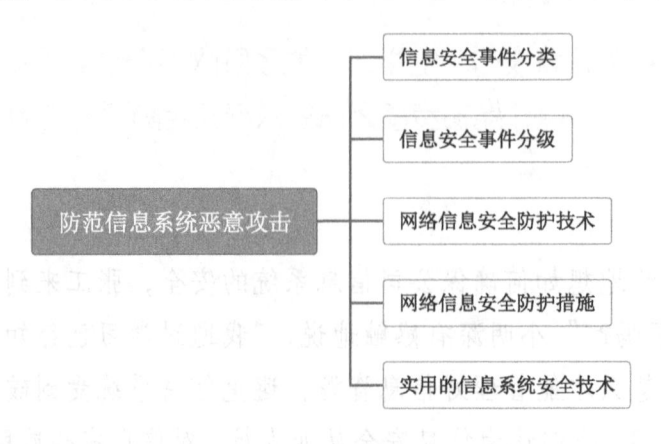

图 7-26 思维导图

任务实施

7.2.1 信息安全事件分类

依据《中华人民共和国网络安全法》、GBT 24363—2009《信息安全技术 信息安全应急响应计划规范》、GB\T 20984—2007《信息安全技术 信息安全风险评估规范》、GB\Z 20985—2007《信息安全技术 信息网络攻击事件管理指南》、GB\Z 20986—2007《信息安全技术 信息网络攻击事件分类分级指南》等多部法律法规文件，根据信息安全事件发生的原因、表现形式等，将信息安全事件分为网络攻击事件、有害程序事件、信息泄密事件和信息内容安全事件四大类。

1. 网络攻击事件

网络攻击事件指通过网络或其他技术手段，利用信息系统的配置缺陷、协议缺陷、程序缺陷或使用暴力攻击对信息系统实施攻击，并造成信息系统异常或对信息系统当前运行造成潜在危害的信息安全事件，包括拒绝服务攻击事件、后门攻击事件、漏洞攻击事件、网络扫描窃听事件、网络钓鱼事件、干扰事件等。

2. 有害程序事件

有害程序事件指蓄意制造、传播有害程序，或者因受到有害程序的影响而导致的信息安全事件，包括计算机病毒事件、蠕虫事件、特洛伊木马事件、僵尸网络事件、混合攻击程序事件、网页内嵌恶意代码事件等。

3. 信息泄露事件

信息泄露事件指通过网络或其他技术手段，造成信息系统中的信息被篡改、假冒、泄露、窃取等，导致的信息安全事件。信息泄露事件包括专利泄露、系统主动监控及异常查单、产品竞价推销、员工泄露客户资料、员工泄露公司合同等。

4. 信息内容安全事件

信息内容安全事件指利用信息网络发布、传播危害国家安全、社会稳定、公共利益和公司利益的内容的安全事件。包括违反法律、法规和公司规定的信息安全事件；针对社会事项进行讨论、评论，形成网上敏感的舆论热点，出现一定规模炒作的信息安全事件；组织串连、煽动集会游行的信息安全事件。

7.2.2 信息安全事件分级

1. 安全保护等级

在 2020 年 11 月 1 日正式实行的国家标准 GB/T 22240—2020《信息安全技术 网络安

全等级保护定级指南》中，根据等级保护对象在国家安全、经济建设、社会生活中的重要程度，以及一旦遭到破坏、丧失功能或者数据被篡改、泄露、丢失、损毁后，对国家安全、社会秩序、公共利益以及公民、法人和其他组织的合法权益的侵害程度等因素，将等级保护对象的安全保护等级由低到高分为以下五级。

第一级：等级保护对象受到破坏后，会对相关公民、法人和其他组织的合法权益造成损害，但不危害国家安全、社会秩序和公共利益。

第二级：等级保护对象受到破坏后，会对相关公民、法人和其他组织的合法权益造成严重损害或特别严重损害，或者对社会秩序和公共利益造成危害，但不危害国家安全。

第三级：等级保护对象受到破坏后，会对社会秩序和公共利益造成严重危害，或者对国家安全造成危害。

第四级：等级保护对象受到破坏后，会对社会秩序和公共利益造成特别严重危害，或者对国家安全造成严重危害。

第五级：等级保护对象受到破坏后，会对国家安全造成特别严重危害。

通常情况下，网络安全等级保护的主要环节包括确定等级保护对象、初步确定等级、专家评审、主管部门审核、最终确定等级。

2. 定级要素

等级保护对象的定级要素包括：

（1）受侵害的客体

① 公民、法人和其他组织的合法权益；

② 社会秩序、公共利益；

③ 国家安全。

（2）对客体的侵害程度

对客体的侵害程度由客观方面的不同外在表现综合决定。由于对客体的侵害是通过对等级保护对象的破坏实现的，因此，对客体的侵害外在表现为对等级保护对象的破坏，通过侵害方式、侵害后果和侵害程度加以描述。

等级保护对象受到破坏后，对客体造成侵害的程度归结为以下三种：

① 造成一般损害；

② 造成严重损害；

③ 造成特别严重损害。

3. 定级要素与安全保护等级的关系

定级要素与安全保护等级的关系如表 7-4 所示。

小调查：

请你通过网络查询近几年典型的信息安全事件，并挑选几个你感兴趣的事件，完成表 7-5，并和同学们分享你的成果。

表 7-4 定级要素与安全保护等级的关系

受侵害的个体	对个体的侵害程度		
	一般损害	严重损害	特别严重损害
公民、法人和其他组织的合法权益	第一级	第二级	第二级
社会秩序、公共利益	第二级	第三级	第四级
国家安全	第三极	第四级	第五级

表 7-5 安全事件等级分析表

事件名称	事件描述	事件分类	事件分级

7.2.3 网络信息安全防护技术

1. 防火墙

由计算机硬件和软件组成的防火墙系统，能够阻止非法信息的访问和传递，是内部网络环境安全的屏障。

2. 入侵检测技术

入侵检测技术是一种能够及时发现并报告系统中未授权或异常现象的技术，用于检测计算机网络中违反安全策略的行为。在应用中，入侵检测系统对网络病毒、蠕虫、间谍软件、木马后门、扫描探测、暴力破解等恶意流量进行实时系统监测，当发生可疑传输时，发出警告并与计算机设备中的防火墙进行全面联合，通过用户自定义等措施实施动态的防护。

3. 数据加密技术

数据加密技术能对存储或传输的信息进行秘密交换，以防止被第三者窃取。

4. 网络安全认证技术

网络安全认证技术是指通过被认证对象的属性进行验证，以确定被认证者身份是否真实有效。

5. 计算机病毒的监测与防护技术

该技术能有效阻止计算机病毒的传播和破坏，确保信息的安全。

7.2.4 网络信息安全防护措施

1. 提高安全意识

不随意打开来历不明的电子邮件及文件，不随便运行来历不明的应用程序；避免在不知名的网站下载软件、游戏程序；下载的软件要及时使用更新病毒库的杀毒软件和木马查杀软件进行扫描；密码的设置不要过于简单，尽量不要使用个人信息（如生日、姓名、身份证号等），密码要经常更换。

2. 创建良好的信息安全环境

在创建信息安全环境的过程中，要进一步完善网络设施建设与维护，在信息系统中采取有效的防范措施，对数据库以及信息安全系统实施全面性和专业性的建设及维护，以确保信息存储的安全性。

3. 加大对大数据安全技术的应用

（1）提升防火墙防范级别

在网络应用中，良好的防火墙安全技术可以对用户所访问的网页实施有效的安全防护，并通过防火墙保护整个信息系统，及时拦截病毒，给用户提供有效的安全保障。在网络应用中，还应该不断提升防火墙防范级别，以保障网络内部系统可以实现高效运行。

（2）运用杀毒软件定期杀毒

网络信息系统本身具有相应的防护能力，但不够强大，只要病毒入侵就会给整个系统带来巨大破坏，甚至完全陷入瘫痪状态，影响网络信息安全。但在使用专业杀毒软件后，就可以及时对病毒进行查杀，它与防火墙的有效结合能够构建完善稳定的网络信息内部环境。因此，要想进一步提升网络信息安全，不仅要落实病毒查杀，还要定期审计杀毒软件，及时更新病毒库。

（3）使用入侵检测技术

通过该项技术可以实现对计算机的有效防护，它在运行过程中只要检测到入侵行为就会自动展开工作，并立即落实系统保护。用该项技术检测计算机网络系统，能够对用户数据实施有效保护，特别是当发现入侵行为后，还可以直接判断出不法分子的实际位置，从而在第一时间做出入侵提醒，并及时阻断。所以在安全防护过程中，要有效落实对这项技术的应用。

（4）落实数据保存与流通加密防护

大数据背景下进行数据保存和流通加密设置也是一项极为有效的保护措施。在数据保存过程中，要进行文件加密设置，使用有效的加密技术，以减少数据被损毁和盗取事件的发生。在数据流通中进行加密设置，往往需要使用数字签名技术手段，以提升数据流通传递的安全性。

4. 对重要数据做备份

对重要的数据要进行备份，以免发生信息安全事件时造成损失，可选择 U 盘、光盘或异地设备进行备份。

7.2.5 实用的信息系统安全技术

1. 设置系统防火墙

实践任务一：启用防火墙

在 Windows 10 操作系统中自带软件防火墙——Windows Defender 防火墙，该防火墙的打开步骤如下：

（1）打开计算机的"控制面板"窗口，单击"系统和安全"图标，打开"系统和安全"界面。

（2）单击"Windows Defender 防火墙"链接文字，打开"Windows Defender 防火墙"界面，如图 7-27 所示。

图 7-27　"Windows Defender 防火墙"界面

（3）单击左侧的"启用或关闭 Windows Defender 防火墙"链接文字，打开"自定义设置"界面。

（4）在"专用网络设置"和"公用网络设置"组中分别选中"启用 Windows 防火墙"

单选按钮，然后单击"确定"按钮即可。

实践任务二：阻止危险端口

网络技术中的端口经常会被黑客利用，植入木马病毒，入侵计算机系统，从而造成安全威胁。网络技术中的端口通常是指 TCP/IP 中的服务端口，一共有 0～65535 个端口，其中有一些端口常被黑客利用。445 端口是一个毁誉参半的端口，有了它我们可以在局域网中轻松访问各种共享文件夹或共享打印机，但也正是因为有了它，黑客才有了可乘之机，黑客能通过该端口偷偷共享你的硬盘，甚至会在悄无声息中对你的硬盘进行格式化。

勒索病毒利用 NSA 黑客工具包中的"永恒之蓝"漏洞，通过计算机 445 端口，在内网进行蠕虫式感染传播。为了防止内网感染，建议关闭 445 端口，操作步骤如下：

（1）在"Windows Defender 防火墙"界面中，单击左侧的"高级设置"，如图 7-28 所示。

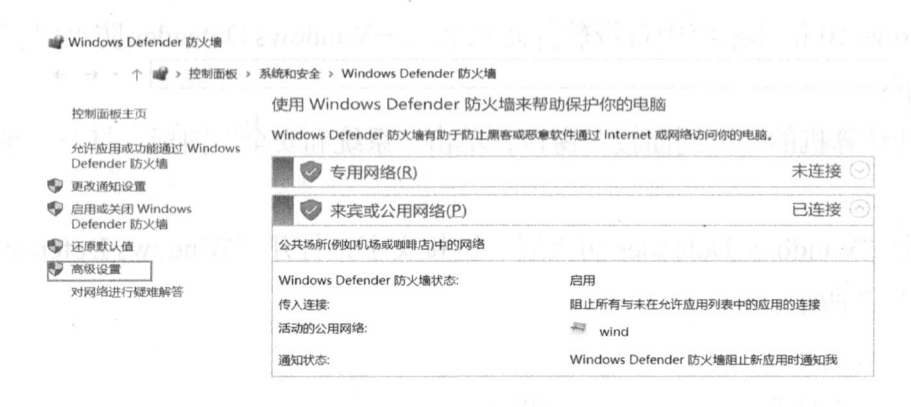

图 7-28　防火墙高级设置

（2）单击左侧的"入站规则"，然后单击右侧的"新建规则"，如图 7-29 所示。

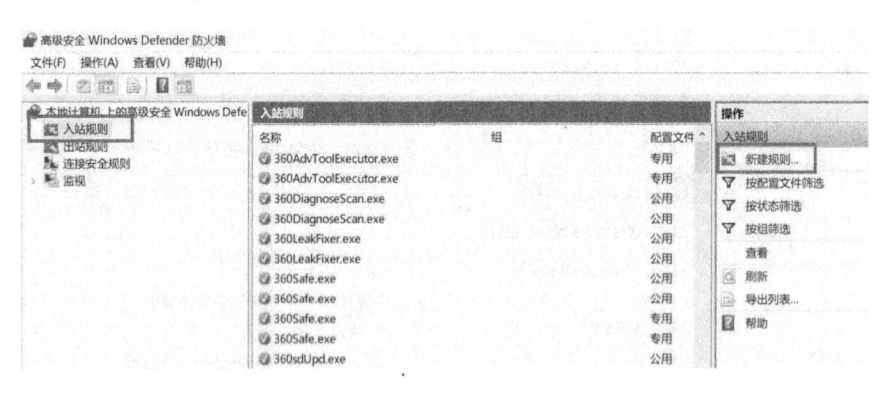

图 7-29　防火墙新建规则

（3）在新建规则设置中，选择"协议和端口"/"TCP"单选按钮/"特定本地端口"单选按钮，输入"445"，单击"下一步"按钮，如图 7-30 所示。

（4）在"操作"选项中，选择"阻止连接"单选按钮，单击"下一步"按钮，如图 7-31 所示。

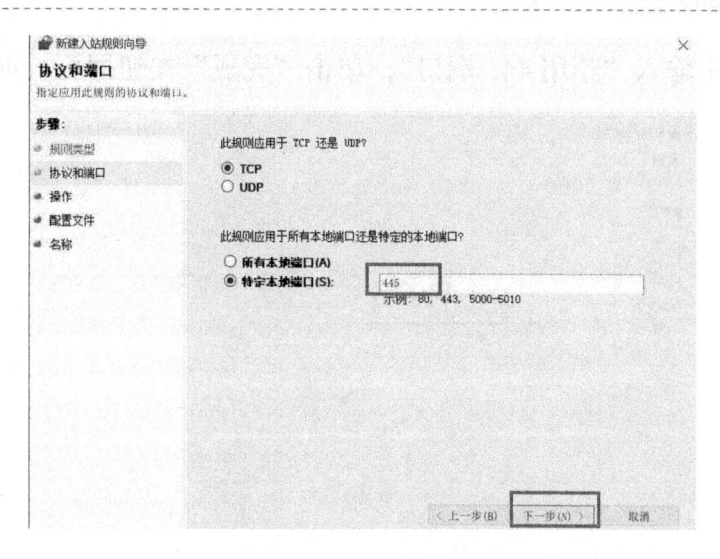

图 7-30 选择端口

（5）"配置文件"为默认选项，将其右侧的选项全部勾选，单击"下一步"按钮，如图 7-32 所示。

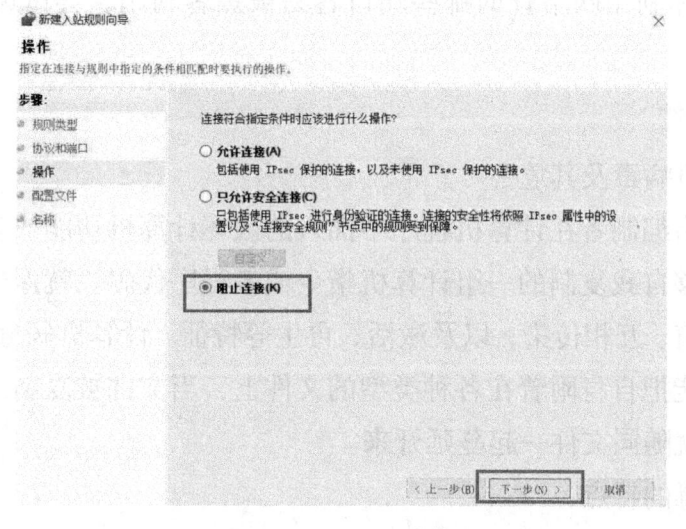

图 7-31 阻止连接

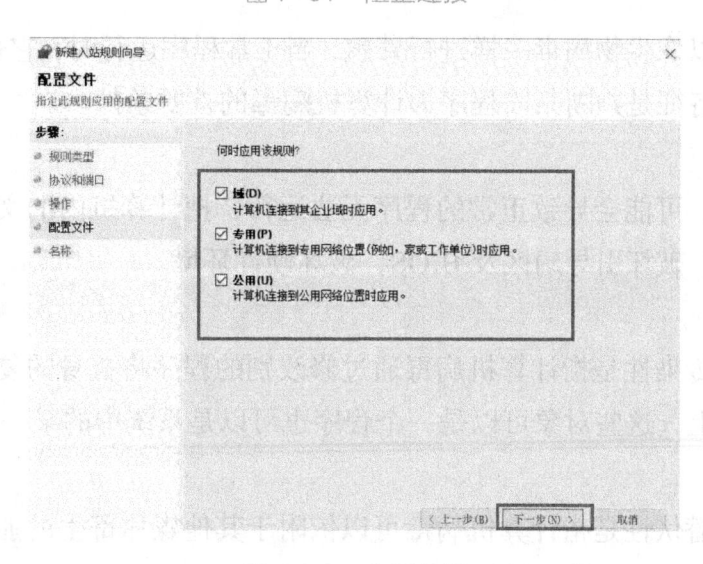

图 7-32 应用范围

（6）在名称框中输入"禁用445端口"，单击"完成"按钮即可，如图7-33所示。

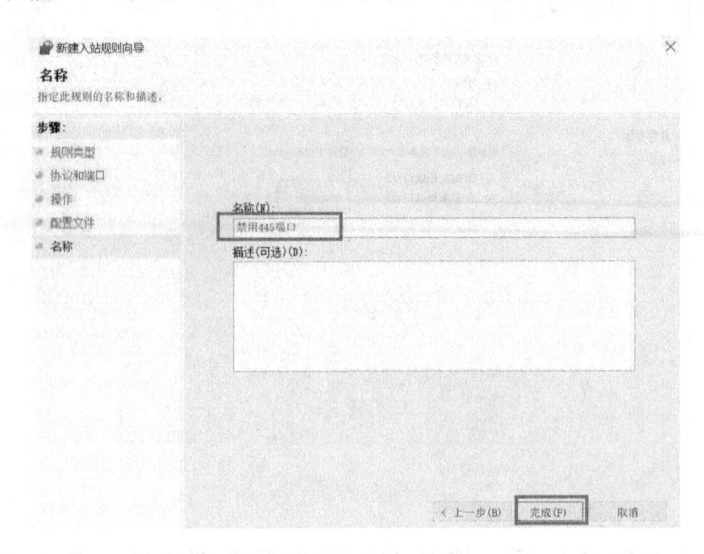

图7-33 名称设置

拓展实践：请你利用网络查询哪些端口容易被黑客利用，尝试说一说，并关闭相应端口。

2. 使用杀毒软件

（1）认识计算机病毒及其危害

计算机病毒是指编制者在计算机程序中插入的破坏计算机功能或者破坏数据，影响计算机使用，并且能够自我复制的一组计算机指令或者程序代码。就像生物病毒一样，计算机病毒具有自我繁殖、互相传染，以及激活、再生等特征。计算机病毒有独特的复制能力，它能够快速蔓延，能把自身附着在各种类型的文件上，当文件被复制或从一个用户传送到另一个用户时，它就随同文件一起蔓延开来。

（2）计算机病毒的特点

① 繁殖性

计算机病毒可以像生物病毒一样进行繁殖，当正常程序运行时，它也运行并自身复制，具有繁殖、感染的特征是判断某段程序为计算机病毒的首要条件。

② 破坏性

计算机中毒后，可能会导致正常的程序无法运行，把计算机内的文件删除或使文件受到不同程度的损坏，破坏引导扇区及BIOS，破坏硬件环境。

③ 传染性

计算机病毒的传染性是指计算机病毒通过修改别的程序将自身的复制品或其变体传染到其他无毒的对象上，这些对象可以是一个程序也可以是系统中的某一个部件。

④ 潜伏性

计算机病毒的潜伏性是指计算机病毒可以依附于其他媒体寄生的能力，侵入后的病毒潜伏到条件成熟才发作，会使计算机运行速度变慢。

⑤ 隐蔽性

计算机病毒具有很强的隐蔽性，可以通过病毒软件检查出来少数，隐蔽性使计算机病毒时隐时现，变化无常，这类病毒处理起来非常困难。

⑥ 可触发性

编制计算机病毒的人，一般都为病毒程序设定了一些触发条件，例如，系统时钟的某个时间或日期、系统运行某些程序等。一旦条件满足，计算机病毒就会"发作"，使系统遭到破坏。

计算机病毒虽然可恶，但是并不可怕，只要采取有力措施，就能有效地预防病毒，我们一定要从预防、管理入手，做好病毒的预防工作。

实践任务一：安装和使用 360 杀毒软件

杀毒软件是计算机安全使用的最基本的软件，起着保驾护航的至关重要的作用，目前，常用的杀毒软件有 360 杀毒、金山杀毒、瑞星杀毒等，我们以 360 杀毒软件为例，学习其使用方法。操作步骤如下：

（1）打开浏览器，输入 360 官网网址，进入 360 官网，下载 360 杀毒软件，如图 7-34 所示。

（2）下载后进行安装，并升级到最新病毒库，定期进行"全盘扫描"，如图 7-35 所示。

图 7-34　360 杀毒软件下载　　　　　　图 7-35　360 杀毒软件界面

（3）扫描需要一定时间，扫描结束后可能会看到一些危险项，单击"立即处理"即可清除这些危险项。

（4）360 杀毒软件具有实时防护功能和手动扫描功能，可以及时拦截活动的病毒，建议使用移动 U 盘时，先进行病毒查杀。

实践任务二：使用 360 安全卫士进行体检及系统修复

操作步骤如下：

（1）在 360 网站下载 360 安全卫士软件并安装。打开软件"电脑体检"，体检需要一定时间，体检结束后，根据提示单击"一键修复"按钮，如图 7-36 所示。

（2）选择"系统修复"，单击"全面修复"按钮，即可进行系统全面修复，如图 7-37 所示。

图 7-36　360 安全卫士电脑体检　　　　　图 7-37　360 安全卫士系统修复

（3）修复需要一定时间，扫描结束后可能会看到一些潜在危险项，单击"一键修复"按钮，修复完成后，重启计算机即可完成修复。

拓展实践：探索 360 安全卫士其他功能

（1）在 360 安全卫士软件主界面中单击"防护中心"，在弹出的界面中有很多比较实用的防护功能，可根据需求进行选择，如图 7-38 所示。

（2）请你尝试使用 360 安全卫士的其他功能。

图 7-38　安全防护中心

学习检验

看到小明露出满意的笑容，张工心想：这个小明，学习起来挺认真，一定掌握了不少信息安全防护知识，我来考考他。于是张工拿出一张表，说："怎么样小明，学习得还不错吧？"小明接过表，回答道："嗯，我觉得我能胜任信息安全员这个岗位啦。"

该表为本任务的完成情况评价表（见表 7-6），请你根据实际情况来填写。

表 7-6 完成情况评价表

任务要求	很好	好	不够好
能描述信息安全事件的分类			
能判断信息安全事件的等级			
能列举信息安全防护技术			
能说出网络信息安全的防护措施			
能熟练应用实用的信息系统安全技术			

学习小结

测试完成了。

张工满意地点点头，说："小明恭喜你，通过学习你通过了岗前培训。"

"谢谢张工！学习过程中我有很多收获。"

"好啊，和我说一说。"

小明拿出学习总结，"我都记下来了，请您过目。"

表 7-7 是小明设计的学习总结表，请你根据自己的实际情况来填写。

表 7-7 学习总结表

主要学习内容	学习方法	学习心得	待解决的问题

整体总结：

拓展学习

1. 如果有非常重要的文件需要严格保护，我们可以通过加密软件对其进行加密设置。请你在网上下载相关的加密软件（如文件夹加密超级大师），学习如何对计算机中的文件进行加密保护设置。

2. 我们在使用计算机的过程中，会产生大量的个人数据，如文件、照片、视频等，一旦计算机出现软硬件的故障或者遭受木马病毒攻击时，个人数据将面临丢失的风险，通常我们可以采用备份的方式进行保护。备份通常分为本地备份、云盘、网络存储器（NAS），请你通过网络学习相关操作，并养成备份数据的习惯，防止因数据丢失或被窃取造成的损失。

学习检测

1. 请你查阅资料，了解今年国内外出现的信息安全事件，并用学到的信息安全知识，说一说如何防范信息安全事件。

2. 请你说一说，为了避免计算机被黑客入侵或被病毒攻击，我们能做什么？

学习单元 8

人工智能初步

▶主题项目　制定智慧办公方案

📋 项目说明

　　人工智能时代的到来，让我们享受到生活的便利和工作的高效。可以说人工智能给我们人类社会带来了深刻的影响。在这种背景下，我们需要了解人工智能的相关知识，关注人工智能的发展和体验人工智能的应用，以适应人工智能时代。

　　当下，传统的办公方式已经慢慢地发生了变化，人工智能技术已经应用到了办公系统中，节能低耗、安全高效的智能办公是未来发展的必然趋势。我们只有深入了解智慧办公系统，体验其特性，才能在工作中得心应手。

　　希望你通过本项目的学习，能了解人工智能的发展和应用领域，体验人工智能在生产、生活中的典型应用，正确认知人工智能对个人和社会的影响，为适应智慧社会做好准备。

🔭 项目情境

　　传统办公系统中存在环境、管理、安全、能源、共享等问题，小新科技公司希望借助人工智能，建立舒适高效、节能低耗、安全可靠的智慧办公系统。小明所在的信息部接到的项目是提供智慧办公解决方案，按照项目需求，方案应解决办公环境、智能安防、节能环保、办公效率等问题。

任务 8.1 认识人工智能

通过"认识人工智能"的学习,能了解人工智能的发展和应用场景,能掌握人工智能的特点,能正确认识人工智能对个人和社会产生的巨大影响,能了解人工智能对个人未来职业发展的影响。

任务情境

建立智慧办公系统的前提是要充分了解人工智能,张工对小明说:"小明,你先学习相关资料,以便对人工智能有准确的认识。""我会尽力的,张工。"小明知道,他又要迎接新的挑战了。小明需要查阅资料,了解关于人工智能的发展及应用,了解人工智能对人类社会发展的影响。

学习目标

1. 知识目标

了解人工智能的特点、发展和应用。

2. 能力目标

能够通过案例说出人工智能对社会发挥的进步作用。

3. 素养目标

了解人工智能的发展趋势,建立正确的智能时代的学习态度。

活动要求

借助学习资料开展自主学习,完成对人工智能的认识。

任务分析

小明开始查看厚厚的学习资料。相关资料有:人工智能发展历程介绍、人工智能在各行各业中的典型应用案例及人工智能对人类社会的影响等。

小明通过思维导图对任务进行分析,如图 8-1 所示。

小明厘清了思路,按思维导图来整理资料,开始进行学习。

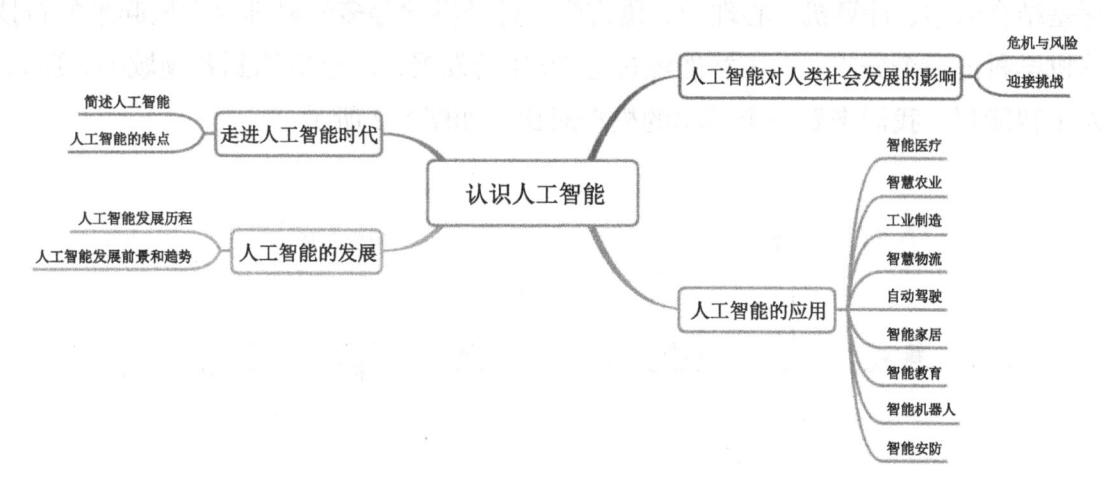

图 8-1 思维导图

任务实施

8.1.1 走进人工智能时代

在现代社会便利与舒适的生活背景下，有一场正在深刻地改变人们生活与社会的科技浪潮，那就是人工智能。在人工智能浪潮的驱动下，十年后我们会生活在什么样的世界里呢？大多数人会想到《终结者》《机械公敌》和《机械姬》等科幻电影中所呈现的那种冷冰冰的机器人的场景。

其实人工智能早就不是科学幻想，它已经从科幻逐步迈入现实，应用到我们生活中的方方面面，我们随处可见人工智能给我们带来的便利。

例如，新冠疫情期间我们开车进出小区时，出入口的人工智能识别系统会根据车牌自动识别是月租车还是临时车，月租车可以自动抬杆通行，临时车只有缴费后，才能自动抬杆通行。

除了图像识别，人工智能还可以应用到语音识别上，如各种语音助手、智能音箱。我们手机中的美颜软件、短视频推荐系统、邮件中的反垃圾系统，以及自动驾驶、智慧工业等都离不开人工智能。

接下来，我们就一起来认识人工智能。

1. 简述人工智能

在古代，不管是东方还是西方，都有人造人的神话，在上世纪 30 至 50 年代，随着计算机科学、神经学、数学等的发展，人工智能正式进入科学家的视野。

1956 年，一批来自数学、心理学、神经生理学、信息论和计算机科学等领域的专家学者在达特茅斯学院召开了一次关于用机器模拟人类智能问题的研讨会，第一次使用"人工智能（Artificial Intelligence，简称 AI）"这一术语。从此，人工智能作为一门学科诞生了，它是结合数学、计算机、心理学、语言学、神经科学等多学科理论发展起来的新技术，是计算机学科的一个分支。人工智能经过近70年的发展，已经应用到各领域中。那么，什么是人工智能呢？我们来看一个简单的模型对比，如图8-2所示。

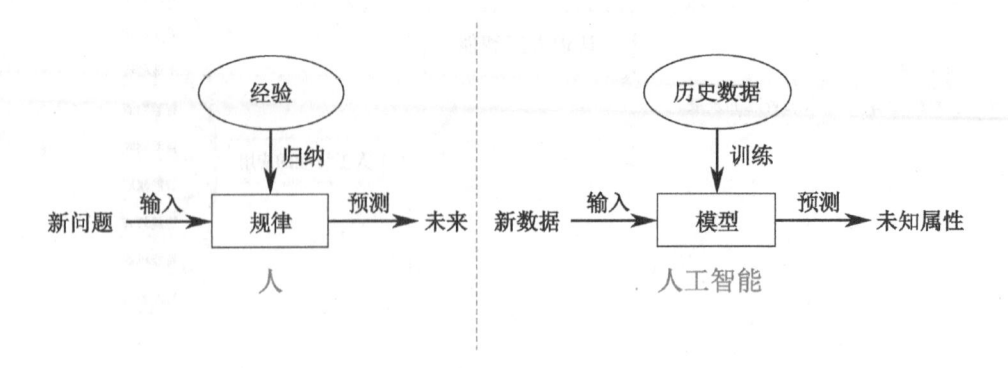

图8-2　人工智能与人思维的对比模型

从图8-2中可以看出，人脑的思维模型是这样的：人们会从以往的经验中总结出规律，这样当遇到新问题的时候，人们会利用已有的规律来预测接下来会发生什么事，也就是预测未来。机器的思维模型与人脑非常相似，它是从历史数据中总结出一个比较通用的模型，这样当遇到新的数据时，它会利用已有的模型来挖掘出一些过去未曾发现的东西，也就是预测未知属性。

机器的这个思维模型其实就是一个典型的人工智能模型，不管一个AI算法有多么复杂，都需要大量的历史数据来训练出一个模型，然后用该模型去分析新的数据，得出新的结论。

通俗地讲，人工智能研究的主要目标是使机器拥有模拟人的思维过程的智能行为，如去完成一些学习、规划、推理、决策和感知等。简而言之，人工智能就是让机器去做过去只有人才能做的智能工作，最终演变成由人工智能达到让机器像人一样思考。

案例分析：聊天机器人

聊天机器人是近年来走入家庭并获得广泛好评的人工智能应用。聊天机器人是经由对话或文字进行交谈的计算机程序，如小爱同学、微软小冰、苹果Siri、百度小度等就是我们熟知的聊天机器人。聊天机器人常见的应用就是客户服务或资讯获取。聊天机器人搭载自然语言处理系统，先撷取输入的关键字，再从数据库中找寻最合适的应答句。可以为聊天机器人设计各种功能，如天气预报、预订机票、播放音乐、猜谜语、成语接龙等，甚至有些人为了排遣寂寞愿意和它进行互动聊天。

通过聊天机器人这个实例，我们可以看出人工智能是有很多实用价值的，并且在体验上非常出色，也使我们对人工智能的未来充满希望。目前，投入应用的典型人工智能产品如图8-3所示。

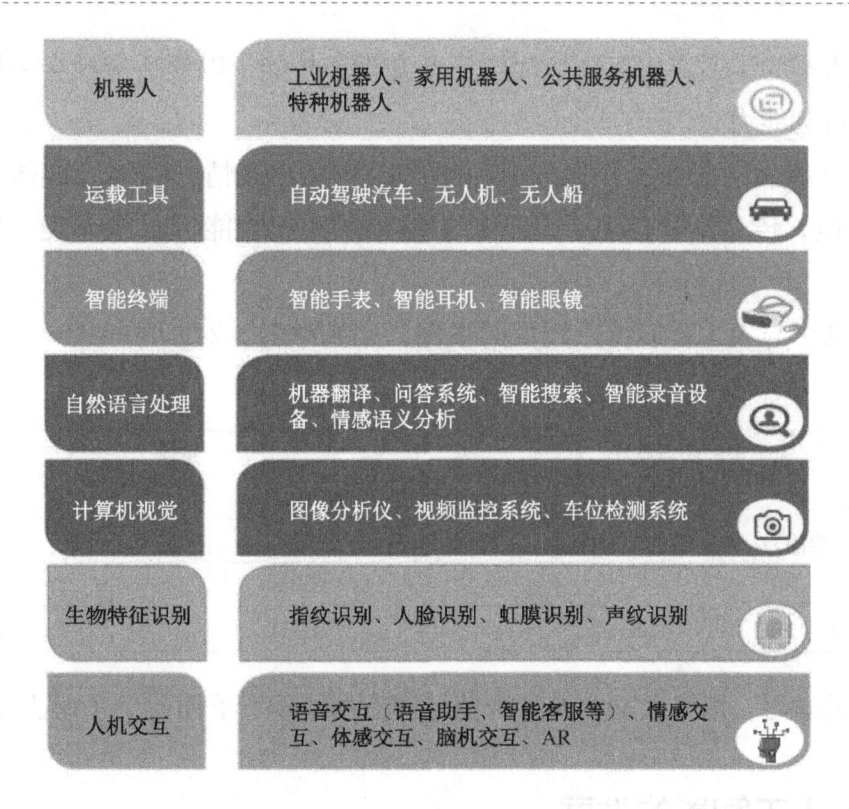

机器人	工业机器人、家用机器人、公共服务机器人、特种机器人
运载工具	自动驾驶汽车、无人机、无人船
智能终端	智能手表、智能耳机、智能眼镜
自然语言处理	机器翻译、问答系统、智能搜索、智能录音设备、情感语义分析
计算机视觉	图像分析仪、视频监控系统、车位检测系统
生物特征识别	指纹识别、人脸识别、虹膜识别、声纹识别
人机交互	语音交互（语音助手、智能客服等）、情感交互、体感交互、脑机交互、AR

图 8-3 典型的人工智能产品

学习活动一：判断表 8-1 中哪项是人工智能，哪项不是人工智能，并给出各自的理由。

表 8-1 人工智能产品

序号	实例	是否属于人工智能	理由
1	智能音箱		
2	普通汽车		
3	翻译软件		
4	扫地机器人		

2. 人工智能的特点

结合人工智能的定义，通过分析我们发现：人工智能与人类的各种行为是相似的，它也能对事件和环境做出理性反应和行为，从而总结出人工智能有如下特点。

（1）具有感知能力

人工智能借助各种传感器感知外界，从而获取知识，就像人类通过身体的感官系统接收来自环境的各种信息，然后对外界做出相应的反应。

（2）具有记忆和思维能力

记忆用于存储思维所产生的知识，思维用于对信息的处理，是获取知识以及运用知识求解问题的根本途径。有了记忆和思维能力，人工智能就可以像人类一样思考、分析和解决问题。

（3）具有学习能力

人工智能系统在理想情况下，随着环境的变化，具有一定的学习能力，调整参数，优化自身，就像人类为了适应生存环境而学习新知识和技能，以便适应社会一样。

（4）具有行为能力

行为能力又称表达能力，人们通常用语言或者某个表情、眼神及肢体动作来对外界的变化做出反应，传达某种信息。具有行为能力的人工智能可以像人类一样行走、说话和写字。

请找出生活中与人工智能特点相关的案例，完成对表 8-2 的填写。

表 8-2 人工智能应用实例

人工智能的特点	举例
感知能力	面部识别
记忆和思维能力	
学习能力	
行为能力	

通过前面的学习，相信大家对人工智能已经有所了解，下面我们了解人工智能的发展。

8.1.2 人工智能的发展

1. 人工智能发展历程

人工智能的发展充满波折，人工智能的发展历程大致可以划分为以下几个阶段。

（1）萌芽阶段（1956年以前）

20 世纪 40 年代，数学家和计算机工程师已经开始探讨用机器模拟智能的可能。1950 年，英国著名的科学家图灵提出一个想法：机器能像人类一样思考吗？并且为了回答这个问题，还提出一种大胆的测试方法，就是著名的"图灵测试"。让测试者在封闭的格子里，与外面的机器和人交替地进行提问和交谈，让测试者对人和机器做出判断，如果测试者无法做出判断，那么就说明该机器通过了图灵测试。图灵测试每年都会进行，到 2014 年的时候，测试中的机器终于骗过了 33% 的人，使他们相信它是一个小男孩。图灵测试示意图如图 8-4 所示。

图 8-4 图灵测试示意图

（2）黄金时代（1956—1974年）

1956 年，在达特茅斯研讨会上讨论了"机器是否像人类一样思考"这个问题，并且第一次使用"人工智能"这一术语，所以 1956 年被称为人工智能元年，正式开启了人工智能 20 年的黄金时代。世界各国都投入巨资进行人工智能的研究。这个阶段还诞生了世界上第一个聊天程序 ELIZA，如图 8-5 所示，它通过预先编写好的答案库中的语句与人进行交谈，但是此聊天程序未通过图灵测试。

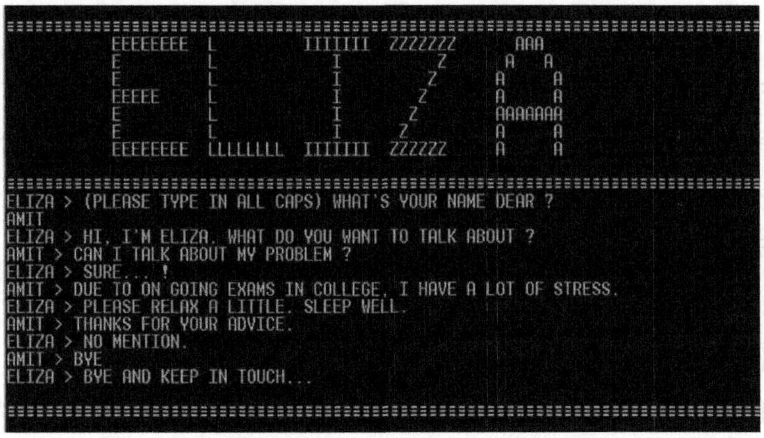

图 8-5　世界上第一个聊天程序 ELIZA

在高速发展的黄金时代，人们高估了人工智能的发展速度，很快就陷入它的第一个寒冬期。

（3）寒冬期（1974—1980 年）

人工智能陷入寒冬期并不是偶然的。虽然当时创造了很多智能的程序，甚至硬件的机器人都出现了，但是它们都达不到实用标准。主要是因为科学家遇到了不可战胜的挑战，那就是算力不足。在解决实际问题的时候，计算量是非常巨大的。例如，在迷宫游戏中，每多一个路口，路线计算量可能翻倍，西洋跳棋每步可能棋局有 10^{20} 计算量，国际象棋每步可能棋局有 10^{40} 计算量，如图 8-6 所示。当时并不具备大规模计算的条件，于是各国的研究机构纷纷停止研究工作。

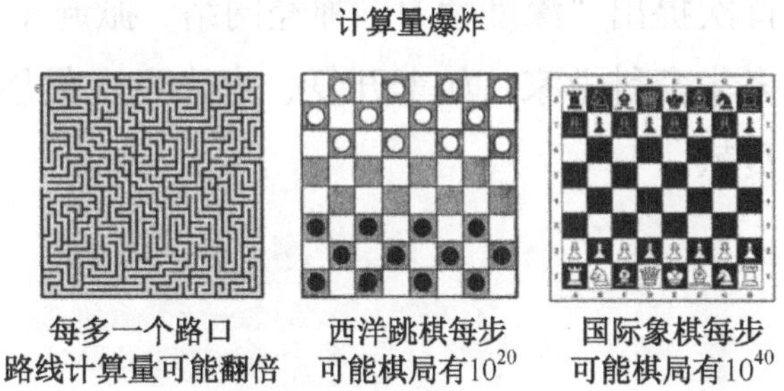

图 8-6　计算量爆炸示意图

（4）繁荣期（1980—1987 年）

科学家在困境中不断探索，终于发明了专家系统，如图 8-7 所示。专家系统的诞生开启了人工智能的繁荣期。专家系统其实就是一套计算机软件，它聚焦单个的专业领域，模拟人类专家回答问题，提供知识，帮助人们做出决策。专家系统在推出伊始就大获成功，开发了大量有实用价值的系统，如医疗诊断系统、气象预报系统、自动驾驶技术等。

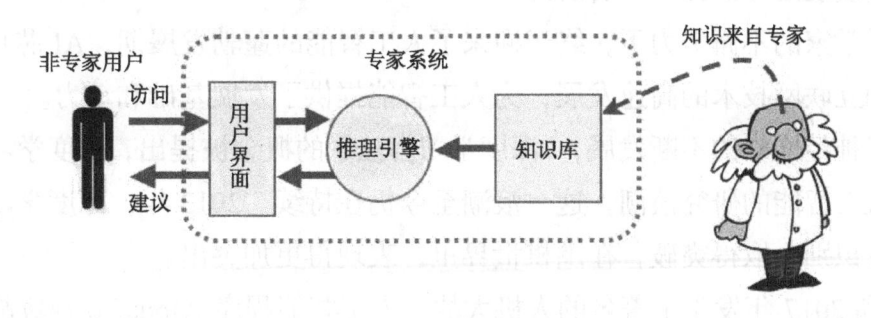

图 8-7　专家系统示意图

（5）寒冬期（1987—1993 年）

从这时起，机器学习开始兴起，各种专家系统开始被人们广泛应用。但是好景不长，专家系统运行一段时间后，人们开始产生信任危机，随着专家系统的应用领域越来越广，问题也逐渐暴露出来。专家系统应用有限，且经常在常识性问题上出错，究其原因是因为专家系统对很多问题仍然解决不了。人工智能迎来第二个寒冬。

研究人员开始将机器学习的研究方向从机器的定向输入输出转化为机器能够自动识别感知。如大象从来不玩国际象棋，但是大象可以在现实中识别环境，并且做出合理的判断，如图 8-8 所示。他们提出人工智能技术也应该像大象一样有感知能力，从而开启神经网络的研究。接下来在人们的争论不休中，人工智能进入稳健发展期。

（6）稳健发展期（1993—2011 年）

在稳健发展期，很多专家都不再使用人工智能这一术语，而是叫作数据分析、知识系统、计算智能，研究成果可直接转化成商业应用。1997 年出现了轰动的事件，就是 IBM 发明的深蓝战胜了当时的国际象棋世界冠军卡斯帕罗夫，如图 8-9 所示。深蓝拥有 480 块 CPU，它熟悉棋谱，每秒钟可计算 2 亿次，它能够预测对手的走法，最终击败国际象棋世界冠军，成为人工智能史上的一个里程碑。之后，人工智能开始平稳向上发展。2006 年，首次提出"深度学习"神经网络，掀起了人工智能的研究浪潮。在众多科学家中涌现出许多华裔科学家，如李开复、李飞飞、吴恩达、杨立昆等，他们在深度学习方面做出了巨大贡献。

图 8-8　大象不会下国际象棋　　　　　图 8-9　深蓝战胜了卡斯帕罗夫

（7）蓬勃发展期（2012 年—未来）

在众多科学家的不懈努力下，终于迎来了人工智能的蓬勃发展期，AI 芯片技术、大数据、云计算和互联网技术的高速发展，为人工智能提供了发展基础和动力。

由于人工神经网络的不断发展，"深度学习算法"的概念被提出，深度学习算法的发展又一次掀起人工智能的研究浪潮，这一浪潮至今仍在持续。2013 年，深度学习算法在计算机视觉和语音识别上取得突破，在围棋世界里，表现得更加突出。

2016 年和 2017 年发生了著名的人机大战，人工智能程序 AlphaGo 连续战胜两届围棋冠军——中国的柯洁和韩国的李世石，如图 8-10 所示。这样传奇的事件还没有结束，新一代的 AlphaGo Zero 无须任何人类历史棋谱，仅通过深度强化学习，从零基础开始训练三天的成就就远远超过了人类数千年积累的围棋知识，并在以 100 : 0 的战绩彻底击败 AlphaGo 之后，宣布从此永远放弃棋类对决。

图 8-10 AlphaGo 战胜了围棋冠军

人工智能的发展史表明，每一轮人工智能发展浪潮都遭遇了技术瓶颈制约，通过人类的不懈努力才得以解决。目前，人工智能被视为影响第四次工业革命的标志性技术。人工智能处于发展浪潮的高峰，相信它会持续为人类带来更多的惊喜。

2. 人工智能发展前景和趋势

人工智能是目前全球备受互联网业界和市场关注的新技术及应用。全球主要互联网企业都在向人工智能方向转型，并大幅增加相关科研、技术和产业应用布局方面的投入。

（1）人工智能的现状

目前，人工智能的发展现状是以人类的思考为参考，设计并制造出各种机器宝宝，教它们长大成"人"，这和人类的成长是类似的。根据智力水平的不同，人工智能可划分为三个等级，分别为弱人工智能、强人工智能和超人工智能。

● 弱人工智能（Weak AI）

弱人工智能是指低于人类智能水平的人工智能，它们一般只能承担单一方面的工作，无论是只能烧饭的智能电饭煲，还是会聊天的机器人都属于弱人工智能范畴。现在正处于弱人工智能发展阶段，如无人超市管理系统、民航登机的刷脸系统、支付宝运营系统、手机导航系统等都依赖人类提前编写好的程序，我们可以把它们当成"知其然，而不知其所以然"的"半吊子"，它们只会按部就班地工作，并且工作能力不会提升。从某些角度来看，弱人工智能有些笨，但是它们为我们提供了极大的便利性，提高了生活质量。

● 强人工智能（Strong AI）

强人工智能是指和人类智能旗鼓相当，能像人一样思考、交流、学习，解决问题，甚至在某些方面还能干得更好，但是这种技术科学家还没有真正掌握。现在有一种智能的数据分析平台，可以根据输入的信息给出投资建议。例如，某城市发生了一场大地震，它就会根据数据分析建议你购买或出售哪些资产，跟踪哪些信息，并帮你完成这些工作，这些都是对强人工智能的有益尝试。虽然强人工智能能够为人类提供强大的帮助，但是这种帮助始终是外来的，如果人类掌握不好，将会带来不可估量的结果。

- 超人工智能（Super AI）

超人工智能是指超出人类智力水平的人工智能。它们善于思考和创新，大家可能会担心，未来某一天超人工智能会挑战人类吗？霍金也提出类似的观点：完全人工智能的研发可能意味着人类的末日。如何看待这个问题？从人工智能发展的规则来看，只有安全地使用人工智能，即让它们在可控状态下，才能造福人类。

人工智能到目前为止还没有达到对人类产生危险的程度，人工智能还不能具备：

- 自我意识：如思考"我是谁？我从哪里来？"
- 主动学习能力：具有主动意识的深度学习。
- 跨领域推理能力：举一反三，触类旁通，触景生情。
- 抽象能力：少样本学习，描述归类。
- 情感：像人类的情感。
- 审美能力：自我意识与美感。
- 常识：常识及建立逻辑。
- 理解力：知其然，也知其所以然。

通过以上介绍，我们可以总结出人工智能的研究现状：弱人工智能很强，强人工智能很弱，超人工智能还未出现。

（2）人工智能发展趋势

趋势一：AI 技术日臻完善，已达到大规模生产的工业化阶段。

近年来，AI 技术本身以及各类商业层面解决方案已日趋成熟，目前正在快速进入"工业化"阶段。伴随着国内外科技巨头对 AI 技术研发的持续投入，2020 年，在全球范围内将出现多家 AI 模型工厂、AI 数据工厂，并将 AI 技术进行模块化整合，大批量产出，从而实现赋能各行各业，以求产业快速转型升级的终极目的。例如，客服行业的 AI 解决方案将运用到金融、电商、教育等行业，如图 8-11 所示。

图 8-11　客服行业 AI 体系

趋势二：深度学习技术深入渗透各产业并引发大规模应用。

深度学习广泛应用于图像识别、语音识别和模式识别中，被业界公认是非常有效的一项算法技术。以深度学习为框架的开源平台极大降低了人工智能技术的开发门槛，有效提高了人工智能应用的质量和效率。举例说明：假设有一个多物体检测的任务，需要辨别图像中的物体类型和各物体在图像中的位置。传统机器学习会将问题分解为两步，即物体检测和物体识别。首先使用边界框检测算法扫描整张图片，找到可能是物体的区域；然后使用物体识别算法对上一步检测出来的物体进行识别，如图8-12所示。而深度学习会直接将输入数据通过深度学习算法得到输出结果。

图8-12 机器学习的过程

趋势三：物联网将借助人工智能技术向智慧物联网转型。

随着5G和计算能力的飞跃，算力提升，人工智能和物联网技术形成了智慧物联网，不断地向边缘移动。这也将促进物联网与能源、电力、工业、物流、医疗、智能城市等更多场景发生融合，创造出更大的价值。例如无人监控交通，就可以监测更大范围的地区，利用智慧实时搜集信息，即车辆数量、拥堵风险，然后送到处理中心进行分析后，采取疏导交通、改变限速和调整红绿灯等措施，如图8-13所示。

图8-13 远程实时车流量分析

在此列举的发展趋势仅具代表性，不能涵盖人工智能发展的全部趋势，各行各业与人工智能应用的融合都将带来其高速发展和巨大变革。同学们，不要错过这伟大的变革期，砥砺奋进正当时，让我们共同创造美好的未来。

> **说一说：人工智能的未来新动向**
>
> 同学们，回顾人工智能的发展历程，结合对人类社会和人工智能发展趋势的理解，请你们大胆预测一下：未来人工智能会给我们带来什么惊喜？未来世界是什么样的？我们现在应该如何做好准备？

8.1.3 人工智能的应用

随着人工智能理论和技术的不断完善，人工智能的应用也在逐渐向多方向发展。未来，人工智能虽然不能像人类一样，拥有自己的意识和思维方式，但是这种自我思考的人工智能已经打破常规。

当前，人工智能已经逐步进入产业化阶段，人工智能技术的发展正在由学术推动的实验室阶段，转由学术界和产业界共同推动的产业化阶段。

我们需要人工智能做什么呢？让人工智能做人类做不到的事情，做人类做不好的事情，做对人类来说有危险的事情。根据人工智能技术和产业发展现状，人工智能应用的重点如下所示。

1. 智能医疗

智能医疗能对医学影像进行自动分析，供医生诊断时参考，可有效地减少误诊和漏诊，解决"看病难"的问题。我们还可以利用智能手环或者手表，甚至是植入到身体的芯片，收集我们身体的信息数据，对身体状况进行自动分析，若有异常可以提前预警，这些数据也能为医生诊断提供参考，随时呵护我们的健康。2018年11月22日，在"伟大的变革——庆祝改革开放40周年大型展览"上，第三代国产骨科手术机器人"天玑"正在模拟做手术，它是国际上首个适应症覆盖脊柱全节段和骨盆髋臼手术的骨科机器人，性能指标达到国际领先水平，如图8-14所示。

2. 智慧农业

人工智能在智慧农业中应用得比较广泛，如利用智能系统设备中的传感器对风速、二氧化碳浓度、光合作用、温湿度、病虫害、杂草等情况进行实时采集和检测，通过自动喷水、施肥、无人机播撒农药和清除杂草机器人，保证粮食和瓜果蔬菜在正常的状态下生长。等到瓜果蔬菜成熟了，利用计算机视觉技术智能分辨瓜果蔬菜成熟度，并进行自动采摘，可大大提高工作效率，如图8-15所示。农业机器人可以代替成百上千的农民的工作量，实现降本增益，或许未来出现"无人农场"。

图 8-14 智能医疗应用　　　　　　　　图 8-15 智能农业应用

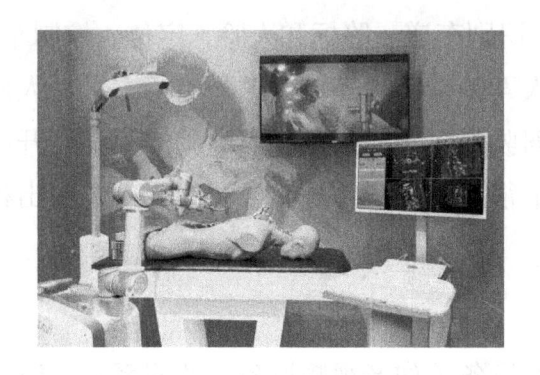

3. 工业制造

工业制造系统要变得更"聪明"，就要利用人工智能提升工业制造系统。例如，品质监控是生产过程中最重要的环节，传统生产线上都安排大量检测工人，用肉眼和仪器进行质量检测，由于工人疲劳、个体差异，很容易漏检和误判，甚至会给工人造成疲劳伤害，但是机器不知疲倦，稳定且误差低，如图 8-16 所示。因此，制造企业开发并使用人工智能的视觉工具，能帮助工厂自动检测出不合格的产品。

4. 智慧物流

智慧物流就是指利用条形码、射频识别技术、传感器、全球定位系统等先进的物联网技术，将信息处理和网络通信技术平台广泛应用于物流业运输、仓储、配送、包装、装卸等环节，实现货物运输过程的自动化运作和高效率优化管理，提高物流行业的服务水平，降低成本，减少自然资源和社会资源消耗的现代化物流模式，如图 8-17 所示。

图 8-16 智能工厂的产品检测机器人　　　　　　　　图 8-17 智慧物流应用

智慧物流在实施的过程中，强调的是物流过程数据智慧化、网络协同化和决策智慧化。智能物流在技术上要实现物品识别、地点跟踪、物品溯源、物品监控、实时响应。

5. 自动驾驶

自动驾驶也常被人称作无人驾驶、无人车等，无人驾驶技术将改变我们未来生活的出行方式，如图 8-18 所示。想象一下在不远的将来，坐在车里的你，不用亲自驾驶，不用打起一百二十分精神时刻关注未知的路况，只需听听音乐或者处理一下工作的事情，就可以顺利到达目的地；所有交通决策，如自动避障，识别车道、路标和人脸，定位、控制车灯，违章判断等工作都由不知疲倦、恪守规则的无人驾驶系统来完成。这种出行方式对人们的生活将是一种颠覆性的变革。谷歌公司的无人驾驶汽车和特斯拉无人驾驶汽车都已开展试驾。我国百度公司也在无人驾驶汽车领域取得了很好的进步，滴滴公司的无人驾驶出租车2020年也在北京和上海进行了实际的运行。

6. 智能家居

智能家居是指通过物联网技术将家中的各种设备（如音视频设备、照明系统、窗帘控制、空调控制、安防系统、数字影院系统、影音服务器、影柜系统、网络家电等）连接到一起，提供家电控制、照明控制、电话远程控制、室内外遥控、防盗报警、环境监测、暖通控制、红外转发，以及可编程定时控制等多种功能和手段，如图8-19所示。

图8-18 我国开发的自动驾驶汽车　　　　图8-19 智能家居应用

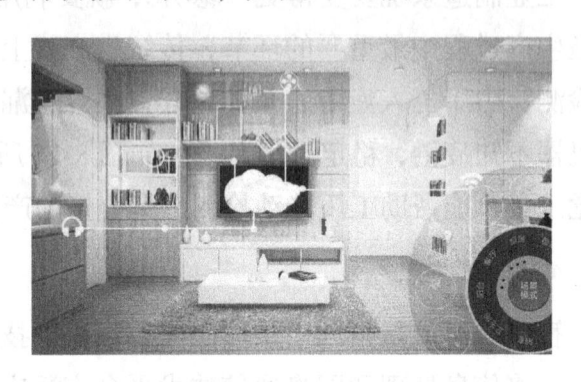

目前，借助智能语音音箱可以便捷地搭建一个智能家居系统，构建一个控制管理中心，人们通过与智能音箱进行友好交互，可以实现自动控制和管理，提高生活舒适度和便利性。

目前，我国智能家居产品与技术百花齐放，市场开始出现低、中、高不同档次的产品，行业进入快速成长期。

7. 智能教育

当前，人工智能、大数据等技术的发展日趋成熟，已实现教育全场景关键技术应用的系统性突破，如图8-20所示。基于公式识别、语义理解等技术突破，人工智能不仅可以帮助老师批改数理化作业，还能进行中英文作文等主观题批改；基于能力画像和知识图谱，可以帮助老师精准找到每个学生的薄弱环节，从而让每个学生都有不一样的个性化作业，减少无效重复训练。

例如，在传统的教学模式中，老师一般将一套同样的练习题推送给全体学生，借助人工智能，可以针对不同学生的学习能力，有针对性地推送练习题，帮助他们查漏补缺，以便提高成绩。

8. 智能机器人

智能机器人是当前人工智能领域一个十分重要的应用领域和热门的研究方向，它直接面向应用，社会效益强，发展非常迅速。机器人将人类从重复性、危险性的劳动中解放出来，这在过去是完全不可能的事情。美国波士顿动力公司开发的机器人，在复杂地形行走、肢体协调等方面取得了巨大的进步，如图 8-21 所示。2017 年 10 月，在沙特阿拉伯首都利雅得举行的"未来投资倡议"大会上，机器人索菲亚被授予沙特公民身份，她也因此成为全球首个获得公民身份的机器人。2018 年 7 月，在我国香港会展中心，机器人索菲亚亮相主舞台，如图 8-22 所示。

9. 智能安防

智能安防通过智能视频分析技术可以代替民警做很多事情。例如，北京警方利用旷视科技的天眼系统，通过海量视频自动提取有效线索、证据，3 秒锁定逃犯，只用 25 分钟就破案，如图 8-23 所示。有了智能安防，民警就不必耗费大量的人力物力去寻找逃犯，只要他在监控下，就可以被快速追踪和锁定，轻松抓捕归案。

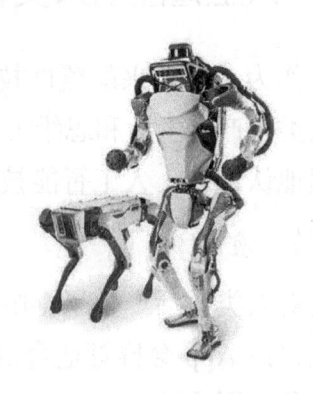

图 8-20　智能教育应用　　　　图 8-21　波士顿人形机器人和机器狗

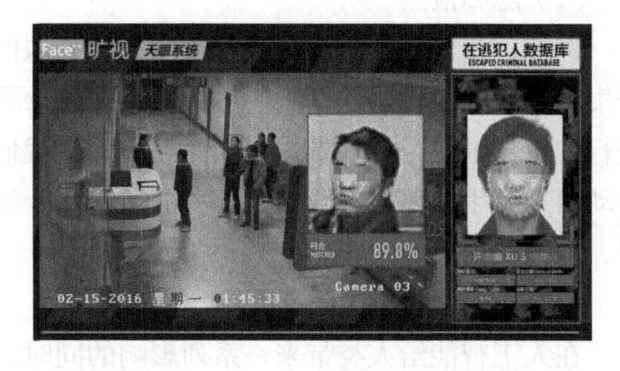

图 8-22　机器人索菲亚　　　　图 8-23　智能安防应用（图中人物为演示模拟）

智能安防可以从视频中检测出人和车辆；自动找到视频中异常的行为，并及时发出带有具体地点方位信息的警报。自动判断人群的密度和人流方向，提前发现过密人群带来的潜在危险，帮助工作人员引导和管理人流。

当今社会，人工智能已经成为国际竞争的新焦点，人工智能是引领未来的战略性技术，人工智能的迅速发展将深刻改变人类社会生活，改变世界。

学习活动二：请通过社会调研、网络媒体、生活观察等方式，了解人工智能应用于不同领域的典型案例，完成表 8-3 的填写。

表 8-3 人工智能应用领域案例

序号	应用领域	典型案例
1	智能医疗	
2	智慧农业	
3	工业制造	
4	智慧物流	
5	自动驾驶	
6	智能家居	
7	智能教育	
8	智能机器人	
9	智能安防	

8.1.4 人工智能对人类社会发展的影响

人工智能作为一种新兴颠覆性技术，正在释放科技革命和产业变革积蓄的巨大能量，深刻改变着人类生产、生活和思维方式，对经济发展、社会进步等产生重大而深远的影响。我们必须清醒地认识到，人工智能技术的发展同时也带来了危机与风险。

1. 危机与风险

人工智能对人类生活产生了影响，方便了人类的生活。例如，我们出行时使用地图 App 查看道路情况，该 App 会推荐适合的出行路线，方便我们出行。人工智能在有正面影响的同时，也会有负面影响。

（1）隐私泄露

例如，我们在搜索有关菜肴的烹制、衣服的款式时，在后台的数据就会被人工智能所采集，我们的消费偏好、消费习惯就会被记录下来，类似的还有淘宝的购物网站或者 App 进行大数据画像，自动推送相关商品。无论我们是无意的还是被动的，我们的个人信息、活动信息和生活信息都会被人工智能所采集，结果就是个人隐私被泄露，还有可能触及伦理、道德、法律的底线。

（2）岗位取代

在人工智能给人类带来一系列影响的同时，社会也发生了变化。从人工智能对生产力的影响角度来看，益处是显而易见的，弊端也是存在的。许多工作岗位，如从事体力劳动的工人、快递员、翻译等将被人工智能机器人所取代，造成大量失业，产生社会不稳定因素。

（3）技术失控

在科幻电影中，经常出现人工智能让人类越来越缺乏思考，而其自身则越来越聪明，从而摆脱人类的控制，甚至统治地球威胁到人类生存的场景。对于这种人工智能征服人类，人类将被奴役的观点，一些人士表示认同。

如何来避免这些可能存在的风险呢？

要解决此类问题，我们就要通过制定法律和规则规范人工智能的研发行为，只有在法律框架内进行发展和使用，才能避免不必要的风险。通过人类社会制定相应的法律和规则，设置技术安全警戒线，相信人工智能技术的发展能持续为人类造福。

2. 迎接挑战

那么，我们应该如何迎接人工智能时代的挑战呢？

首先，应该了解新时代对人才提出的要求，加强职业道德学习，注重人文素质的培养，加强自身专业素质的培养。明确自身的发展方向，增强学习能力，以适应变化。

另外，还应加强新技术学习，让人工智能为我所用。任何新技术的产生都是为了更好地服务于社会。我们不应该站在人工智能的对立面，而是应该积极应对行业转型升级，让新技术成为我们的好帮手。

对于学生来说，人工智能的蓬勃发展是一个机遇，应该积极应对人工智能时代行业的发展，熟练使用各类信息处理工具，在不断的学习中完善自我，成为符合时代需求的复合型人才。

学习检验

"学得怎么样，小明？"张工推门进来了。

"张工好！感谢您提供的资料，我学完了，有很多收获。"小明很自信地说。

"好啊，那我要考考你。"张工微笑着说，并拿出一张表。

该表为本任务的完成情况评价表（见表 8-4），请你根据实际情况来填写。

表 8-4　完成情况评价表

任务要求	很好	好	不够好
能描述人工智能的特点			
能说出人工智能的发展历程			
能说出人工智能的发展趋势			
能说出人工智能对社会的影响			
能说出自己应当具备哪些信息社会素养			
能展望人工智能的未来			

学习小结

测试完成了。

"你对人工智能掌握得不错嘛！"张工看起来很满意。

"谢谢张工！我们年轻人都在关注人工智能。这么一学，感觉有点心得了。"

"好啊，和我说一说。"

小明拿出学习总结，"我都记下来了，请您过目。"

表 8-5 是小明设计的学习总结表，请你根据自己的实际情况来填写。

表 8-5 学习总结表

主要学习内容	学习方法	学习心得	待解决的问题

整体总结：

"相当不错，我认为你能和我一起完成这个工作。"张工对小明越来越欣赏了。

拓展学习

人工智能会导致失业吗？什么职业容易被人工智能所取代呢？

第一类是重复性、机械性程度比较高的职业，如工厂的流水线员工、电话销售人员；第二类是以体力为主的职业，如家政、工地的工人；第三类是具有危险性的职业，如矿工、油漆工。你觉得还有哪些职业在不久的将来会被人工智能所替代呢？

学习检测

1. 人工智能和 AI 的关系是（　　）。

    A．人工智能包含 AI　　　　　　　B．AI 包含人工智能
    C．人工智能就是 AI　　　　　　　D．它们没关系

2. 人工智能的本质是（　　）。

    A．计算机程序　　B．机器人　　C．高科技产品　　D．大数据

3. 关于人工智能，目前还不能实现的是（　　）。

    A．演奏乐器　　B．绘画　　C．创作故事　　D．撒谎骗人

4. 新闻智能推荐的媒体包括（　　）。

    A．人民日报　　B．环球时报　　C．财经时报　　D．今日头条

5. 以下关于人工智能是如何模拟人类的说法中，错误的是（　　）。

    A．行为模式像人　　　　　　　　B．外观样貌像人
    C．思考方式像人　　　　　　　　D．学习能力像人

任务 8.2 探究人工智能的基本原理

通过"探究人工智能的基本原理"的学习，能了解人工智能技术是怎么实现的。

任务情境

通过学习，小明对人工智能有了初步认识，同时，他又非常好奇，人工智能究竟是怎样工作的呢？于是，他找到张工，说："张工，我看了很多对人工智能的描述，可我还是不理解人工智能为什么能像人一样思考和行动。"张工想了想，指着桌上的智能音箱，说："我们就借助这个音箱，体验一下人工智能是如何思考的吧。"

学习目标

1. 知识目标

能说出人工智能、机器学习和深度学习的关系。

2. 能力目标

通过对人工智能的学习，能够说出常见的人工智能产品的工作原理。

3. 素养目标

通过学习，强化逻辑思维能力。

活动要求

借助学习资料开展自主学习，完成对人工智能基本原理的学习。

任务分析

小明对人工智能越来越感兴趣。

资料里介绍了人工智能的技术和实现原理，小明想尽快理解，以便为智慧办公方案的制定做好充足的准备。

小明通过思维导图对任务进行分析，如图 8-24 所示。

小明厘清了思路，按思维导图整理好资料，开始进行学习。

```
                              ┌─ 人类学习和机器学习的关系
                    ┌─ 了解机器学习 ─┤
                    │              └─ 机器学习的工作原理
    探究人工智能的 ──┤
      基本原理      │              ┌─ 深度学习的工作原理
                    │              │
                    └─ 了解深度学习 ─┼─ 深度学习在人脸识别中的应用
                                   │
                                   └─ 深度学习在语音识别和自然语言处理中的应用
```

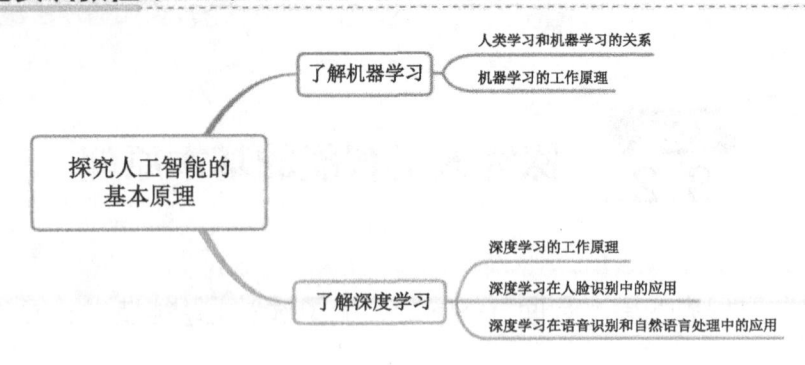

图 8-24　思维导图

任务实施

通过上一节的学习，我们知道了什么是人工智能，也知道了人工智能的发展历程。下面学习人工智能的原理。

8.2.1 了解机器学习

要了解人工智能的原理，我们应该先了解机器是怎样学习的。机器学习与人类学习有很多共同点。

1. 人类学习和机器学习的关系

首先让我们看一个关于人类学习的故事。我国有一个关于农业生产的谚语，叫作"瑞雪兆丰年"，意思是如果头年冬天雪下得很大，那么来年秋天粮食丰收的可能性比较大；冬天没下大雪，来年秋天粮食收成往往不太好，农民就开始想下雪和粮食收成有没有关系呢？经过观察，发现是有关系的。由此可见，两种看起来不相关的现象，通过几十年或者几代人的经验，就总结出了两种现象的规律，而且被现代农业学家证明是有一定科学道理的。适时的大雪能有效减少虫害、充分灌溉、增添肥力。农民伯伯未必能说出其中的原理，但是可以运用这种规律对生产、生活做出预测，如图 8-25 所示。

图 8-25　瑞雪兆丰年

第二个故事就是在 20 世纪 90 年代，沃尔玛超市已经是美国最大的零售企业，拥有大量的顾客资源。那时候的沃尔玛采用了先进的计算机技术，随时记录每天众多顾客购物车中所挑选的商品明细。有一天，一位技术专家发现跟尿布一起购买的是啤酒，产生这种现象的原因是，美国的太太们经常嘱咐她们的丈夫，下班以后别忘了买尿布，丈夫在买尿布的同时就顺便买了啤酒。于是这位技术专家想：既然这两种物品同时卖得最多，以后就将它们搭配出售。这一做法实行以后，沃尔玛的销售额显著提升，啤酒和尿布的故事也广为流传，并成为销售界和IT界津津乐道的范例。

这就是沃尔玛啤酒和尿布的故事，如图8-26所示。顾客购买啤酒的行为和顾客购买尿布的行为，原本是两个看起来没什么关联的现象，但是沃尔玛的技术专家以大量的用户购物数据为样本，通过先进的算法，最终找到了两者之间的重要关联和规律。

接下来，我们通过图8-27，分析人类获得的规律和机器学习之间有什么相似之处。

图8-26 啤酒和尿布的故事

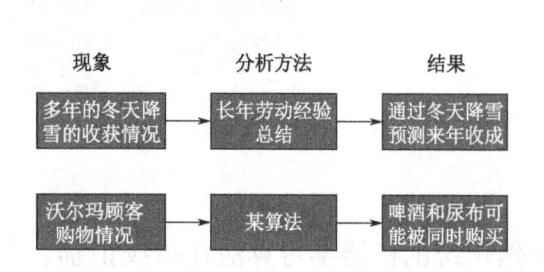

图8-27 人和机器学习的对比

2. 机器学习的工作原理

机器学习是人工智能的子领域。简单来说，机器学习就是让计算机模拟或者实现人类的学习行为，进而解决一系列问题。那么，它是怎么实现的呢？顾名思义就是给机器大量的"学习材料"，如图像、语音、文本，经过特征提取让机器自动地去学习分类，建立模型。需要注意的是，特征的提取是靠人工进行的，需要大量的数据和计算来进行训练，然后通过大量的算法从数据中学习如何去完成任务，如图8-28所示。

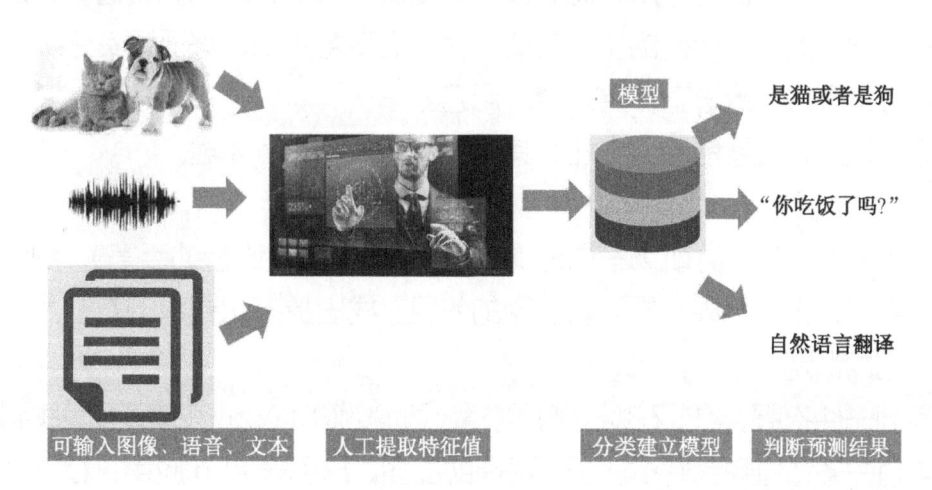

图8-28 机器学习的过程

在对机器学习的研究上，我们以猴子为例，解释一下机器学习，如图8-29所示。假设要构建一个识别猴子的程序，如果用传统的识别方法，需要输入一连串的指令，如猴子有毛茸茸的毛，有两只眼睛、鼻子、耳朵等，然后计算机根据这些指令来执行。但如果我们对程序展示一只狗的照片，程序就识别不出来了。传统的方式要求制定所需要的全部规则，在这个过程中就会涉及非常复杂的、困难的概念，因此更好的方式就是让机器自己去学习。我们为计算机提供大量猴子的照片，让计算机自己从中找到猴子的特征，进行编码、计算，最终让计算机判断哪些图片是有关猴子的，哪些不是。这个过程也就解释了机器学习的原理。

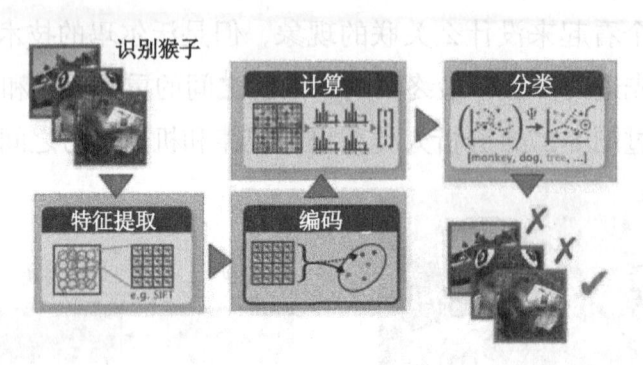

图 8-29　识别一只猴子的过程

虽然传统的机器学习算法在指纹识别、人脸检测等领域的应用基本上已达到商业化的要求，但是如果让它们进行人脸识别、自然语言处理则很困难。

世界万物都有自己的特征，我们人类不能穷举所有的特征。机器学习会有一个很大的工作量，就是先人工识别这些特征值，再建立模型。当我们输入样本并训练这个模型可以识别猴子时，碰到一只猫怎么办呢？那就不认识了，只能先重新建立这些特征值，再建立模型。

> **试一试**：生活中你发现的人工智能产品或应用有哪些缺陷或问题？
>
> 人工智能在办公方面的应用，想必大家都知道。其实，在我们生活中，人工智能的应用非常多，它们改变了我们的生活方式，让生活变得方便、舒适和美好。不断地发现技术的不足才能更好地改进它，更好地应用它。
>
> 请大家在以下人工智能应用中任选其中一组或多组进行体验。
>
> 一组：语音识别
>
> 体验"语音识别"的导航或者语音助手（如 Siri、小爱语音助手等），例如，可以使用方言进行测试，记录结果，看一看识别的效果，找出提高识别率的方法。
>
> 二组：图像识别
>
> 我们看到一件衣服，想要在网上购买，我们通过购物 App 扫描就可以找到购买的链接。生活中有许多动植物我们不认识，可借助搜图、形色等 App 应用进行辨别。大家不妨尝试后，想一想图像识别在生活中还有哪些应用。
>
> 三组：机器翻译
>
> 我们可以通过语音转换成文字软件，帮助我们整理文档，提高工作和学习效率；我们可以通过翻译 App，对外文进行扫描来翻译，与国外友人交流时，可以通过语音翻译

进行无差别聊天。讨论机器翻译与人工翻译相比有哪些优势和不足。

四组：智能客服

目前，很多网络产品设计了"智能客服"，在一些共性问题上，智能客服会快速并准确地回答我们提出的问题，有时候也会出现尴尬的"答非所问"，那么问题出在哪里呢？找出提高智能客服的服务准确率的方法。

五组：面部识别

结合人脸识别的学习，请应用人脸识别设备（如门禁系统、智能手机解锁系统），在不同表情或配饰下，测试人脸识别的准确度，并探究不能正确识别时可能的原因。

8.2.2 了解深度学习

作为人工智能的核心技术，机器学习和深度学习越来越火，现在它们几乎成为每个人都在谈论的话题。概括来说，人工智能是一个大的范畴，机器学习是人工智能的一个子集，深度学习又是机器学习的一个子集。它们之间的关系如图8-30所示。

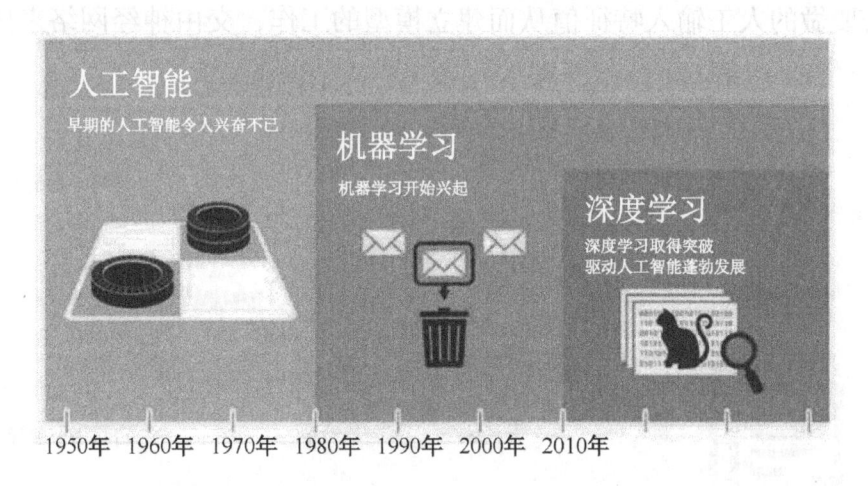

图 8-30　人工智能、机器学习、深度学习之间的关系

那么，机器学习和深度学习到底有什么不同呢？

我们举个例子，如果利用机器学习在水果摊买橙子，机器学习会根据特征进行不断学习，随着见过的橙子和其他水果越来越多，辨别橙子的能力就越来越强，不会再把香蕉当橙子，如图8-31所示。

机器学习强调"学习"而不是程序本身，通过复杂的算法来分析大量的数据，可以识别数据中的模式，并做出一个预测（不需要特定的代码）。在样本的数量不断增加的同时，自我纠正完善"学习目的"，可以从自身的错误中学习，提高识别能力。

但是我们如果想要挑选外观相似的特定品种的橙子，如血橙，那么机器学习可能就无法胜任了。这时，我们可以采用深度学习，通过数据分析比对，把所有水果的品种和数据建立联系，通过水果的颜色、形状、大小、成熟时间和产地等信息，分辨普通橙子和血橙，从而选择购买用户需要的橙子品种，如图8-32所示。

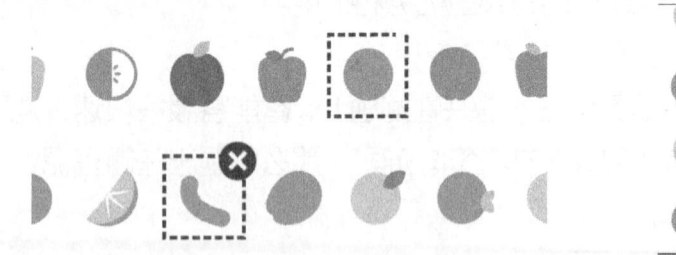

图 8-31　机器学习可识别水果　　　　　图 8-32　深度学习可识别不同品种的橙子

1. 深度学习的工作原理

深度学习是一种机器学习方法。其工作原理为主动筛选输入的信息，利用人工神经网络，自动提取特征值，构建出基本规则，进而对信息进行预测和分类。其结果可以通过图片、文字或声音的方式呈现。

那么，为什么深度学习可以自动提取特征呢？这是因为深度学习工作方式的灵感来源于人类大脑的工作方式，也就是借助神经网络来解决特征表达的一种学习过程。深度学习把机器学习需要做的人工输入特征值从而建立模型的工作，交由神经网络来做，如图 8-33 所示。

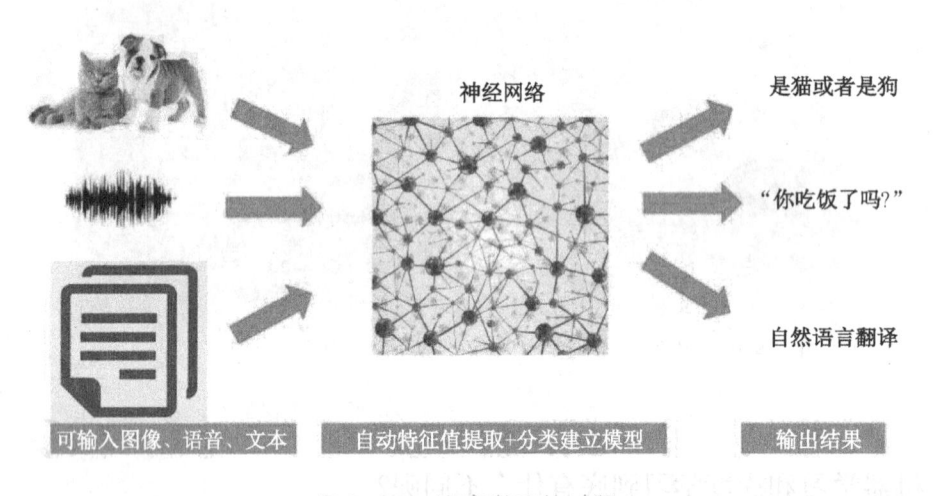

图 8-33　深度学习的过程

目前，深度学习在很多领域都取得了巨大的突破，并且很多领域都是机器学习历史上非常困难的领域。

例如：

- 接近人类水平的图像分类
- 接近人类水平的语音识别
- 接近人类水平的手写文字转录
- 更好的机器翻译
- 更好的文本到语音转换
- 接近人类水平的自动驾驶

- 更好的广告定向投放
- 更好的网络搜索结果
- 能够回答用自然语言提出的问题
- 在围棋上战胜人类

下面，我们以深度学习在人脸识别中的应用来探究深度学习的工作过程。

2. 深度学习在人脸识别中的应用

在计算机视觉领域，以人脸识别应用较为广泛，如刷脸乘车、刷脸支付、安检、门禁系统、验证，还有目前的防疫检测、健康宝等。人脸识别是怎么实现的呢？人脸识别通俗地讲就是把活生生的人脸转变成一种信息语言，让机器能读懂，这个过程就是人脸识别。传统机器学习，先要确定相应的面部特征，再以此来进行对象的分类识别，如图8-34所示。

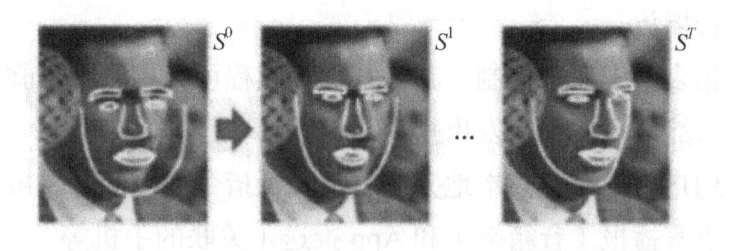

图8-34 机器学习人脸识别的过程

深度学习识别人脸的过程是怎样的呢？深度学习自己找出所需要的重要特征，首先输入原始数据，但是机器没有办法理解我们输入的数据，于是深度学习尽可能地找出与这个头像相关的各种的边，这些边就是底层特征，然后对这些低层特征进行组合，就可以看到鼻子、耳朵、眼睛等这些局部特征，它们就是中间层特征，最后对眼睛、鼻子、耳朵等进行组合，就可以组成各种各样的头像，这些就是高层特征，这个时候机器就能识别各种头像了，如图8-35所示。

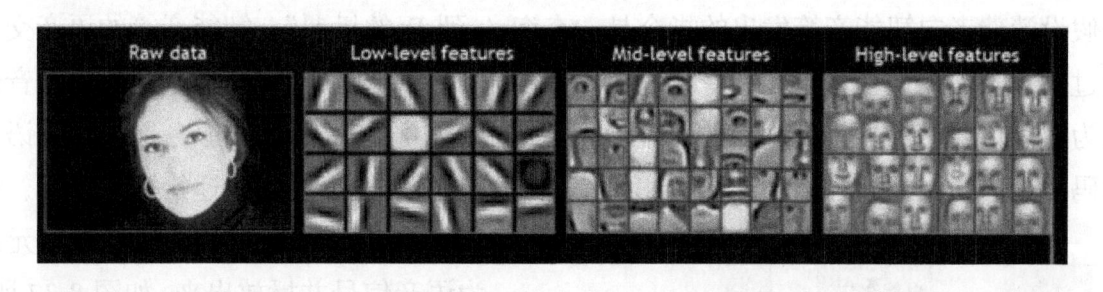

图8-35 深度学习识别人脸的过程

对比传统的机器学习和深度学习分别识别人脸的过程，哪个更先进？哪个当今应用得最为广泛？想必大家已经有自己的答案。

刷脸时代已经到来，并广泛应用，人脸识别率也已经达到98%以上，但是大规模收集人脸信息时会面临一些挑战。如人脸的构造有相似之处，如何找出人脸特征？究竟该如何进行取舍？人随着年龄的增长，面部特征会发生较大的改变，保存的信息库会不会过时？人的脸部出现帽子、眼镜等，这些会不会干扰判断？如何准确无误地辨别人脸？还有很多需要研究的工作。

3. 深度学习在语音识别和自然语言处理中的应用

下面，我们继续以深度学习在语音处理中的应用来探究深度学习的工作过程。

在自然语言处理领域，典型的应用要数现在比较流行的智能音箱了，如阿里天猫精灵、小米智能音箱、百度智能音箱等。它可以帮助我们对智能家居设备进行控制，如打开窗帘，设置空调温度、灯光等，还可以点歌，播放有声资源，设置闹钟，预报天气等。这样的一问一答，为我们工作和生活提供了很多便利，也增加了许多乐趣。

传统音箱通过蓝牙方式连接手机、平板、电脑等设备，充当一个"扬声器"的功能。智能音箱不需要连接其他设备，直接从网络中下载音乐资源后，将其进行蓝牙编码，然后传输至音响即可进行播放。

目前的智能音箱多基于语音控制，其基本交互流程可以用以下步骤概括：

（1）用户通过自然语言向音箱发出指令或提问。

（2）音箱拾取用户声音（音箱本地完成）并分析指令或提问（一般在服务器端完成）。

（3）音箱通过语言播报（音箱端）和App推送（关联的手机等）对用户的请求进行反馈，如图8-36所示。

图8-36 智能音箱工作示意图

智能音箱提供内容和服务的工作原理是：

假设消费者向智能音箱发出的指令是"查询A到B的机票"，智能音箱的语音交互系统通过语音算法本地处理单元和音频解码单元收集语音，降噪，识别唤醒词，将语音信号转换为数字信号，然后将处理后的数字信号上传至云端服务器，云端服务器将进行语音数字编码识别和语义理解，随后通过调用机票预订数据库中的信息，传递给智能音箱，智能音箱将上述数字信号通过音效单元还原为语音信号并播放出来，如图8-37所示。

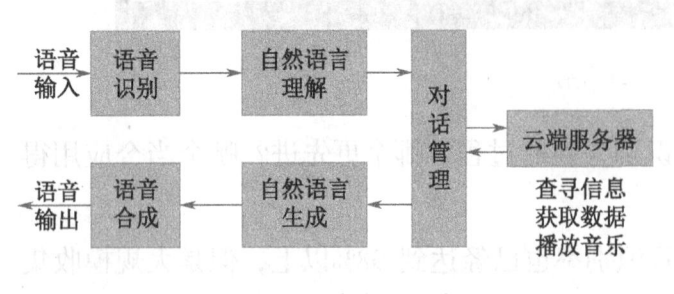

图8-37 语音交互示意图

案例分析：

最近，"94岁老人被抱起做人脸识别""为躲人脸识别戴头盔看房"等事件的发生，说明人工智能的应用被滥用。最近轰动一时的新闻是"我们的人脸只值五毛钱"，一些电商平台非法倒卖人脸信息，让人脸识别频上热搜。这些人脸信息可能被用于虚假注册、电信诈骗等违法行为，技术滥用问题引发广泛关注。那么，这些人脸信息都是从哪里来的呢？可能来自网络注册信息，也可能来自公共区域摄像头对人脸进行的拍照。

随着人脸识别技术的普及，与其他个人信息一样，人们也开始担心人脸信息的泄露问题，因为它一旦被泄露，便无法挽回。由于人脸识别采用的是非接触式采集和无感识别技术，人们很可能在毫无察觉的情况下就被采集了脸部信息。人脸、指纹等个人生物数据，与个人基因数据、健康数据一样，是需要被特别保护的个人信息。在"刷脸"时代，我们该如何保护好自己的"脸"呢？谈一谈你的看法。

提示：可参考我国现行法律、法规，如《中华人民共和国民法典》《中华人民共和国网络安全法》《中华人民共和国个人信息保护法》《中华人民共和国数据安全法》等，对人脸信息在内的个人信息保护所做出的明确规定。

学习检验

"学得怎么样，小明？"张工推门进来了。

"张工好！感谢您提供的资料，我学完了，有很多收获。"小明很自信地说。

"好啊，那我要考考你。"张工微笑着说，并拿出一张表。

该表为本任务的完成情况评价表（见表 8-6），请你根据实际情况来填写。

表 8-6 完成情况评价表

任务要求	很好	好	不够好
能描述机器学习的工作过程			
能描述深度学习的工作过程			
能说出人脸识别的工作过程			
能说出智能音箱的工作过程			
能区分监督学习和非监督学习			
能预测未来深度学习的应用			

学习小结

测试完成了。

"你对人工智能掌握得不错嘛！"张工看起来很满意。

"谢谢张工！整个社会都在应用人工智能，通过系统的学习，感觉理解得更深了。"

"好啊，和我说一说。"

小明拿出学习总结，"我都记下来了，请您过目。"

表 8-7 是小明设计的学习总结表，请你根据自己的实际情况来填写。

表 8-7　学习总结表

主要学习内容	学习方法	学习心得	待解决的问题
整体总结：			

"相当不错，我认为你能和我一起完成这个工作。"张工对小明越来越欣赏了。

拓展学习

2017 年 5 月，围棋机器人 AlphaGo 击败所有的人类棋手后，10 月，拥有超强自学能力的新一代围棋机器人 AlphaGo Zero 问世。它不再需要人类数据，也就是说，它不需要接触人类棋谱，只要让它自由随意地在棋盘上下棋，然后进行自我博弈，三天之后，它就可以成为打遍天下无敌手的绝顶高手。可以说，人类在算法上的极限在人工智能面前根本不值一提。那么，在以人工智能为代表的智能时代，作为年轻人的我们应该做哪些准备呢？

请通过查阅相关资料，探讨人工智能未来的发展，说出你的见解。

学习检测

1. 下列哪个例子是人类凭借经验总结并经科学验证是正确的规律？（　　）

   A．八月十五云遮月，正月十五雪打灯　　B．瑞雪兆丰年

   C．重量越大的物体下落的速度越快　　D．人在做天在看

2. 判断：计算机之所以具有智能是因为人类告诉它事物的规律。（　　）

   A．正确　　　　　B．不正确　　　　C．偶尔正确　　　D．不一定

3. 下列对人工智能和机器学习关系的描述，正确的是（　　）。

   A．人工智能和机器学习是并列的　　B．人工智能包含机器学习

   C．机器学习包含人工智能　　　　　D．人工智能与机器学习是互补的

4. 下列对机器学习和深度学习关系的描述，正确的是（　　）。

   A．深度学习和机器学习是并列的　　B．深度学习与机器学习是互补的

   C．机器学习包含深度学习　　　　　D．深度学习包含机器学习

5. 人工智能可以在一堆水果中识别橙子，这是因为（　　）。

   A．机器学习特征识别　　　　　　　B．深度学习特征识别

   C．机器学习图像匹配　　　　　　　D．深度学习图像匹配

任务 8.3 制定智慧办公方案

通过制定智慧办公方案，能熟悉人工智能在办公中的应用，能掌握解决相应问题的方法。

任务情境

小明了解人工智能相关知识后，又体验了智能音箱的工作原理，他现在准备运用所学，制定一份可行的智慧办公解决方案。按照项目需求，方案应解决办公环境、智能安防、节能环保、办公效率等问题。小明在张工的带领下，尝试制定智慧办公方案。

学习目标

1. 知识目标

能说出智慧办公的概念。

2. 能力目标

能够根据办公现状，制定智慧办公方案。

3. 素养目标

通过智慧办公方案的制定，培养学生计算思维，能掌握解决问题的基本策略。

活动要求

借助学习资料开展自主学习，完成对"制定智慧办公方案"的学习。

任务分析

小明听说过智慧城市、智慧交通、智慧校园，对智慧办公还是头一次接触。于是他决定对现有办公环境进行观察，并与同事进行沟通。

小明通过思维导图对任务进行分析，如图 8-38 所示。

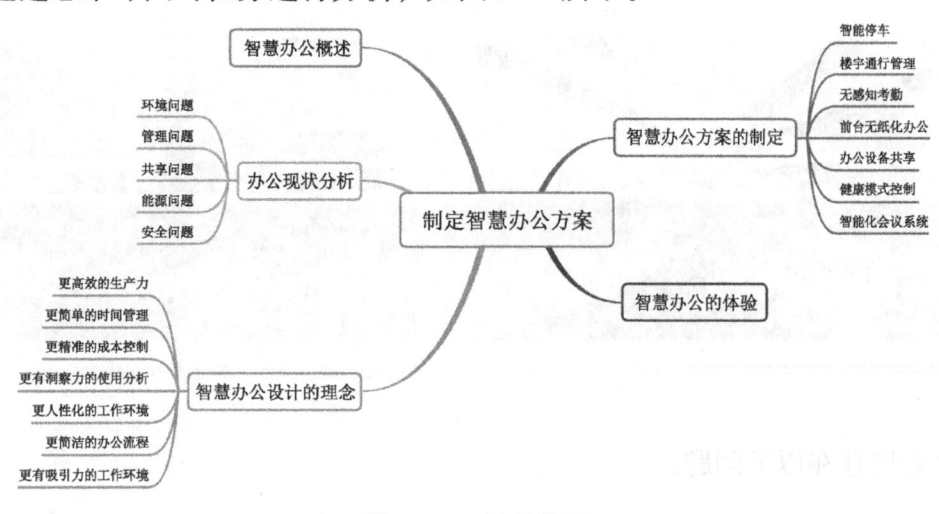

图 8-38 思维导图

小明厘清了思路，按思维导图整理好资料，开始对"制定智慧办公方案"进行学习。

任务实施

8.3.1　智慧办公概述

智慧办公是什么？想必很多人都想了解一下吧。

智慧办公就是一种利用现代技术对办公业务所需的软硬件设备进行智能化管理，实现企业统一部署与交付的新型办公模式。除了打造充满现代气息的办公环境，智慧办公更大的用处是为员工提供一个舒适的工作环境，并且能有效提升工作效率。

那么，企业应该如何规划和实现智慧办公呢？下面，我们就通过制定智慧办公方案来探究一下吧。

8.3.2　办公现状分析

智慧办公是近年来很热的话题之一，也成为科技界新的发展领域。据市场研究报告显示，2020年，全球智慧办公市场达到人民币2652亿元。随着智能科技在现实办公中的广泛应用，智慧办公方式逐渐成为大家日常工作必不可少的一部分。目前大多数企业也正在向智慧办公转型。

企业及员工对"智慧办公"的需求，是显而易见的，对办公环境和工作效率的要求，正在逐渐提高，智慧办公会逐渐替代传统办公室的地位。高效环保、智能灵活、个性多变的智慧办公场景如图8-39所示。

对于企业的智慧办公方案制定而言，需要更多注意办公环境目前所存在的问题，将员工的体验放在首要位置。有些企业的办公环境比较枯燥，会使员工处于疲惫的状态，间接地影响办公效率；有些企业的办公环境压力比较大，会影响员工的工作效率，如图8-40所示。

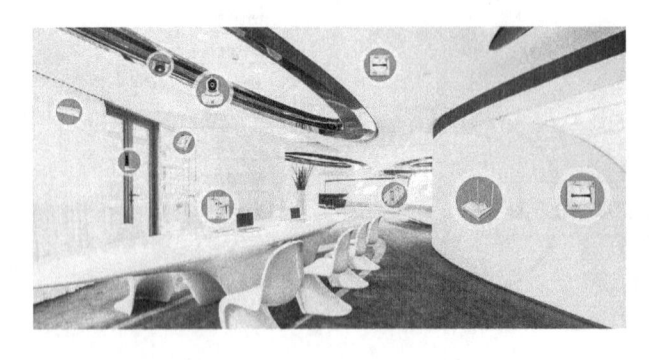

图 8-39　企业智慧办公环境　　　　　　　　　图 8-40　传统办公区

传统办公区存在以下问题。

1. 环境问题

对环境中空气质量、温度、湿度等无法实时掌握,无法实现局部调控,无法提升办公环境的自动化、智能化。

2. 管理问题

管理与服务人员无法做到对办公区域全面了解、个性服务,管理工作复杂无序。

3. 共享问题

对共享办公区域无法实时了解其使用情况,使共享资源利用效率不高,共享办公管理与使用没有智能化、信息化。

4. 能源问题

对用电需求无法全面了解,无法实时了解用电情况,无法做到用电的智能化、安全化、机动化。

5. 安全问题

除了一些基础安全措施,对财产没有建立全面的安全保证体系,还存在数据安全的问题。

> **试一试：调查办公现状**
>
> 你身边的人,他们办公区的现状如何呢?请各位同学询问身边的人(如父母、教师、朋友),最好体验一下他们的工作环境,找出他们办公区存在的问题和隐患。

8.3.3 智慧办公设计的理念

在制定智慧办公方案的时候,首先确定的应该是整个方案的设计理念。

智慧办公的理念就是为企业提供舒适、便捷的工作环境,有效提升员工工作效率,有利于节能环保及节约成本,同时还能提升企业形象,展示企业实力。

1. 更高效的生产力

使用智慧办公系统的企业比使用传统办公方式的企业表现得更为出色。智慧办公系统可以更好地激励员工创新,并激发他们前所未有的创造力。创新驱动力强的企业,其运营业务会更加简单、高效。

智慧办公系统可以处理和监控及管理办公空间内的所有数据。决策者可以利用数据调整战略计划,以促进办公室中的交互和连接。智慧办公系统能为员工提供一个统一的平台,可以让他们轻松设计自己的工作环境,并增强荣誉感和归属感。

2. 更简单的时间管理

智慧办公系统可以轻松跟踪和管理员工的工作计划表,而不会浪费大量时间。智能设备和自动化系统可以轻松地计算员工的日程安排。由于增加了连接性，协作和文档共享也得到了增强。

3. 更精准的成本控制

行政部门负责人必须根据企业发生的成本和企业目标来计算企业的绩效。传感器和自动化系统可以在智慧办公环境中捕获实时数据。管理者可以利用这些数据，测量和改善智慧办公室的性能，以实现成本效益。

这些也可以通过智慧办公系统的空间优化和故障检测系统来实现。现在，企业可以使用具有可视界面的控制软件来管理所有的智慧办公子系统。例如，上一个工作年度收集的数据可用于确定今年是否有必要调节照明或者空调，以降低总成本。

4. 更有洞察力的使用分析

企业可以轻松监控智能会议室的使用和预订情况，判断哪些会议室的使用率最高，哪些最低。智能化会议系统可实时监测各会议室在各时间段被各部门使用的情况，便于会议室的设置与管理。

5. 更人性化的工作环境

智慧办公系统涵盖智能照明、智能环境、智能窗帘等。通过控制建筑物内的供暖、照明、通风、水和空气等事项，员工可以轻松地享受舒适的办公环境。根据调查，大多数受访者表示智慧办公系统使他们的工作变得更加容易。

6. 更简洁的办公流程

智慧办公系统为企业提供完整的空间控制解决方案，简化烦琐的日常事务性工作，从而使员工有时间和精力做更有意义的工作。

7. 更有吸引力的工作环境

良好的工作环境将有助于吸引有才能的员工，并能够长期保留这些员工。智慧办公系统能为企业提供良好的工作环境，帮助企业留住优秀员工。此外，智慧办公系统还可以改善员工之间的沟通。通过为团队提供温馨而智慧的工作空间，可以避免因失去有才能的员工而造成的损失。

因此，我们需要建立智慧办公系统，实现以人为本的线上线下办公模式，提升工作效率，享受工作状态，关注员工身心健康，同时提升企业形象、地位及竞争力。

8.3.4 智慧办公方案的制定

每个企业的企业文化、环境设施、具体需求都不尽相同，所以在制定智慧办公方案的时候，需要根据实际情况来制定。良好的智慧办公方案应该具备普适性，同时具备升级潜力。智慧办公方案需要建立一个整体系统，将无纸化办公、管理、安全、环境、能源等整合到一个管理控制平台中，进行统一管理控制，而不是各自成为独立的系统。

小明根据公司的需求，设计了智慧办公方案，还绘制了智慧办公设计图，如图 8-41 所示。智慧办公设计方案的主要功能如下。

1. 智能停车

车库智能识别车牌，一键寻找车，访客停车费可直接挂记在楼内被访者账单上。通过智能识别车牌可节省大量人员配置，提高车库的通行效率。在办公的写字楼车库里，车主会面临"找不到停车位"或者"找不到车"的困扰，通过智能化车位引导、智能化寻车技术，可帮助车主解决找车难题。

图 8-41 智慧办公设计图

2. 楼宇通行管理

通过手机身份验证后，从道闸、智能扶梯直达办公室所在楼层。楼宇通行管理可对人员进行实时有效监管与控制，通过分析人流量，最大限度地提升企业日常管理效率和水平。

3. 无感知考勤

空间范围自动识别到岗时间，无须为忘记签到/签退烦恼，自动生成的出入记录、访客记录、考勤记录等能够方便企业对各类人员进行分析统计。

4. 前台无纸化办公

利用前台无纸化"扫一扫"功能，可完成自动借用物品、收取快递、开具发票等。借助人工智能，可实现无纸化办公，减少纸张的使用，降低办公成本，将电子文档归档和存储文件自动化，并对数据进行安全保护。

5. 办公设备共享

对打印机等办公设备实施授权共享，可提高工作效率，节能减排。办公设备的共享，可对办公设备实行统一管理、集中共享，提高打印、复印机等办公设备的使用效率，优化资源配置，降低办公费用，做到物尽其用。

6. 健康模式控制

一键启动相关设备，可智能调节能耗、温度、湿度、空气质量。智能灯光照明系统可以通过人体感应和声控自动控制灯光，在必要的场所实现人来灯亮，人走灯灭，无须手动打开开关，这不仅让员工的工作更加便利，还能节约能源，降低公司的费用成本。智慧办公室的温湿度感应器可以让室内环境处于恒温恒湿的状态。智能环境监测系统能够自动检测办公室内的使用模式，并相应地自动调节温度。这些可以提高智慧办公室的用电效率并减少碳足迹，同时提高员工的舒适度。

7. 智能化会议系统

智能会议室是智慧办公室中一个重要的场所。智能化会议系统结合了许多智能功能，以简化和改善员工的会议流程。智能化会议系统可实时监测各会议室在各时间段被各部门使用的情况，便于会议室的设置与管理。它通过在线预订系统对每个房间当前的使用情况进行分析，并根据参会人员数量、会议重要性等参数，尽快完成会议室的预订工作。用户只需单击几下即可找到并预订会议室，然后启动预设的场景模式。智能化会议系统还可以处理预约并提醒与会者和管理人员有关时间、位置等的任何变化。会议中可以通过无线投屏、桌面实时分享演示，与团队远程视频，共享会议内容，如图 8-42 所示。

图 8-42 智能会议室

针对管理问题，设计全面的管理信息平台，包括电脑端、手机 App、微信小程序等形式，让管理人员与服务人员全面、及时地了解办公区域，并可通过手机或办公电脑实现随时、随地管理与控制，让办公环境管理、设备管理、公文处理等工作有序化、集约化、智能化、高效化。

学习活动：针对这个智慧办公方案的设计，请你分析还有哪些因素没有考虑，还有哪些设计方面的问题和不足，将你的分析结果和改进建议填到表8-8中。

表8-8　问题解决办法表

智慧办公功能	发现的问题或不足	改进办法

8.3.5　智慧办公的体验

依据上述方案建设的智慧办公区建成了。让我们和小明一起在智慧办公区体验一下吧。

上班了，小明开车进入车库时，系统自动识别车牌，在智能化车位引导的指引下顺利找到车位。进入大楼时，经自动身份识别后，通过道闸，乘坐智能扶梯直达办公室所在楼层。进入办公区，通过无感知考勤顺利签到，省时省心。

准备办公，小明通过前台无纸化办公"扫一扫"功能，借还物品，收发快递，开具发票。通过健康模式控制，一键启动"上班"模式，智能调节能耗、温度、湿度、空气质量，在舒适的办公环境下，办公变得轻松且高效。

小明接到会议通知，当进入通过智能化会议系统提前预约的会议室时，系统自动开启会议模式，打开会议设备。会议中通过无线投屏、桌面实时分享演示，与团队远程视频，共享会议内容。

上午小明有访客，访客通过系统的确认后，进入指定会客地点。访客走后，停车费直接挂记在楼内被访者账单上。

下午小明使用共享打印机打印了资料，还通过协同办公系统与同伴们共同完成了新计划的讨论和修订。

该下班了，小明按下"下班"场景模式，灯光关闭，办公室内的插座自动断电，关闭空调，关闭饮水机，启动安防设备。小明结束了一天忙碌而充实的工作。

学习检验

"感觉怎么样，小明？"张工推门进来了。

"没想到真的能完成，很兴奋，这得多谢您的指导。"小明谦虚地回答道。

"老规矩，检测一下吧。"张工笑着说，并拿出一张表。

该表为本任务的完成情况评价表（见表8-9），请你根据实际情况来填写。

表 8-9 完成情况评价表

任务要求	很好	好	不够好
能说出智慧办公的设计理念			
能说出智慧办公方案的主要内容			
能说出智慧办公方案需要考虑的安全因素			
能说出方案中哪些内容是直接提升工作效率的			
能说出方案中哪些内容是与环保和健康相关的			

学习小结

测试完成了。

"你对人工智能和智慧办公方案的制定掌握得真不错!"张工非常满意。

"谢谢张工!我还有很多要学习的东西。"

小明拿出学习总结,"我都记下来了,请您过目。"

表 8-10 是小明设计的学习总结表,请你根据自己的实际情况来填写。

表 8-10 学习总结表

主要学习内容	学习方法	学习心得	待解决的问题
整体总结:			

"总结是个好习惯,我相信你一定能不断进步。"张工对小明竖起大拇指。

拓展学习

现在智慧办公、智慧城市、智慧社区、智慧交通、智慧校园等提法都已出现,请你结合所学内容,从中任意挑选一个,设计解决方案,并与大家分享。

学习检测

1. 与传统办公方式不同,智慧办公需具备(　　)能力。

　　A.办公　　　　　　　　　　B.统一智能化管理

　　C.单独控制　　　　　　　　D.单独调节

2. (　　)的出现为智慧办公提供了全面的支持,并应用于各个领域。

　　A.云计算　　　B.大数据　　　C.人工智能　　　D.互联网

3. 相对于传统的安防系统，智慧办公的安防系统应具有（　　）功能。

　　A．录像　　　　　B．人脸识别　　　C．报警　　　　　D．回放

4. 下列哪一项不属于智慧办公的功能？（　　）

　　A．环境管理　　　B．控制管理　　　C．安全管理　　　D．人事管理

5. 下列哪一项不属于智慧办公设计的理念？（　　）

　　A．健康　　　　　B．节能　　　　　C．共享　　　　　D．复杂

任务 8.4　了解机器人

通过"了解机器人"的学习，能了解机器人的功能和用途，并根据实际需要，会选择适合的机器人产品。

任务情境

作为一家高科技公司，为了打造企业形象，同时提高效率，经理提议更新迎宾机器人，改进公司前台工作。经理询问小明该计划目前是否可行，如果可行，则请小明调查新式机器人可以胜任哪些工作。

学习目标

1. 知识目标

能简单介绍机器人当前的技术水平与应用领域。

2. 能力目标

能够通过实际需求选择适合的机器人产品。

3. 素养目标

了解机器人应用的权限控制及伦理道德等，培养学生遵守法律意识，提升其社会责任感。

活动要求

借助学习资料开展自主学习，完成对机器人相关知识的了解。

任务分析

小明对人形机器人如何辅助公司前台工作了解有限，这时，张工给了小明关于机器人

的相关资料，小明又开始学习了。

小明通过思维导图对任务进行分析，如图 8-43 所示。

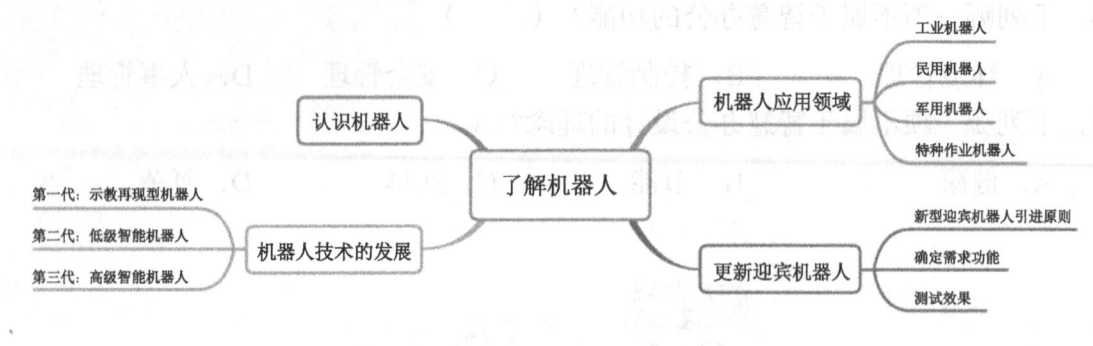

图 8-43　思维导图

小明厘清了思路，按思维导图整理好资料，开始对"了解机器人"进行学习。

任务实施

8.4.1　认识机器人

我们已经知道机器人是人工智能的一个具体应用。认识机器人，首先要了解机器人这一词是怎么来的。

据《列子·汤问》记载，早在西周时期，我国的能工巧匠偃师就造出了一种会动的"木质机关人"（偶人），为周穆王在宴会上跳舞助兴。偶人疾走缓行，俯仰自如，完全像个真人。周穆王下令将它拆开，发现它是由皮革、木头、树脂、漆和各种颜料制作而成的，这可以说是我国最早记载的"机器人"。如图 8-44 所示

图 8-44　《列子·汤问》中的"木制伶人"

这个故事告诉我们，制造智能机器人是自古以来人们追求的梦想。从常理分析，受限于当时的科技水平，采用皮革、木头、树脂等材料是不可能制造出智能机器人的。

随着微电子学和计算机技术的迅速发展，自动化技术也取得了飞跃性的发展。1959年，美国科学家制造出世界上第一台工业机器人，它的样子像一个坦克炮塔，炮塔上伸出一条大机械臂，大机械臂上又接着一条小机械臂，小机械臂上安装着一个操作器。这三部分都可以相对转动、伸缩，很像人的手臂。它的发明者专门研究了运动机构与控制信号的关系，编制出程序让机器记住并模仿、重复做某种动作。后来，因为汽车制造过程比较固定，适合用这样的机器人，于是，这台世界上第一个真正意义上的机器人，就被用在汽车制造生产中，如图8-45所示。

机器人（Robot）是一种具有高度灵活性的自动化机器，具备一些与人相似的智力，如感知能力、动作能力、规划能力等。

机器人相关技术是综合了计算机技术、控制论、机构学、信息和传感技术、人工智能、仿生学等学科而形成的高新技术，是当代研究十分活跃且应用日益广泛的领域。

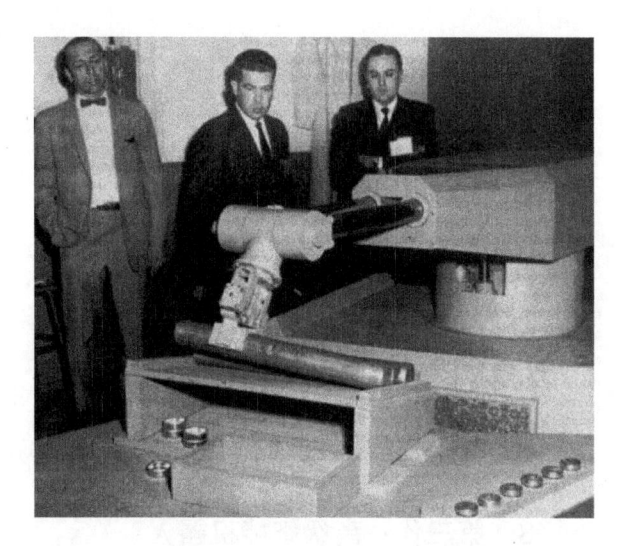

图8-45 世界上第一台机器人

判断一个机器人是否是智能机器人，我们可以根据下面三个基本特点进行判断：

（1）具有感知功能，即获取信息的功能。机器人通过"感知"系统可以获取外界环境信息，如声音、光线、物体温度等。

（2）具有思考功能，即加工处理信息的功能。机器人通过"大脑"系统进行思考，它的思考过程就是对各种信息进行加工、处理、决策的过程。

（3）具有行动功能，即输出信息的功能。机器人通过"执行"系统（执行器）来完成工作，如行走、发声等。

8.4.2 机器人技术的发展

20世纪机器人技术经历了示教再现型机器人、低级智能机器人、高级智能机器人三代。

1. 第一代：示教再现型机器人

示教再现型机器人是由计算机控制一个能任意转动的机械，通过演示来教会机器人工作的，若要更改作业内容，只需重新示教编程即可。目前，工业上使用的机器人绝大多数属于此种。它只能担负人类一小部分工作，其操作部分主要是模拟人类上肢的动作，其控制装置只起指挥操作器动作的作用，基本上没有感觉，不会思考，不能识别外界环境，如图8-46所示。

2. 第二代：低级智能机器人

第二代机器人是低级智能机器人，或称感觉机器人。与第一代机器人相比，低级智能机器人具有一定的感觉系统，能获取外界环境和操作对象的简单信息，可对外界环境的变化做出简单的判断并相应调整自己的动作，以减少工作出错、产品报废。因此这类机器人又被称为自适应机器人。20世纪90年代以来，在生产企业中这类机器人的使用量逐年增加，如图8-47所示。

图8-46 示教再现型机器人

图8-47 摊煎饼的低级智能机器人

3. 第三代：高级智能机器人

高级智能机器人不仅具有第二代机器人的感觉功能和简单的自适应能力，还能充分识别工作对象和工作环境，并能根据人们给的指令和它自己判断的结果，自动确定与之相适应的动作。这类机器人目前尚处于实验室研究、探索阶段，有大量复杂的技术难题尚未解决，如图8-48所示。

专家认为，对智能机器人的研究主要应体现在它所必须具备的下列三方面能力上：

● 对环境的感觉能力

智能机器人应具有类似人的各种感觉的传感系统，如听觉、视觉、触觉、嗅觉等。通过各种类型的传感器，能对周围的事物和环境有三维立体的识别能力。

● 对环境的作用能力

智能机器人应通过它自身的操作系统，使机器人的手、脚等肢体做动作，以完成人们给它的动作指令。当然，第三代机器人的操作机构应更灵活，更精巧。

图8-48 高级智能机器人

● 对环境、作业的思考能力

智能机器人的大脑应更聪明，更具智能性，可进行复杂的逻辑思维、判断与决策，能在作业环境中独立行动。例如，研究人与机器人对话，人向机器人发出自然语言的指令，机器人经传感器能通过计算机进行识别，并与人进行对话，从而决定操作系统如何动作等。

　　智能机器人是人类几千年来所幻想的"万能"的人造人，它所具有的这些能力建立在仿生学、控制论、计算机科学相互渗透和发展的基础上，与第五代计算机的研究有更为直接的关系。随着科学技术的不断进步，通过人类的不懈努力，在 21 世纪一定能出现新一代智能机器人。

8.4.3　机器人应用领域

根据机器人的功能不同，产生了应用于不同领域的机器人。

1. 工业机器人

　　工业机器人就是面向工业领域的多关节机械手或者多自由度机器人。例如，在汽车制造业、金属制品加工业、电子电器工业、橡胶和塑料工业等应用的装配机器人、喷漆机器人、码垛机器人、搬运机器人等，如图 8-49 所示。

2. 民用机器人

　　民用机器人以人为服务对象，可以部分或者全自动地帮助人们完成服务工作，如维护、监控、搬运、娱乐、保洁、保安、救助。在无人餐厅里，自动炒菜机器人做出的可口菜肴，由自动送菜机器人送到餐桌上。送外卖和送快递的配送机器人，既节省了财力物力，又提高了送货效率，如图 8-50 所示。

图 8-49　工业机器人　　　　　　　　图 8-50　自动炒菜机器人

3. 军用机器人

　　近年来，国内外科研人员均已研制出军用智能机器人，其特点就是采用自主控制方式，完成侦查、作战和后期支援等任务，在战场上具有看、嗅和触摸能力，能够自动跟踪和选择道路，并具有自动搜索、识别和消灭敌方目标的功能。如机器人士兵，排雷机器人，自动驾驶的无人战车、无人坦克、无人潜水艇，多功能无人机等，如图 8-51 所示。

4. 特种作业机器人

特种作业机器人是指用于非制造业的各种先进的机器人。在一些会产生有毒有害气体、粉尘或有爆炸和触电风险的工作场合，特种作业机器人能很好地从事相关工作。如矿产挖掘机器人、水下作业机器人、宇宙探测机器人，以及医疗机器人、农业机器人、机器人警察等，如图 8-52 所示。

图 8-51　军用机器人　　　　　　图 8-52　特种作业机器人

随着技术的成熟，机器人和人们生活的关系越来越密切，智能家居成为当下非常热门的话题，将机器人技术引入住宅，可以使生活更加安全舒心，特别是有老人和儿童的家庭，家政机器人可以起到自动调整模式并保障安全的作用。总有一天，智能机器人将会陪伴我们，为我们的生活带来更多方便。

学习活动一：

机器人已经进入各个领域，机器人的功能会更强大。请你查找资料后，将一款机器人产品的介绍填入表 8-11 中。

表 8-11　机器人应用领域及用途

机器人名称	应用领域	用途

8.4.4　引进新型迎宾机器人

在办公方面，可供我们选择的机器人很多。对于小新科技公司来说，新型迎宾机器人不但可以接入智慧办公系统，帮助前台处理公司事务，还能陪你聊天，甚至为你拿来点心和咖啡。下面就来介绍这款机器人，如图 8-53 所示。

学习单元 **8**
人工智能初步

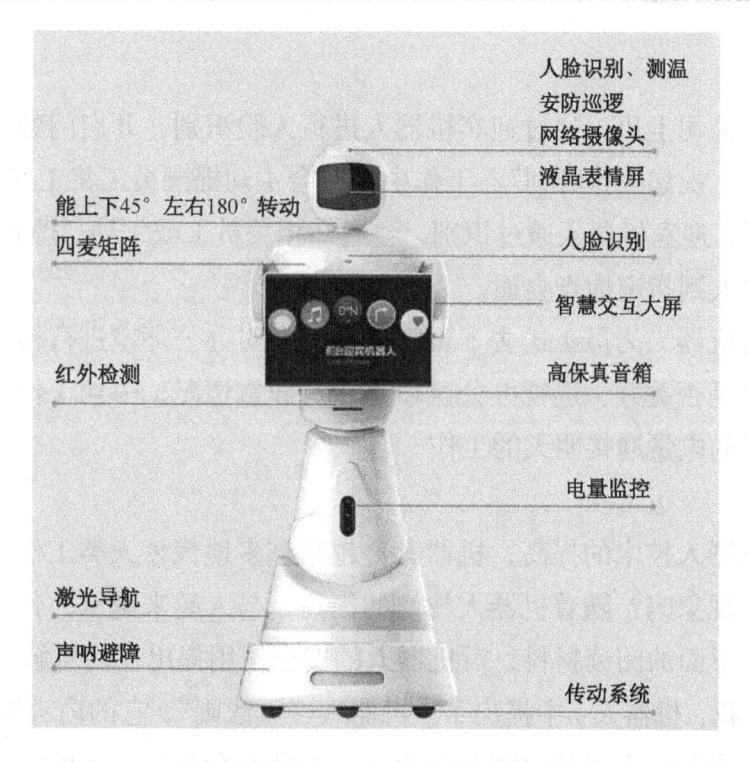

图 8-53 迎宾机器人示意图

1. 迎宾机器人引进原则

用户和机器人之间的互动频繁，要求机器人具备高效的反馈速度，也对包括深度学习、自然语言处理、视觉感知、云计算等在内的人工智能技术提出了更高要求。

与其他机器人相比，服务机器人更加重视人机交互体验。迎宾机器人属于服务机器人中的一种。在智慧办公中，迎宾机器人的类人型结构，给人以亲切感，它可以成为一位重要的特殊员工，让办公更便捷和高效。

2. 确定需求功能

（1）具有视觉识别功能

在目前已建设好的智慧办公环境下，将迎宾机器人融入智慧网中是关键，迎宾机器人可以通过头上的"眼睛"认识人（人脸识别），完成签到和测温，打开门禁，还可以在办公区域巡逻，提供安防监控、预警功能。

（2）具有语音识别功能

在巡逻时，当有人经过时，可主动避让行人；当有人靠近时，具有主动欢迎并问候等高端智能功能；当遇到询问时，可以通过语音识别进行互动。

（3）具有人机交互功能

通过迎宾机器人前方的显示屏实现人机交互。如办公区导航查询，当来宾问迎宾机器人会议室在哪里时，会显示到达目的地的路线。如果来宾说"带我去会议室"，那么它就会精确定位并带来宾到指定区域，达到后会提示已达到会议室，并讲请进之类的问候语，实现智慧引导功能。

253

3. 测试效果

早上，员工来公司上班，通过迎宾机器人进行人脸识别，开启门禁，测温，并主动问好，如"欢迎上班，祝您工作顺利"。工作中，它会主动提醒员工将工作任务按时完成。

有客人来访时，迎宾机器人通过识别，会通知相关员工或领导，得到确认后开启门禁，迎接客人并引导客人到指定地点会面。

下班时，迎宾机器人为员工送去下班问候后，会对办公环境进行检查，如门、窗、灯和空调等电器设备是否关好，巡视办公区域是否有异常情况，一切工作完毕后，它会自动充电，准备以充足的电量迎接明天的工作。

学习活动二：

未来，随着机器人技术的提高，机器人会越来越多地代替人类工作，会出现"机器人上岗，工人下岗"现象吗？随着机器人智商的提高，与人越来越像，你愿意和它做朋友，友好相处吗？结合下面的阅读材料，对机器人的安全使用提出你的见解，并与大家分享。

阿西莫夫在《我，机器人》中提出了"机器人三大法则"，它的内容简约而不简单。"三大法则"提出后，引起后人很长时间的争论。它为什么会有这么大的魅力？让我们一起看一看三大法则的内容：

第一法则：机器人不得伤害人类个体，或者目睹人类个体将遭受危险而袖手旁观。

第二法则：机器人必须服从人给予它的命令，当该命令与第一法则冲突时例外。

第三法则：机器人在不违反第一、第二法则的情况下，要尽可能保护自己的生存。

请思考三大法则的逻辑，最终，你会明了这简单的三句话多么严丝合缝，一字不能少也不能多，透露出人类是如何小心翼翼地保护自己，以及如何处心积虑最大化地利用机器人。

学习检验

"我们的机器人新同事可以上岗吗？"张工问小明。

"张工好！我感觉机器人太实用了，肯定能帮上很多忙。"

"那我们就等着欢迎新同事喽。又到检测时间了。"张工笑着拿出一张表。

表8-12为本任务的完成情况评价表，请你根据实际情况来填写。

表8-12 完成情况评价表

任务要求	很好	好	不够好
能描述机器人的功能			
能说出三代机器人的特征			
能说出机器人应用的领域			
能说出客服机器人的功能			
能正确对待机器人的存在和发展			

学习小结

测试完成了。

"你对机器人理解得很深啊!"张工看起来很满意。

"张工过奖了,这是我的学习总结,请您过目。"

表 8-13 是小明设计的学习总结表,请你根据自己的实际情况来填写。

表 8-13 学习总结表

主要学习内容	学习方法	学习心得	待解决的问题
整体总结:			

"总结得太好了,我也从中学到了很多。"张工拍了拍小明的肩膀。

拓展学习

波士顿动力公司研发了三款机器人,逆天科技超乎人类想象。

第一款 Atlas 被认为是"最有可能取代人类的机器人",波士顿动力公司称这种拥有两条腿、两只手臂的创意产品是"世界上最具活力的人形机器人"。

第二款 Spot 曾经震撼全世界。波士顿动力 Spot 机器狗是一个敏捷的移动机器人,可实现全地形移动、360°避障、各级导航、遥控和自主前进。还可通过添加专门的传感器、软件和其他有效负载来定制 Spot。

第三款 Handle 将轮和腿进行有效的结合,既能在平面上快速滑行,又能用腿部跨越障碍物。它能垂直跳跃 1.2 米,移动速度可达每小时 14.5 公里。它能下完梯子,再来一个仰卧起坐,活动筋骨。

通过查阅相关资料,探讨未来机器人是否可以取代人,说出你的理由。

学习检测

1. 世界上第一台机器人诞生于( )。

   A. 1959 年　　　B. 1999 年　　　C. 战国时期　　D. 1963 年

2. 机器人三大法则是由( )提出的。

   A. 森政弘　　　　　　　　　　B. 约瑟夫·英格伯格

   C. 托莫维奇　　　　　　　　　D. 阿西莫夫

3. 当代机器人大军中最主要的机器人为（　　）。

   A．工业机器人　　　　　　　　B．军用机器人
   C．服务机器人　　　　　　　　D．特种机器人

4. 在机器人的定义中，突出强调的是（　　）。

   A．具有人的形象　　　　　　　B．模仿人的功能
   C．像人一样思维　　　　　　　D．感知能力很强

5. 工业机器人按照技术水平分类，第一代工业机器人称为（　　）。

   A．示教再现型机器人　　　　　B．感知机器人
   C．低级智能机器人　　　　　　D．情感机器人